ZHONGGUO TEGAOYA JIAOLIU SHUDIAN CHUANGXIN SHIJIAN

# 中国特高压交流输电创新实践

## 第三卷 苏通 GIL 综合管廊工程

## 第三册 工程设计

国家电网有限公司 编

中国电力出版社
CHINA ELECTRIC POWER PRESS

## 内 容 提 要

为系统总结特高压交流输电科研攻关、设备研制、工程设计、建设运行等方面的经验和成果，国家电网有限公司组织编撰了《中国特高压交流输电创新实践》丛书。丛书共三卷，第一卷为《1000kV 晋东南—南阳—荆门特高压交流试验示范工程》，共九册；第二卷为《特高压“七交”规模化建设典型工程》，共三册；第三卷为《苏通GIL 综合管廊工程》，共五册。丛书全面、客观地记载了这一系列世界级重大创新工程的实施历程和主要成果。

本书为第三卷之第三册《工程设计》，共分八章，包括工程概述、设计管理、工程勘测、工程总体设计、电气设计、隧道及引接站设计、环境保护和水土保持、工程三维设计。附录中收录了各设计阶段的主要成果。

本套丛书适合国内外从事特高压输电科研、设计、建设、调试、运行等专业管理人员和技术人员学习使用，也可供大专院校的广大师生学习参考。

**图书在版编目（CIP）数据**

苏通 GIL 综合管廊工程. 第三册，工程设计 / 国家电网有限公司编. —北京：中国电力出版社，2023.12

（中国特高压交流输电创新实践. 第三卷）

ISBN 978-7-5198-8132-0

Ⅰ. ①苏… Ⅱ. ①国… Ⅲ. ①特高压输电–交流输电–电力工程–工程设计–华东地区 Ⅳ. ①TM726.1

中国国家版本馆 CIP 数据核字（2023）第 173028 号

---

出版发行：中国电力出版社
地　　址：北京市东城区北京站西街 19 号（邮政编码 100005）
网　　址：http://www.cepp.sgcc.com.cn
责任编辑：刘子婷（010-63412785）
责任校对：黄　蓓　常燕昆
装帧设计：张俊霞
责任印制：石　雷

---

印　　刷：三河市百盛印装有限公司
版　　次：2023 年 12 月第一版
印　　次：2023 年 12 月北京第一次印刷
开　　本：710 毫米×1000 毫米　16 开本
印　　张：17.75
字　　数：296 千字
定　　价：88.00 元

---

# 第三卷　苏通 GIL 综合管廊工程

# 编　写　组

**组　长**　韩先才

**副组长**　黄志高　李　正　文卫兵　毛继兵　张　伟　刘　军
李喜来

**成　员**（按姓氏笔画排序）

丁道军　丁登伟　马卫华　马相峰　王卫华　王宁华
王志刚　王　凯　王承玉　王　洪　王　晖　王　浩
亓云国　车　凯　方　启　尹　鹏　邓　亚　卢　波
卢　贺　卢　鹏　乐党救　吉　宏　毕　涛　朱海峰
刘咏飞　刘　浩　刘　铭　刘　焱　刘　巍　江海涛
孙　岗　孙　雷　杜　宁　李玉利　李东鑫　李　刚
李伟华　李　旭　李辰曦　李佑淮　李伯中　李忠柱
李浩翥　李梦齐　李　鹏　杨景刚　杨靖波　肖　树
吴广哲　吴串国　吴　威　张　平　张　宁　张迎迎
张春合　张晓阳　张　峰　张景锋　张鹏飞　张新宇
张　鑫　陆东生　陆武萍　陈　允　陈松涛　陈俊伟
苟晓彤　茅鑫同　郑建华　项祖涛　赵　科　赵鸿飞
郝宇亮　柏　彬　钟建英　侯　镭　俞　正　俞越中
洪莎莎　费　烨　姚永其　袁　骏　夏　峰　钱玉华
倪向萍　徐文佳　徐　军　徐家忠　凌　建　高亚平
郭志冲　郭　昊　郭雅蓉　唐建清　唐珏菁　涂新斌
黄云天　黄宝莹　黄常元　黄　强　曹　路　盛　夏
崔博源　董四清　韩向阳　韩　鸣　韩　辉　温华新
谢　华　谢兴祥　谢　俊　熊兵先　熊赟超　戴大海
戴　阳

# 前 言

2004年底，国家电网公司根据我国经济社会发展对电力需求不断增长以及能源资源与消费逆向分布的基本国情，提出了发展特高压输电的战略。特高压输电代表了国际高压输电技术研究、设备制造和工程应用的最高水平，技术研发和工程建设面临全面严峻的挑战。国家电网公司联合各方力量，组织产学研用联合攻关，经过4年攻坚克难，2009年1月建成试验示范工程，全面掌握了特高压交流输电技术，带动我国电力科技和输变电设备制造产业实现了跨越式发展，在国际高压输电领域实现了“中国创造”和“中国引领”。截至2022年底，我国已累计建成投运34项特高压交流输电工程（按核准文件统计），线路总长度（折单）超过1.5万km，变电站（含开关站）33座、串补站1座。

2009年1月6日，我国首个特高压输电工程——1000kV晋东南—南阳—荆门特高压交流试验示范工程正式投入商业运行。作为我国发展特高压交流输电技术、实现特高压交流设备自主化研制供货的依托工程，试验示范工程完全由我国自主研发、设计、制造、建设和运行，是当时世界上运行电压最高、技术水平最先进、我国具有完全自主知识产权的交流输电工程。2011年12月16日，扩建工程建成投运。

2013年9月25日，我国自主设计、制造和建设的世界上首个同塔双回特高压交流输电工程——皖电东送淮南至上海1000kV特高压交流输电示范工程正式投入商业运行，全面攻克了同塔双回特高压交流输电关键技术，实现国产特高压新设备研制、技术升级和批量化制造。2014年12月26日，浙北—福州特高压交流工程投入商业运行。2017年12月25日，国家大气污染防治行动计划特高压工程全面竣工大会召开，4项特高压交流工程（淮南—南京—上海、锡盟—山东、蒙西—天津南、榆横—潍坊工程）先后建成投运，对于优化能源配置、保障电力供应、防治大气污染、引领技术创新、促进经济发展具有重要意义。2017 年 7 月 3 日，锡盟—胜利特高压交流工程建成投运。

苏通 GIL 综合管廊工程是淮南—南京—上海特高压交流工程的关键节点，也是世界上首次在重要输电通道采用特高压 GIL 输电技术，电压等级最高、输送容量最大、输电距离最长、技术水平最先进，是特高压输电技术领域又一世界级重大创新成果，工程于 2019 年 9 月 26 日建成投运。

34 项特高压交流输电工程的成功建设和运行，全面验证了特高压交流输电的技术可行性、设备可靠性、系统安全性和环境友好性。为系统总结特高压交流输电科研攻关、设备研制、工程设计、建设运行等方面的经验和成果，国家电网有限公司组织编撰了《中国特高压交流输电创新实践》丛书。丛书共三卷，第一卷为《1000kV 晋东南—南阳—荆门特高压交流试验示范工程》，共九册；第二卷为《特高压“七交”规模化建设典型工程》，共三册；第三卷为《苏通 GIL 综合管廊工程》，共五册。丛书全面、客观地记载了这一系列世界级重大创新工程的实施历程和主要成果，凝聚着广大建设者的心血和智慧，可以为后续电网工程建设提供有益参考。

本书为第三卷《苏通 GIL 综合管廊工程》之第三册《工程设计》，共分八章，对苏通 GIL 综合管廊工程的设计理念、设计特点与难点以及设计过程中取得的技术创新成果等方面做了阐述与总结。

本书在编写过程中得到了工程参建单位的大力支持，在此表示衷心感谢。疏忽和遗漏之处，敬请读者批评指正。

编　者<br>2023 年 8 月

# 目　录

# 第一章 工 程 概 述

淮南—南京—上海 1000kV 特高压交流输变电工程是国务院批复的大气污染防治行动计划的 12 个重点输电通道之一，该工程输电线路在江苏南通苏通大桥上游约 1km 处采用隧道中铺设气体绝缘金属封闭输电线路方式过江，过江段工程称为苏通 GIL 综合管廊工程，是淮南—南京—上海 1000kV 特高压交流输变电工程的关键单体工程。

苏通 GIL 综合管廊工程包含新建北岸（南通）引接站和南岸（苏州）引接站，新建苏通 GIL 综合管廊（隧道）。管廊（隧道）总长约 5468.545m，1100kV GIL 管线单相长度约 5700m，6 相合计总长约 34 200m。隧道断面按敷设两回 1100kV GIL 和预留两回 500kV 电缆考虑，内径为 10.5m，外径为 11.6m。随 1000kV GIL 敷设光缆，建设光纤通信电路。

工程建成后，淮南—南京—上海 1000kV 特高压交流输变电工程将与已投运的淮南—浙北—上海 1000kV 特高压交流输电工程合环运行，形成贯穿皖、苏、浙、沪负荷中心的华东特高压环网，对于提高华东电网接纳区外电力能力、提升电网安全稳定水平、缓解大气污染、满足经济社会发展需要，具有重要意义。

工程设计在国家电网有限公司统一领导协调下，由国网经济技术研究院有限公司（简称国网经研院）牵头，中国电力工程顾问集团华东电力设计院有限公司（简称华东院）和中铁第四勘察设计院集团有限公司（简称铁四院）共同完成。华东院负责工程总体设计、工程勘测及电气设计，铁四院负责隧道工程设计。设计单位按照“安全可靠、自主创新、经济合理、环境友好、国际一流”的设计理念，深入调研、精心钻研，在无成熟工程经验的情况下，创新设计思路，力求方案优化，圆满完成了工程设计任务。

## 第一节 系 统 概 况

华东电网的供电范围包括上海、江苏、浙江、安徽和福建四省一市，是我国用电容量最大的跨省市区域电网。

2019 年华东电网全社会用电量 17 246.18 亿 kWh，全社会最高负荷为 279 686MW，2019 年华东全网统调最大用电峰谷差（无抽水蓄能）为 95 198MW。至 2019 年底，华东电网全社会装机容量为 390 450MW。

华东 500kV 电网以环太湖地区主环网为核心，逐步发展出上海、苏北、浙南、皖北、福建等多个地区局部环网，网架整体结构可靠度持续提高，目前已形成了以长江三角洲城市群为中心的网格状受端电网格局。区外来电方面，目前华东电网已有 11 回直流馈入，分别落地于上海、苏南、苏北和浙江中南部等地区，其中宾金、锦苏、复奉 3 回特高压直流来自西南电网，林枫、宜华、龙政、葛南 4 回常规直流来自华中电网，灵绍、准东特高压直流来自西北电网，晋北、锡盟特高压直流来自华北电网。

苏通 GIL 综合管廊工程投运之前，华东交流特高压电网构成 Y 型网架，交流特高压电网已覆盖华东四省一市。

苏通 GIL 综合管廊工程是淮南—南京—上海 1000kV 特高压交流输变电工程跨越长江的关键节点，GIL 两端分别引接至 1000kV 泰州变电站和 1000kV 东吴（苏州）变电站。2019 年苏通 GIL 综合管廊工程投运后，形成了华东交流特高压环网。该环网的形成，显著提升了华东电网安全稳定水平，提高了抵御严重事故的能力，有效解决了长江三角洲地区短路电流大面积超标问题，提高了电网运行的灵活性和可靠性。华东电网电气联系进一步紧密，网内资源配置能力大幅提升。

## 第二节 建 设 规 模

### 一、1100kV GIL 及管廊

（一）1100kV GIL

采用两回 1100kV GIL 敷设于管廊（隧道）中穿越长江，每回 3 相 GIL 垂直排列、分别布置于管廊内（隧道）两侧。单相 GIL 平均长度约 5700m，6 相合计总长约为 34 200m。GIL 两端装设电压互感器、电流互感器、感应电流快速释放装置和避雷器。

（二）管廊

管廊工程全长 5530.545m，其中盾构隧道段长 5468.545m，南岸工作井长

32.0m、北岸工作井长 30.0m。管廊隧道断面内径为 10.5m，外径为 11.6m，预留两回 500kV 电缆。苏通 GIL 综合管廊工程平面和纵断面示意图如图 1-1 和图 1-2 所示。管廊内 GIL 及其他设备布置如图 1-3 所示。

图 1-1 苏通 GIL 综合管廊工程平面示意图

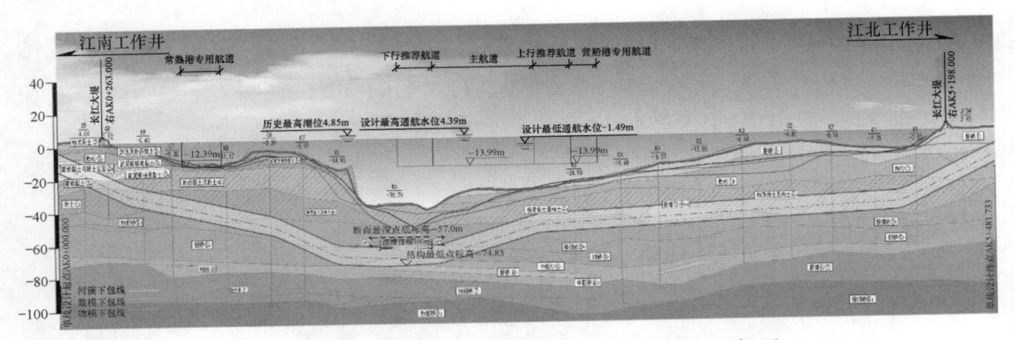


图 1-2　苏通 GIL 综合管廊工程纵断面示意图

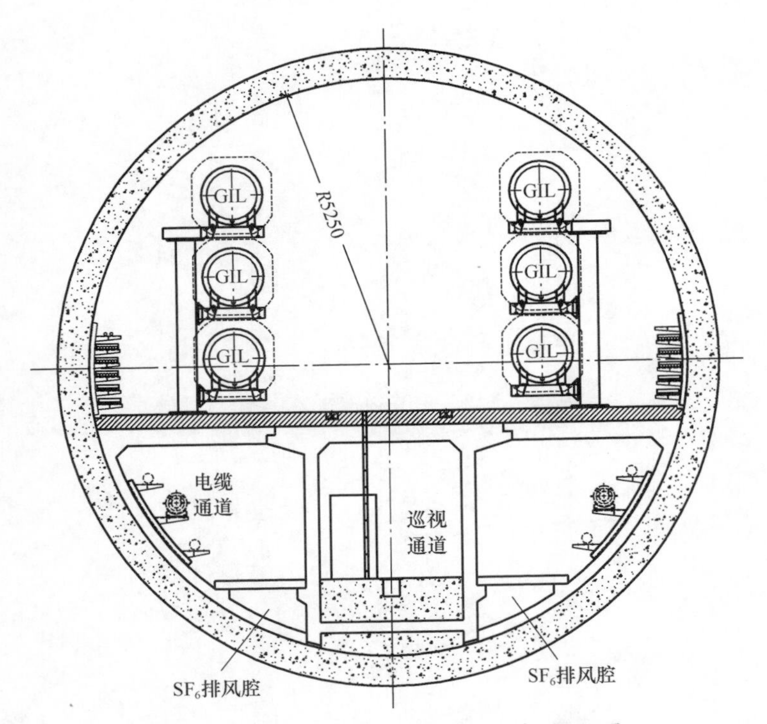


图 1-3　管廊内 GIL 及其他设备布置图

## 二、南、北两岸引接站

北岸（南通）引接站站内引接井及生产综合楼布置在站区中央，构架、GIL 套管及配电装置布置在站区东、西两侧，架空线路向北、GIL 管廊向南布置，从西侧进站。北岸（南通）引接站总用地面积为 1.16hm²，围墙内占地面积为 1.006 4$hm^2$。

南岸（苏州）引接站站内引接井及生产综合楼布置在站区东侧，构架、GIL 套管及配电装置布置在站区西侧，架空线路向南、GIL 管廊向北布置，从西侧进站。南岸（苏州）引接站总用地面积为 1.12$hm^2$，围墙内占地面积为 0.968 5$hm^2$。

## 第三节　设　计　过　程

### 一、可行性研究

为提升华东电网区外电力接纳能力和电网安全稳定水平，落实国家能源战略，推动能源消费革命，改善长江三角洲地区大气污染、推动经济社会持续健康发展，经国家发展和改革委员会核准《国家发展改革委关于淮南—南京—上海 1000 千伏交流特高压输变电工程核准的批复》（发改能源〔2014〕711 号），国家电网公司建设淮南—南京—上海 1000kV 特高压交流输变电工程。

该工程在苏通大桥上游附近跨过长江，是整个工程的关键环节，原规划方案采用在长江江中主航道两侧立塔的大跨越方案，跨越线位位于 G15 沈海高速苏通长江大桥上游附近。在设计过程中，随着输入条件不断变化，大跨越方案的跨距由 2150m 增大为 2600m，塔高由 346m 增至 455m，大跨越方案估算工程投资由原可研批复的 19.9 亿元增至 45 亿元以上。基于上述情况，综合考虑通航安全、航道维护、港口规划、防洪等因素，国家电网公司组织开展采用特高压 GIL 替代架空跨越方案研究。

2015 年 12 月 4 日，国家电网公司在北京召开会议，考虑到特高压 GIL 试验段已在三个特高压变电站中成功挂网试运行，且设备制造厂商能够实现质量可靠量产，决定启动苏通 GIL 方案预可行性研究工作。

2016 年 1 月 6 日，国家电网公司在北京组织召开过江方案论证报告专家评审会议。与会专家一致认为，江底管廊的 GIL 方案具备工程应用可行性，建议过江方案由长江大跨越改为 GIL 综合管廊。

2016 年 1 月 8 日，国家电网公司在北京召开了苏通 GIL 综合管廊工程的可行性研究启动会议。由国家电网公司统一领导协调，委托华东院开展了苏通 GIL 综合管廊工程的可行性研究设计工作。

2016 年 1 月 26 日，国家电网公司在北京组织召开了工程可研评审会，明确了工程的接入系统方案、管廊线位、管廊断面、接引站及工作井布置等，同意了设计提出的主要技术原则。

2016 年 2 月 26 日，国家电网公司召开了可研收口评审会议，确定了管廊工程系统电气主接线和主设备参数、引接站和管廊的平面、断面布置，给出了管廊线位比选方案，明确了配电系统、二次保护、综合监控、接地、通风和消防的整体设计原则。

## 二、初步设计

2016 年 3 月 11 日，国家电网公司交流建设部（简称国网交流部）组织召开了苏通 GIL 综合管廊工程预初步设计启动会议，启动预初步设计工作。

2016 年 4 月 8 日，启动初步设计阶段勘察工作，5 月 19 日完成外业勘察工作。5 月 31 日～6 月 1 日，初步设计阶段岩土工程勘察报告通过电力规划设计总院（简称电规总院）组织的评审。

2016 年 4 月 28 日，国家电网公司组织召开了苏通 GIL 综合管廊工程总体设计评审会议。根据工程勘察设计的中间成果，会议明确了工程总体设计方案，进一步明确引接站、管廊的总体设计原则，对隧道线位比选、通风、排水、$SF_6$气体排放、隧道结构防水等内容提出设计要求。

2016 年 5 月 31 日，国家电网公司召开苏通 GIL 综合管廊工程初步设计评审会议。

2016 年 7 月 29 日，国家发展和改革委员会以《国家发展改革委关于淮南—南京—上海 1000kV 特高压交流工程项目核准调整的批复》（发改能源〔2016〕1655 号）核准了本工程。

2016 年 8 月 4 日，国家电网公司召开工程初步设计收口评审会议。在可研阶段总体设计原则下，将管廊断面直径由可行性研究阶段的 11.2m/12.3m（内径/外径）优化为 10.5m/11.6m，确定了隧道线位采用避开江中深槽的曲线方案，进一步细化了配电系统、二次保护、综合监控、接地、通风和消防的设计技术原则。

## 三、施工图设计

2016 年 6 月 14 日，国网经研院组织对苏通 GIL 综合管廊工程施工图阶段岩土勘察大纲进行了评审，启动了施工图阶段岩土勘察工作。2016 年 7 月 20 日开始施工图阶段非航道段水域勘察，至 2017 年 4 月 19 日完成施工图阶段的主航道段水域岩土勘察的全部外业工作。2017 年 6 月 2 日，施工图阶段主航道勘察方案调整专题报告通过了国网经研院组织的专家评审，标志着苏通 GIL 综合管廊工程整个工程勘察工作历时一年零五个月后全部完成。

2016 年 8 月 16 日，工程正式开工建设。根据施工进度计划，设计分批提供施工图纸。铁四院设计部分：2016 年 9 月，完成盾构始发场地相关图纸；2017 年 4 月，完成隧道设计图纸；2017 年 5 月，完成 GIL 运输车轨道设计方案调整及施工图出图；2018 年 11 月，完成全部隧道部分施工图。华东院设计部分：2016 年 12 月，完成南岸引接站站址及工作井施工相关图纸；2017 年 7 月，完成北岸引接站站址及工作井施工相关图纸；2018 年 6 月，完成两岸引接站设备基础等土建施工图纸；2018 年 12 月，完成 GIL 安装及其他全部施工图。

国家电网公司根据工程总体进度安排，分别于 2017 年 7 月 26 日、2018 年 1 月 25 日、2018 年 3 月 14 日和 2018 年 6 月 9 日组织召开 GIL 设备设计联络会，详细讨论 GIL 布置、支架和安装等方案。

2017 年 8 月，设计单位联合 GIL 设备厂家开展管廊及 GIL 整体联合三维建模，对 GIL 布置方案进行校核，并根据隧道施工和现场测量结果，滚动修改完善三维模型，完成最终三维设计，为 GIL 生产和现场施工安装提供指导。

2018 年 7 月 17 日、2018 年 10 月 25 日和 2019 年 4 月 22 日，国网经研院组织专家分阶段开展了施工图检查工作，会同国网江苏省电力有限公司（简称国网江苏电力）对施工图质量进行检查把关。

隧道挖掘贯通后，为修正施工误差引起的实际隧道中心线较原设计值的偏差，保证 GIL 管线与隧道精确匹配，根据隧道实测结果，通过调线调坡设计修正调整了 GIL 布置基准线。

结合工程隧道（GIL 路径）蜿蜒曲折的布置特点，以及隧道存在施工误差和不均匀沉降现象，分别于 2018 年 6 月和 8 月根据测量结果对隧道进行调线调坡，并于隧道贯通并稳定后（2018 年 10 月）全线进行了第三方测量后完成最终的调线调坡方案，根据该方案最终锁定了运输轨道的设计方案、各区段的找平层设计厚度，并结合上述数据及测量成果完成了最终的 GIL 支架定位方案和设备布置安装方案。

## 四、竣工图设计

根据《淮南—南京—上海 1000 千伏特高压交流苏通 GIL 管廊工程建设管理纲要》要求，各设计单位于 2019 年 10 月完成全部竣工图设计工作。

# 第四节 主要技术特点及难点

## 一、工程勘测

（一）高精度测量控制网

苏通 GIL 综合管廊工程隧道采用盾构施工，单向掘进穿越长江。为保障施工安全和隧道与接收工作井精准对接，在长江两岸建立了统一高精度测量控制网，为隧道施工测量提供高精度测量基准。盾构隧道参照地铁隧道施工的贯通测量限差（横向限差 10cm、高程限差 5cm），为 GB 50446—2017《盾构法隧道施工与验收规范》中的最高要求。高精度测量控制网精度要求达到管廊轴线相对中误差不低于 1:300 000，两岸相邻控制点的点位中误差和高程中误差不大于 8mm，同岸侧相邻控制点的点位中误差和高程中误差不大于 6mm。因此，组网时专门设计了桩基础观测墩，并多次复测校正，GNSS 观测满足 GB/T 18314—2009《全球定位系统（GPS）测量规范》B 级网观测的要求，多台双频接收机组成同步观测，观测时间为连续 72h；工程河段长江黄金水道大型船舶密集，影响跨江水准测量观测；南、北两岸环境天气差异和江面多雾的自然条件增加了跨河水准测量观测难度。因此，建立高精度测量控制网是本工程的难点。

（二）有害气体原位测压及取样

本工程场地地层为长江下游冲积沉积，富含有害气体，对工程建设存在极大的风险。根据文献资料，长江三角洲浅层气主要富集于末次冰期以来的沉积层序内，是未经运移的原生生物气，气藏为自生自储同生型的岩性圈内。河口湾—河漫滩和浅海相泥质沉积物往往既是气源岩又是区域盖层，砂质沉积物为主要储集层。浅层有害气体多呈交互状的扁豆体形以透镜体形式出现，储气点周边地层、气压、储量及相连通的气层范围差异大，分布极不均匀，因此有害气体溢出强度也存在明显的差异性。目前有害气体勘察方面的经验积累较少，因此，准确查明工程场地有害气体的分布、成分、气体压力，以及发育等特征是本工程岩土勘测的难点。

（三）超深复杂水域综合物探

本工程隧道采用盾构掘进，水下障碍物是影响盾构顺利掘进的不利因素之一。由于勘探区的气象条件差、水文条件复杂，长江黄金水道通航密度高等作业条件的挑战，使得现场作业环境极为复杂，干扰因素较多，探测所记录的信号源极为复杂，在对探测数据进行技术分析和解译时，需排除和过滤大量外来信号的干扰，准确解译原始探测资料的难度较大。如何精确探测复杂条件下的水下地层内障碍物是水域勘察中的普遍性难题，相近工程经验很少。因此，高精度探明复杂水域地下障碍物是本工程勘测难点。

（四）复杂环境下的水文勘测

受上游来水来沙、下游潮汐、区域天气系统及人类活动等多种因素影响，工程河段水文泥沙条件复杂。同时，该河段承担了防洪、航运、控制河势等多项重要任务，水上交通繁忙、人类活动频繁、相关临水建设工程较多，水文勘测环境极其复杂。隧道依次穿越了营船港专用航道、长江主航道和常熟港专用航道，河床滩槽相间、起伏较大，特别是徐六泾深槽深逾 50m，其稳定性和变化趋势直接影响工程线位选择和隧道埋深。水文勘测全面收集了水文、泥沙、地形、河势演变、相关工程及规划等各项资料，并通过现场测验、理论分析、数学及物理模型模拟、专题研究和专家论证等多种手段，克服时间紧、任务重的困难，为工程设计提供了关键的水文设计参数和合理化建议。

## 二、隧道设计

（一）国内过江盾构法隧道最高水压的防水设计

苏通 GIL 综合管廊盾构隧道是当时国内水压最高的隧道，超高的外界水压以及较高的运行环境温度，对隧道防水措施提出了严苛的要求。工程经验表明，盾构隧道渗漏水多发生于管片接缝处，因此，管片接缝处是盾构隧道防水的重点，隧道在高温、超高水压极限环境下的防水性能是本工程设计难点之一。

（二）大直径高水压条件下盾构隧道管片衬砌的结构型式和关键参数

国内外对于高水压条件下复杂地层超大直径盾构隧道结构的结构设计参数、受力性能、承载与破坏性能等关键问题没有进行系统的研究，特别是针对大断面水下电力盾构隧道结构的原型试验研究更不多见。通过开展数值模拟、管片原型试验、足尺局部模型试验等方法，对隧道管片接缝构造及力学性能、螺栓力学特性、主体结构和周围环境的相互作用关系进行了深入研究，指导和验证了管片结构的设计参数和隧道结构受力安全性能。

（三）长距离电力盾构法隧道抗减震措施设计

尽管近年来国内外科研和工程技术人员加强了地下结构特别是隧道结构的抗震研究，但地下工程抗震研究成果仍然无法满足我国地下工程建设迅速发展的需求，现有的结构抗震理论难以全面指导地下工程抗震防灾设计。在城市综合管廊、越江特高压电力隧道发展建设规模化、结构空间尺度大型化和局部节点构造形式复杂化的新形势下，对其中的主要科学问题的认知还很不全面和深入。苏通 GIL 综合管廊工程场地处于抗震不利地段。通过数值模拟、模型试验、大型振动台试验等方法，研究了隧道整体、螺栓结构、隧道与工作井连接的抗震性能，指导了隧道结构抗震设计。

## 三、电气设计

### （一）管廊断面布置的适应性设计

管廊横断面为内径10.5m的圆形，分为上、下两腔。管廊内布置两回1100kV GIL 管线、预留两回 500kV 电缆通道，并设置运输检修和巡视通道及 $SF_6$ 排风通道。GIL 管线通过特制的运输机具（在轨道上通行）和安装机具进行运输与安装。管廊的断面设计既要使 GIL 的布置满足管廊水平和垂直方向上的实际弯曲半径，还要确保 GIL 设备的运输、安装、检修、巡视空间。由于隧道蜿蜒曲折，调线调坡后 GIL 管线相对管廊内不同位置，其断面布置位置是不同的，因此，需要对管廊内全里程所有的断面进行空间尺寸校核和具体设计。

### （二）架空及 GIL 混合线路的继电保护

1000kV 泰州—东吴全线为架空—GIL 混合线路，包括 2 个架空段与 1 个 GIL 段，且线路中间不装设断路器。在架空—GIL 混合线路全线任一处发生故障时，线路重合闸应被闭锁，不能带受损的 GIL 段进行重合，造成 GIL 再一次带电冲击，并且能够尽快对故障部分 GIL 进行抢修使其恢复运行。对于架空—GIL 混合线路，其线路阻抗分布不均匀，需研究并设计合理的混合线路继电保护配置方案，以及二次回路跳合闸接线与站间信号传输的解决方案。

### （三）复杂结构条件下的接地系统

工程的接地系统是由两端引接站和江底管廊连接而成。GB/T 50065—2011《交流电气装置的接地设计规范》中对接地网的计算方法通常只适用于常规的等间距地网和有规律的不等间距地网的计算，不能完全适用于复杂结构条件下的接地系统。本工程没有可完全依据的接地设计规范，并且可供参考的工程案例也非常少，因此，本工程需要研究接地系统设计方案。

### （四）华东特高压环网中的一线两站系统通信

苏通 GIL 综合管廊工程建成的一线两站是华东特高压环网的重要组成部

分，系统通信建设上不但需要满足常规的特高压线路保护、故障测距和各类业务网接入需求，还需要实现东吴变电站对其整体监控所需的监控Ⅰ、Ⅱ区A、B网延伸，GIL段感应电流快速释放装置所需的4个站协调控制通道等需求。因此，设计需要对如何保障特高压环网GIL段通信的高可靠性和低时延，以及相关的通信网络架构、新业务的通道组织模式进行深入研究。

（五）长距离特高压GIL工程三维设计

GIL沿隧道三维蜿蜒敷设，垂直方向下降/上升近80m，水平方向最大移动近1000m，基本没有水平段。GIL通过法兰和波纹管实现直线及偏角安装，而隧道本体呈现空间维度上的无规则变化，因此，在进行GIL设备布置设计时，需要通过三维设计来实现碰撞检查、净空分析、模拟安装等功能，确定GIL布置方案，验证GIL的最小安装距离及检修空间。

## 四、辅助系统设计

（一）特殊条件下的隧道通风设计

隧道内敷设的GIL设备及预留的500kV电缆运行时会产生热量，GIL设备还存在微量$SF_6$气体泄漏的可能。由于隧道位于江底，不具备自然通风条件，且无法设置中间风井，也不具备划分区段通风条件，因此，本工程的隧道通风要求和设计原则与常规公路、铁路隧道通风不同，需要根据设备发热量、环境条件和$SF_6$气体排放的要求研究通风方案。

（二）GIL管廊消防设计

苏通GIL综合管廊工程隧道中布置的主体是不燃的GIL设备，而现行国标及行标对消防的设计要求通常只适用于500kV及以下电力电缆和控制电缆的电缆防火与阻止延燃，因此苏通GIL综合管廊工程没有可完全依据的消防设计规范。设计需要开展类似工程案例调研，充分考虑苏通GIL综合管廊工程设备和运行环境的特点，提出管廊消防设计原则，确保消防设计方案技术可靠，切实可行。

（三）辅助控制系统

为确保苏通GIL综合管廊工程安全稳定运行，配置了功能完备的辅助控制系统，主要包括通风排水控制子系统、视频监控子系统、安全防范及警卫子系统、人员管理子系统、广播与逃生指挥子系统、火灾报警子系统、第三方系统接口等。辅助系统子系统模块多，功能要求差异大，且控制要求复杂，因此，如何确保数据流的合理管理、保证辅助控制系统通信畅通，是苏通GIL综合管廊工程辅助控制系统设计的难点之一。

## 第五节 主要技术指标

### 一、隧道工程

隧道工程主要技术指标见表 1-1。

表 1-1 隧道工程主要技术指标

| 序号 | 项目 | 技术指标 |
| --- | --- | --- |
| 1 | 建设规模 | 江中盾构隧道、两岸工作井及南岸配套施工通道 |
| 2 | 盾构隧道 | 外径 11.6m，内径 10.5m，管片采用“7+1”分块，盾构段全长 5468.545m |
| 3 | 南岸工作井 | 叠合结构，地下连续墙围护，平面外包尺寸 34m×24.8m，井深 20.85m |
| 4 | 北岸工作井 | 叠合结构，地下连续墙围护，平面外包尺寸 32.4m×25.9m，井深 29.25m |
| 5 | 轨道 | 2m 轨距的非标轨道 |
| 6 | 施工通道 | 长 220.166m，净宽 10.5m |

### 二、引接站及电气工程

引接站及电气工程主要技术指标见表 1-2。

表 1-2 引接站及电气工程主要技术指标

| 序号 | 项目 | 技术经济指标 |
| --- | --- | --- |
| 1 | 建设规模 | 两回 1100kV GIL（每回约 5.7km） |
| 2 | 引接站污秽等级/设备选择的污秽等级 | *d* 级/*d* 级 |
| 3 | 控制方式 | 计算机监控系统，采用开放式分层分布式系统结构 |
| 4 | 站外电源方案 | 南岸引接两回 35kV 站外电源；<br>北岸引接一回 20kV 和一回 10kV 站外电源 |
| 5 | 引接站总用地面积（$hm^2$，南岸/北岸） | 1.12/1.16 |
| 6 | 围墙内占地面积（$hm^2$，南岸/北岸） | 0.968 5/1.006 4 |
| 7 | 总建筑面积（$m^2$，南岸/北岸） | 3940/4250 |
| 8 | 地基处理方案 | 桩基、局部换填 |

# 第六节 设计创新成果

工程勘测和设计单位紧密结合工程需求，开展了多项科研课题和设计专题研究，解决了工程设计难题，有力地支撑了工程建设。

## 一、工程勘测

（1）综合采用多种勘察手段查明长江黄金水道江底地层特性。工程首次在长江下游黄金水道开展电力工程勘察，协调工作量大、风险高，主航道勘察难度大。综合采用多种勘察手段查明长江黄金水道江底地层特性。主航道综合采用工程钻探、原位测试、浅层地震反射波、浅地层剖面法、水域高精度磁测、旁侧扫声纳法等综合勘察手段，查明了隧道沿线地层的分布特征和性质，并解决了水下障碍物识别、全断面地层划分等技术难题，整个水域勘察完成了钻孔162个，总进尺12 692m，物探测线累计长度达239 690m。为隧道顺利盾构掘进提供技术保障，同时对后续工程具有指导意义。

（2）首次在电力工程中开展超深复杂水下障碍物高精度探测。水下障碍物高精度探测可分为水底障碍物调查及水下地层内障碍物调查两部分。地球物理探测克服了长江天险带来的气象条件差（一年中江面风力达 6 级以上的有179d）、水文条件复杂（江面宽近6km，最大水深超过40m，浪高1～3m，潮差2～4m，水流速度常年在2.0m/s以上）、黄金水道通航密度高（平均日通过船只2500多艘）和干扰大等作业条件挑战。水底障碍物调查采用旁侧声纳法，数据采集使用 Maxview 测量软件，导航计算机按照设定的航线采集水下河床图像并记录存盘，根据水深变化及时调节拖缆长度同时记录拖缆变化以备数据处理时进行偏移改正的方法。水下地层内障碍物调查采用高精度磁测法，磁测数据的处理采用 MagPick 磁法处理软件，进行磁力异常提取、平剖图绘制等，磁力异常等值线图采用 surfer 绘制的方法。通过这些方法，查明了水下障碍物的性质和分布，为工程安全顺利开展奠定基础。

（3）创新手段探明地下有害气体。有害气体在工程场地沿线呈团块状、囊状集聚分布，给工程建设带来了极大的风险。为实现有害气体精细化勘察，采用了普查和专项勘察相结合的方法，华东院首次在电力工程勘测中设计了一套可实现有害气体压力的原位测试和安全采集气样，并能与常用钻探机台设备配套的装置，实现了测试、采气和测压一体化，具有实时性、精细化、安全性的技术特点，减小目测气体喷高对气压估计的偏差和简易气体检测仪对化学成分的测试偏差，为基坑、隧道等地下工程的设计、施工提供可靠参数，规避施工风险。根据勘测成果，设计校核了气体压力对管片结构的影响，优化了盾构机及盾构掘进施工过程中的防爆设计，保障隧道盾构安全顺利实施。

## 二、隧道设计

（1）深入研究隧道管片接缝防水技术，解决超高水压盾构难题。超高水压盾构在面临国内现有的最高水压值的条件下，苏通 GIL 综合管廊工程采用了可三向自动加载的高水压盾构隧道管片接缝防水性能试验系统，进行了不同密封垫、不同接缝张开量下的防水试验。同时采用了双道密封垫防水的形式，在考虑高温条件件及管片接缝张开 8mm、错台 15mm 条件下，外侧密封垫能够抵抗 1.6MPa 水压，内侧密封垫能够抵抗 1.92MPa 水压。隧道贯通后，隧道全长管片表面未发现渗漏水或湿渍，防水效果真正做到了不渗不漏，使国内高水压盾构隧道管片接缝防水技术达到了一个新的高度。

（2）首次提出了适用于大直径高水压条件下特高压电力盾构隧道管片衬砌的结构型式和关键参数。针对该工程为国内水压最高、埋深最大的大直径特高压越江电力隧道，研究了隧道管片接缝、螺栓的构造及力学特性，提出合理接缝形式，试验验证了与管片纵缝和环缝相对应的接头螺栓设计；结合管片衬砌结构接头非线性力学特性，探明了常规荷载、超载等复杂工况下结构损伤的发生发展过程，评价了管片衬砌结构在不同受荷工况下的承载能力和安全余量；结合工程实际，采用理论分析、数值仿真等手段对管片衬砌结构受力特征进行了进一步的精细化分析，保障了隧道设计安全。

（3）首次研究了特高压电力隧道的地震响应。对盾构隧道横向和纵向地震响应采用大型振动台试验、分析。根据研究成果，针对工作井与隧道接头处、深槽处等关键节点采取增加钢纤维的措施，管片螺栓采用 10.9 级高强螺栓。通过环间接头局部原型试验成果，提出了接头螺栓增加弹性垫圈的减震措施，为国内大型特高压电力隧道的抗震问题提供了新的解决方案，具有重大的工程意义。

## 三、电气设计

（1）全面应用三维设计技术开展管廊适应性设计。GIL 沿隧道三维蜿蜒敷设，垂直方向下降/上升近 80m，水平方向最大移动近 1000m，基本没有水平段。GIL 设备通过法兰和波纹管实现直线及有偏角安装，而隧道本体呈现空间维度上的无规则变化，所以在进行 GIL 设备布置设计时，需要通过三维设计来实现碰撞检查、净空分析、模拟安装等功能，确定 GIL 布置方案，验证 GIL 设备的最小安装距离及检修空间。苏通 GIL 综合管廊工程首次针对设备、隧道、电气设计进行不同软件平台三维模型接口转换研究，与隧道掘进同步推进，对 GIL 布置方案进行碰撞检测和安装模拟，并根据隧道实际尺寸反复滚动修正，确保设备布置满足空间要求，设备精准加工，现场顺利运输对接和安装。

（2）架空及 GIL 混合线路的继电保护。苏通 GIL 综合管廊工程对 1000kV 特高压 GIL + 架空混合线路，采用大差动保护、小差动保护结合的方式。全线路配置大差动保护，采用分相电流差动保护作为主保护，并包含完整的后备保护；针对 GIL 段配置小差动保护，采用电流差动保护。GIL 段小差动保护，可以判别是否 GIL 段发生故障。当“大差动”动作、“小差动”不动作时，则为架空段线路发生故障。当“大差动”与“小差动”均动作时，则为 GIL 段发生故障。通过独特的大小差保护，可以准确确定故障范围，有效动作切除故障。

（3）复杂结构条件下的接地系统。苏通 GIL 综合管廊工程的接地系统是由两端引接站和江底管廊连接而成，通过 CDEGS 软件进行接地网计算，建模时将南引接站接地网、北引接站接地网和管廊内隧道钢筋自然接地体三者合一作为整体接地网，尽可能还原接地网的实际情况，经计算地电位升高、接触和跨步电势满足要求，从而实现主接地网的最优配置设计方案。

（4）华东特高压环网中的一线两站系统通信。苏通 GIL 综合管廊工程建成的一线两站是华东特高压环网的重要组成部分，系统通信建设上不但需要满足常规的特高压线路保护、故障测距和各类业务网接入需求，还需要实现东吴变电站对其整体监控所需的监控Ⅰ、Ⅱ区 A、B 网延伸，GIL 段感应电流快速释放装置所需的 4 个站协调控制通道等需求。本次设计提出“1 + 4”网络来架构一个 GIL 段和南北两个引接站的“一线两站”通信系统网络，建设了国网、华东、省网及地区网四层级六条光传输电路，各级网络相互主备，通道灵活组织安排，引入特高压环网大迂回调度，本次通信网络系统的建设和通道的组织方案均可为后续类似工程提供借鉴。

## 四、辅助系统设计

（1）创新采用 $SF_6$ 专用通风系统与管廊通风系统相结合隧道通风方案。苏通 GIL 综合管廊工程提出了长距离电力 GIL 管廊通风系统的详细设备配置方案及布置形式，GIL 主通道通风系统可满足 GIL 设备平时安全运行的环境温度要求，将管廊内余热排出管廊外，并可保证管廊内空气品质。采用了 $SF_6$ 专用通风系统与管廊通风系统相结合的方式排除管廊内的 $SF_6$ 气体，当监测到 $SF_6$ 气体泄漏时，将主通道风机开至最大风速，同时开启泄漏区域附近 $SF_6$ 专用排风系统的风阀，保证 $SF_6$ 气体在最短时间内排除，确保人员安全。

（2）苏通 GIL 隧道消防的针对性设计。苏通 GIL 综合管廊工程的管廊中布置 GIL 设备，而现行国标及行标对消防的设计要求通常只适用于 500kV 及以下电力电缆和控制电缆的电缆防火与阻止延燃，苏通 GIL 综合管廊工程管廊中布置的主体是不燃的 GIL 设备，因此没有可完全依据的消防设计规范。设计充分考虑苏通 GIL 综合管廊工程设备和运行环境的特点，提出隧道消防的针对性设计原则，确保隧道消防设计方案技术可靠，切实可行。

（3）构建功能集成、信息互通、资源共享的特高压 GIL 综合监测系统。苏通 GIL 综合管廊工程通过对特高压 GIL 综合检测系统研究，构建一体化综合监测平台，完成多专业系统的信息集成与整合、跨子系统的联动等，并实现外部子系统的安全有效接入。在一体化监测平台中实现不同子系统的联动。GIL 设备监测、避雷器监测、GIL 放电故障定位、巡检机器人系统、隧道结构健康监测系统等外部子系统，均接入到统一的一体化的监控监测平台。根据管廊设备的分布特点以及各子系统的组成特点，提出管廊内综合监测网络具备有线与无线等接入方式，具备星网与环网等网络结构，实现了各终端设备接入方案的最优化。

# 第二章 设 计 管 理

苏通 GIL 综合管廊工程在国家电网公司统一组织协调下开展设计工作。为顺利完成工程建设目标，国家电网公司通过设计招标，确定并委托华东院和铁四院两家设计单位进行工程设计。华东院为工程主体设计院及电气、勘测工程设计单位，铁四院为隧道工程设计单位，共同完成苏通 GIL 综合管廊工程的设计任务。

工程设计管理坚持安全第一、质量至上的原则，从设计源头抓安全质量，加强设计管控，技术、管理两手抓，确保设计成品质量。工程集中设计优秀资源和力量，形成创新合力，坚持设计全过程优化理念，持续推动设计创新和优化，不断推进设计精益化，以创新促进工程本质安全，以优化提升工程造价经济合理。提高设计质量和效率。

## 第一节 指 导 思 想

工程建设目标：按照工程里程碑计划，建设“安全可靠、自主创新、经济合理、环境友好、国际一流”的优质精品工程，确保一次投运成功、长期安全运行。

工程设计管理的总体思路是：坚持以设计为龙头，在国家电网公司统一组织协调下，采取联合设计、集中攻关、分步评审的工作模式，加强组织协调，强化科研支撑，持续推进设计优化和创新，确保安全性，提升经济性，为工程顺利建成投运奠定基础。

工程设计的总体思路：① 坚持集中工作、联合设计。在国家电网公司的统一指挥协调下，集中各设计院优秀资源和力量，形成创新合力。② 坚持安全第一、质量至上。从设计源头抓安全质量，加强设计内部校审、评审质量把关，确保工程设计的高标准、高质量、高水平。③ 坚持设计全过程优化理念。持续推进设计创新和优化，确保安全性，提升经济性。

## 第二节 组 织 管 理

### 一、组织体系

采用联合设计模式，成立工程设计领导小组及相关工作组，集中各方资源、发挥各方优势，推进工程设计。

（一）设计领导小组

负责指导工程设计、决策重大事项。由国网交流部、电规总院、国网经研院、国家电网有限公司交流建设分公司（简称国网交流公司）、国网江苏电力、国家电网有限公司信息通信分公司（简称国网信通公司）、中国电力科学研究院有限公司（简称中国电科院）、华东院和铁四院的主管领导组成。领导小组下设工程设计工作组及工程设计专家组。

（二）设计工作组

负责组织、协调工程设计，提出设计原则和方案，检查落实设计任务。由国家电网有限公司特高压事业部（简称国网特高压部）、电规总院、国网经研院、国网交流公司、国网江苏电力、国网信通公司、华东院、铁四院和中国电科院组成。

（三）设计专家组

由科研、设计、施工和建设管理领域的专家组成。专家组成员参加设计专题研讨会、设计方案评审会等，对设计原则、技术方案提出咨询意见和建议。

### 二、设计管理流程

初步设计、施工图设计工作流程图分别见图 2-1 和图 2-2。

### 三、职责划分

国网交流部负责工程设计全过程管理与协调。电规总院受委托进行工程评审工作，审定重大设计变更技术方案，对工程设计方案技术把关。国网经研院协助国网交流部开展设计管理工作。国网交流公司负责协调 GIL 安装施工与设计技术衔接。国网江苏电力负责一般设计变更审批和重大设计变更初审；负责施工图、竣工图设计考核。华东院作为主体设计院对工程设计合理性和整体性负责，同时作为电气设计单位按照分工完成 GIL 设计、二次系统设计、辅助系统设计及两岸引接站设计，作为勘测单位根据隧道设计单位相关技术要求完成勘测工作，对设计和勘测质量负责。铁四院作为隧道设计单位按照分工完成工作井结构、综合楼结构以及隧道结构设计工作，对设计质量负责。

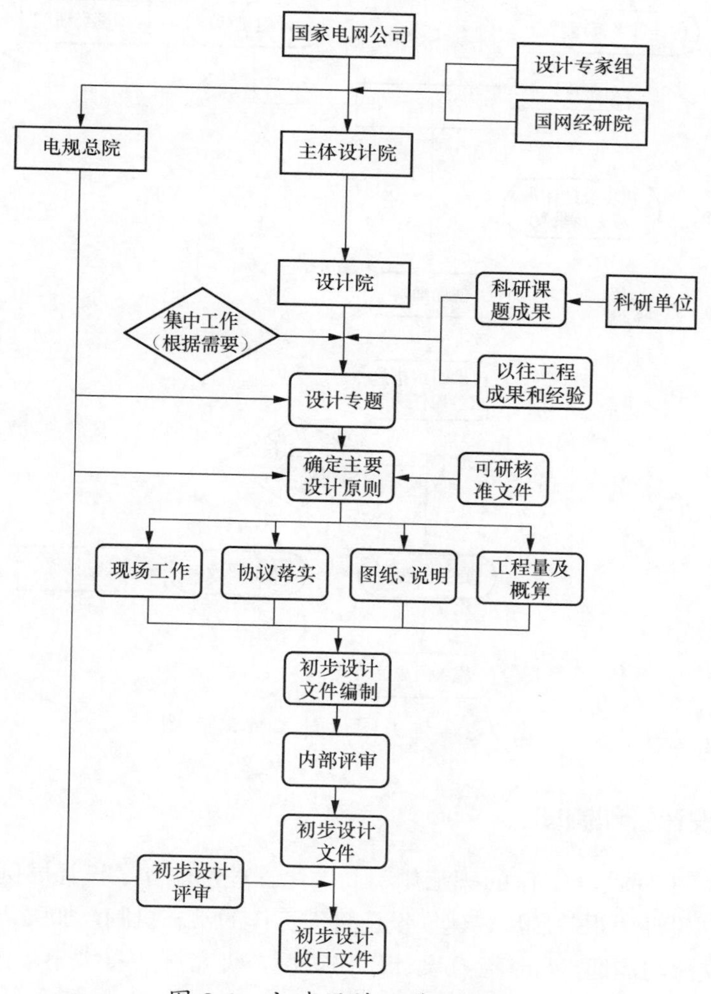


图 2-1　初步设计工作流程图

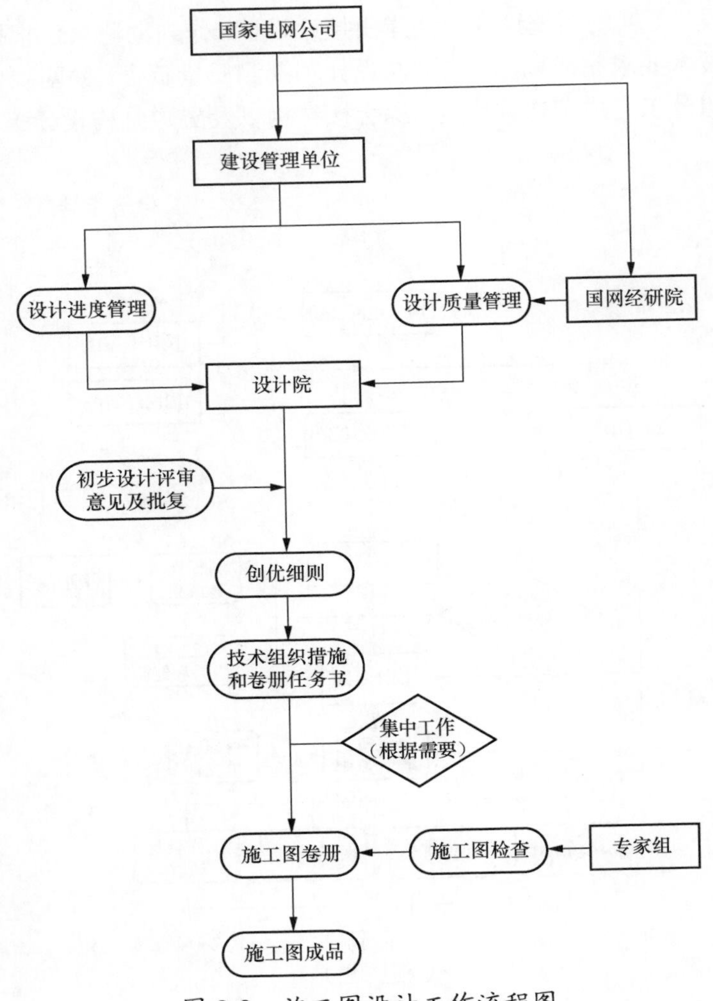


图 2-2 施工图设计工作流程图

## 四、设计管理制度

为加强工程设计工作的规范化、高效化管理，建立了设计周例会、设计月报、施工图设计周报等制度，建立设计管理工作的常态机制，加强协调与管理力度，加强交流与沟通，及时检查设计工作进度，研究落实重大事项的解决措施。

（一）设计工作例会制度

设计工作例会制度的主要目的是建立设计管理工作的常态机制，加强协调与管理力度，加强交流与沟通，及时检查设计工作进度，研究落实重大事项的对策措施和有关问题的解决办法。

设计例会由国网特高压部负责组织，原则上每周召开一次，采用现场会议或电话会议形式，国网经研院、电规总院、国网交流公司、国网江苏电力、华东院、铁四院和中国电科院等相关单位参加。会议研究确定设计进度计划和有关的技术问题，讨论和确定联合设计的技术方案和其他事项。设计工作例会制度的实施，有效地协调解决了工程设计过程中遇到的困难。

（二）设计简报制度

工程设计实行设计工作简报制度。设计单位每月编制一期设计工作简报报送国网特高压部，汇报设计工作进展、存在问题和下阶段工作安排。设计工作简报制度的实施，使各有关部门及时掌握工程设计动态，确保了工程设计稳步推进。

（三）设计联络会制度

在工程设计过程中，由国网交流部组织，根据工程进度，不定期组织召开设计联络会议，协调解决各专业设计和技术接口、设计与设备间接口等方面存在的问题，确保设计工作按期推进。

## 第三节 质 量 管 理

### 一、设计过程管理

（一）设计配合管控

（1）设计各阶段间配合。可研设计由华东院完成，初步设计阶段的隧道部分由铁四院负责，双方进行完整资料交接。

初步设计梳理在初步设计和施工图设计阶段需要进一步深入研究的问题，尽快开展研究，需要科研单位配合的尽早提出科研需求。

（2）设计单位之间配合。分别作为总体及电气设计单位和隧道设计单位，华东院和铁四院在工程实施过程中密切配合，并按照要求完成专业之间的资料交换和设计成果的验证。

设计单位与环评水保评价单位对环境保护、水土保持措施进行充分沟通，取得统一的推荐意见，确保工程实施方案落实环评水保批复的要求。在施工图检查时，对各设计单位之间的交接资料和成品校审单等进行重点检查。

（3）设计和科研的配合。设计或科研条件发生变化时，设计或科研单位及时通过总体设计院汇总后向对方提供资料，说明发生的变化情况、需要对方提供的配合等。

当设计边界条件发生变化时，总体设计院组织设计单位及时向科研单位提供资料，科研单位进行前期科研成果复核、修正和完善，开展进一步研究，提出适用于苏通 GIL 综合管廊工程的研究成果。

（4）设计和设备的配合。设计单位高度重视设备技术规范书的编制工作，确保技术规范书和附图的正确性、完整性。对于特高压主设备，国网交流部专门组织相关专家核查规范书。

设计单位与 GIL 设备厂家密切配合，进行三维集成设计，滚动修改完善 GIL 整体布置方案，指导生产和现场安装。

（5）设计与建设管理、施工、运检单位间的配合。设计充分听取各单位的意见和建议，在确定的原则范围内将各方的要求体现到施工图设计中。根据苏通 GIL 综合管廊工程实际情况，设计单位与施工测量密切配合，根据测量结果，动态调整 GIL 布置，保证 GIL 布置尺寸与设计方案完全匹配。

（二）设计过程管控

（1）严格执行相关标准和规程规范，提高设计质量和设计效率。在各设计单位投标方案的基础上提出进一步优化方案的建议，避免了设计重复工作，提高设计效率。

（2）研究确定了设计专题报告内容，有针对性地编写专题报告，确保专题研究能够支撑工程设计。根据工程特点，开展了相关设计专题。

（3）重视科研成果的转换应用，确保科研结论能够指导工程设计。参与工程相关科研课题的研究工作，提出设计需求，为科研成果尽快转化应用奠定基础。

（4）高度重视勘测工作，保证勘测数据详细、准确，满足工程设计要求。勘测单位加强勘测内、外业质量管理，确保资源投入。

（5）设计单位加强设计单位内部、设计院之间的沟通交流，确保设计原则和技术方案的贯彻落实。设计单位安排投标文件承诺的设计人员参加设计工作，确保优势资源投入，保证设计质量。

（6）完善质量管控文件，固化设计技术要求，确保设计质量控制的一贯性。设计单位将输变电工程建设标准强制性条文、电网重大反事故措施条文、防质量通病措施条文、标准工艺、国网江苏电力建设运行要求落实到卷册任务书中，并纳入作业文件，使工程设计技术要求标准化，确保各项要求在工程中均能得到有效落实。

## 二、设计成品质量管理

为保证工程设计质量，采用联合设计、分项实施、自行负责的原则，对工程设计实行统一组织、统一管理和统一协调。

### （一）分步评审

工程设计采取分步评审方式。对于工程重大设计原则和技术方案，由电规总院评审确定。必要时，由国网交流部组织召开专家会议研究确定。对于工程设计文件和设计专题，根据工程建设需要，分阶段由电规总院进行技术评审。

### （二）专家咨询

根据需要，邀请科研、设计、建设、运行、管理等方面及其他行业的专家，对工程设计方案进行专题咨询，提出咨询意见和建议。

### （三）内部校审

加强质量管理、提高评审等级，强调设计单位主管总工、工程设总（项目经理）、主工、主设人、设计人员全员参与工程质量管理。设计文件的校审等级较常规工程提高一级。

### （四）施工图检查

国网经研院组织专家组分阶段对各设计单位的施工图设计进行检查。施工图检查内容包括质量目标落实和设计计划的执行情况。检查重点是评审意见的贯彻和执行情况，科研成果和设计专题内容的转化应用情况，标准施工工艺、反措和强制性条文的执行情况，设计计划书（技术组织措施）和卷册任务书、校审单等质量控制文件，重要施工图图纸的正确性等。

## 三、勘测成品质量管理

为保证工程勘测质量，按照过程质量控制和勘测阶段性成果内部评审相结合的原则，开展相关工作。

### （一）过程质量控制

勘测过程质量控制采用勘测现场检查的方式。在勘测实施过程中，组织专家对现场勘测作业进行检查，检查技术指示书、勘测工作大纲及技术标准执行情况、勘探质量现场管理情况。

（二）成果内部评审

勘测成果按照工程建（构）筑物类别不同开展阶段性内部评审。由国网经研院组织专家对引接站、工作井和管廊隧道的岩土工程初勘、详勘报告及物探专题报告评审，提出内部评审意见。

# 第三章　工程勘测

苏通 GIL 综合管廊工程隧道穿越河段为长江下游黄金水道，航道水流条件复杂、通行船只密集，且临近苏通长江大桥。隧道盾构穿越地层主要为高石英含量的饱和密实砂土、粉土和饱和软黏土，且含有有害气体，勘测条件和环境复杂。主航道段勘察协调工作量大，作业窗口短，勘察难度大。华东院在国家电网公司统一部署下，精心策划，合理安排工期，协调航道、海事、水利和其他职能部门，采取了航道调整、航标调整配布、晚间禁止通航、专项护航和开放苏通大桥辅孔等一系列安全措施。建立了高精度测量控制网，确保了隧道工程勘察工作按期完成，同时全程参与了工程建设和运营阶段隧道的检测和监测工作，为工程顺利投运和安全运行奠定了基础。

苏通 GIL 综合管廊工程勘测由华东院承担，工作内容包括工程测量、岩土工程勘察、水文地质勘察、水文气象勘测、工程检测与监测等。

## 第一节　工程测量

### 一、高精度控制网测量

（一）技术要求

（1）高精度控制网满足了工程各阶段勘测设计、施工期间施工放样、运行管理阶段安全监测等需要。

（2）轴线相对中误差不低于 1:300 000，对岸间相邻控制点点位中误差和高程中误差不大于 8mm；同岸侧相邻控制点点位中误差和高程中误差不大于 6mm。

（3）高程控制网由陆地水准测量和跨河水准测量构成。高程控制网按二等水准网的精度实施，水准测量以国家二等水准测量的技术要求执行，跨河水准测量按三角高程法二等跨河水准技术要求执行。

### （二）方法和设备

高精度控制网包括平面控制网和高程控制网两部分内容。

1. 平面控制网

（1）全球卫星导航系统（global navigation satellite system，GNSS）平面控制网采用 Leica GNSS 双频接收机，其平面静态精度 3mm＋0.5ppm。GNSS 观测执行 GB/T 18314—2009《全球定位系统（GPS）测量规范》B 级网观测的基本技术规定。观测按照常规静态作业方式，13 台双频接收机组成同步观测图形进行观测，观测时间为连续 72h，采样率为 15s。

（2）基线解算采用专业软件处理，将 2 个国际 GNSS 服务（international gnss service，IGS）站和 13 个平面控制点组成框架网联合处理，共有基线 420 条，基线结果均为双差固定解。以 GNSS 基线先验值 3mm＋0.5ppm 作为计算重复基线、同步环和异步环的限差。420 条基线均通过置信度水平为 95%的 T 检验，计算得到的 420 条基线均合格，可用于平差。

（3）GNSS 控制网平差采用工程控制 GNSS 网专用数据处理系统进行处理，将基线数据用于控制网平差。利用高精度全站仪复测 GNSS 控制网的边长，校核其精度验证数据的准确性。

2. 高程控制网

陆地水准测量采用二等水准测量方案；跨河水准测量采用三角高程方法，观测了 28 个测段，跨河测量每千米高差中误差为 0.76mm。整个控制网平差后每千米中误差为 0.39mm。

3. 仪器设备

苏通 GIL 综合管廊工程勘测工作投入了大量高精尖的测量设备，见表 3-1。投入作业的仪器均经国家法定检定部门检定合格，且在规定的有效期限内。仪器及标尺在测前、测量过程和测后均按 GB/T 12897—2006《国家一、二等水准测量规范》的要求进行了检验和检查，检验结果全部合格。

**表 3-1　　仪器设备统计一览表**

| 序号 | 设备名称 | 规格参数 | 适用范围 |
| --- | --- | --- | --- |
| 1 | Leica TCA2003 | 测角精度 0.5″，测距精度 1mm＋1ppm | 精密测定边长和跨河水准 |
| 2 | Leica TS50 | 测角精度 0.5″，测距精度 1mm＋1ppm | 精密测定边长 |
| 3 | 拓普康 GPT3002LNC | 测角精度 2″，测距精度 2mm＋2ppm | 勘察、选点 |

续表

| 序号 | 设备名称 | 规格参数 | 适用范围 |
| --- | --- | --- | --- |
| 4 | Leica GNSS GS14 | 静态测量平面精度：±3mm+0.5ppm；高程精度：±6mm+0.5ppm | GNSS 静态测量 |
| 5 | Leica GNSS GS15 | 静态测量平面精度：±3mm+0.5ppm；高程精度：±6mm+0.5ppm | GNSS 静态测量 |
| 6 | Leica DNA03 | 每千米中误差为±0.3mm | 二等水准测量 |
| 7 | 跨河水准照准标志 | 10km 可见 | 定制 |
| 8 | TRIMBLE NETR9 | 静态测量平面精度：±3mm+0.5ppm；高程精度：±5mm+0.5ppm | 跨河水准 GNSS 测量 |
| 9 | 转点尺承 | 5kg 尺台 | 二等水准测量 |

（三）组网和校测

组网工作始于 2016 年 5 月，于 2016 年 12 月完成，成果于 2017 年 2 月通过了国网经研院组织的评审，并移交给施工单位（中铁十四局集团有限公司）。华东院根据工程需求，分别于 2017 年 5 月 27 日（盾构机始发前）、2018 年 1 月 25 日和 2018 年 6 月 2 日（隧道正式贯通前）进行了 3 次复测校核工作。组网和校测情况如下。

1. 组网

（1）平面控制网根据 GB/T 18314—2009《全球定位系统（GPS）测量规范》中 B 级网的观测要求实施，并满足设计精度，高程控制网符合 GB/T 12897—2006《国家一、二等水准测量规范》中二等水准网精度要求布设。

（2）建立整体统一的控制网，并采用 GPS 静态方法与国家控制点进行联测。

（3）高程控制点在工程两岸各布置 5 个水准点，共 10 个水准点，其中在长江南、北两岸各布设 3 个远离工作井区的深埋水准基点，其余 4 个水准点均布设在两岸的平面观测墩的基础上或顶面位置。高精度控制网平面控制网示意图见图 3-1。

（4）根据专用软件和 GNSS-NET 处理结果，对岸间相邻控制点（ST04—ST09）最弱相对点位中误差为 0.7mm，同岸侧相邻控制点（ST02—ST08）最弱相对点位中误差为 1.3mm。控制网贯通误差为 0.007 9m，管廊轴线相对中误差为 1:700 000，满足了组网的技术要求，平面测量达到了国家 B 级。

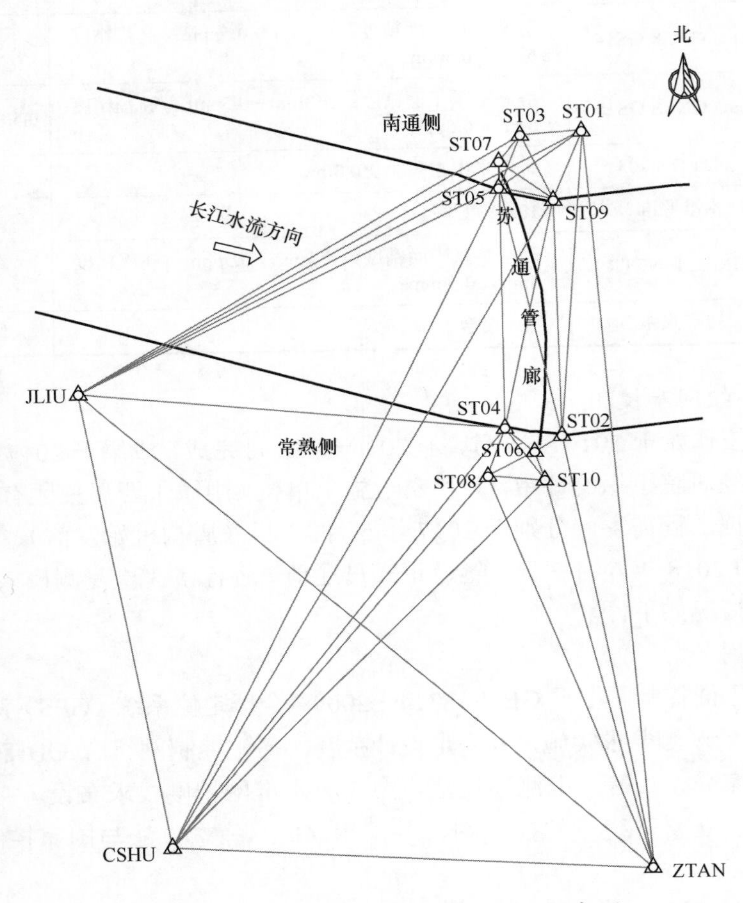


图 3-1 高精度控制网平面控制网示意图

（5）高程控制网最弱点高程中误差为±2.59mm，高程测量达到了国家二等水准。

2. 校测

苏通 GIL 综合管廊工程高精度控制网共完成了 3 次校测，校测成果见表 3-2，校测结果显示均符合现行国家规范的精度要求。整个高精度控制网在工程建设期间保持稳定，满足了本工程越江隧道建设、运行安全监测的需求。

表 3-2 校测成果一览表

| 校测时段 | 平面控制网 | | | 高程控制网 | | |
|---|---|---|---|---|---|---|
| | 对岸间相邻控制点最弱相对点位中误差 | 同岸侧相邻控制点最弱相对点位中误差 | 平面测量等级 | 常熟侧水准网每千米高差中误差 | 南通侧水准网每千米高差中误差 | 高程测量水准 |
| 2017 年 5 月 27 日（盾构机始发前） | ST02-ST05：0.20mm | ST02-ST04：0.60mm | 国家 B 级 | 0.40mm | 0.27mm | 国家二等水准 |
| 2018 年 1 月 25 日（主航道穿越前） | ST07-ST08：0.50mm | ST08-ST10：0.40mm | 国家 B 级 | 0.05mm | 0.14mm | 国家二等水准 |
| 2018 年 6 月 2 日（隧道正式贯通前） | ST06-ST07：1mm | ST02-ST06：0.14mm | 国家 B 级 | 0.38mm | 0.38mm | 国家二等水准 |

## 二、地形测量

（一）地形测量的目的和内容

（1）可行性研究阶段：测量范围为管廊轴线上、下游各 2km，为建立模型进行河床分析、线位选择等提供基础数据，水域地形图测量比例尺为 1:5000。

（2）初步设计阶段：测量范围为工作井、引接站、管廊线位方案两侧各 200m 范围、苏通大桥桥墩区域。为结构等设计专业进行隧道、工作井布置提供基础数据，以及为河床演变分析提供基础数据，水域地形图测量比例尺为 1:1000。

（3）施工图设计阶段：测量范围为岩土勘察航道配布调整区域，常熟港专用航道完成的水下地形测量比例尺为 1:1000；主航道上行航道完成的水下地形测量比例尺为 1:2000。

（二）地形测量的方法、设备和精度

1. 平面控制测量

（1）方法和设备。利用 Leica GS14 GNSS 接收机布设 GNSS 一级网进行观测，采用专业软件进行基线解算和平差计算得到控制点的平面坐标值。

（2）接收机静态平面精度为±3mm+0.5ppm；高程精度为±6mm+0.5ppm。

2. 高程控制测量

（1）方法和设备。利用 Leica DNA03 电子水准仪布设四等水准网组成闭合水准路线观测，采用平差软件进行数据平差处理计算控制点高程值。

（2）高程测量精度为每千米中误差±0.3mm。

3. 陆域地形测量

（1）方法和设备。利用 Leica GS14 GNSS 接收机和拓普康 GPT3002LN 无协作目标全站仪，测角±2″，测距 2mm+2ppm 进行地形图测量，并生成相应比例的陆域地形图。

（2）接收机动态平面精度为±10mm+1ppm；高程精度为±20mm+1ppm。

4. 水域地形测量

（1）方法和设备。采用单波束测深仪 HD-370A、HD-380 和 Leica GS14 GNSS 接收机进行水域地形测量，采用专业软件进行数据后处理，并生成相应比例的水域地形图。

（2）单波束测深仪测深精度为±10mm+0.1% *h*（*h* 为深度，mm），接收机动态平面精度为±10mm+1ppm，高程精度为±20mm+1ppm。

（三）地形测量成果

地形测量时间为 2016 年 1 月～2017 年 3 月（不含施工期和运维期对水域进行的定期测量），提交成果如下：

（1）1:1000 陆域地形图，1.2km$^2$；1:1000 水域地形图，7.1km$^2$。

（2）1:2000 水域地形图，1.4km$^2$。

（3）1:5000 水域地形图，27.0km$^2$。

## 第二节 岩土工程勘察

### 一、场地地震安全性评价工作

（一）等级和目标

1. 工作等级

根据 GB 50223—2008《建筑工程抗震设防分类标准》和 GB 50260—2013《电力设施抗震设计规范》，苏通 GIL 综合管廊工程属于重要电力设施，抗震类别为重点设防类（乙类）的建筑，建筑设计使用年限为 100 年。

根据 GB 17741—2005《工程场地地震安全性评价》和工程重要性，苏通 GIL 综合管廊工程场地地震安全性评价工作级别确定为Ⅱ级。

2. 工作目标

根据抗震规范和设计的要求，苏通 GIL 综合管廊工程地震安评工作目标如下：

（1）确定长江南、北岸引接站及江中隧道段 50 年超越概率 63%、10%、

5%和2%的及100年超越概率63%、10%、5%和2%的场地地表水平向地震动峰值加速度和场地地震基本烈度。

（2）确定长江南、北岸引接站以及江中隧道部分50年超越概率63%、10%、5%和2%，100年超越概率63%、10%、5%和2%的场地地表地震影响系数，以及隧道段地面以下15m水平向100年超越概率63%、10%和2%的设计地震动加速度时程。

（3）评价工程场地地震地质灾害。

（二）范围

工程计算控制点为南岸（苏州）引接站NK5孔、北岸（南通）引接站BK3孔、江中隧道C6-1孔和江中隧道CZK6孔。根据GB 17741—2005《工程场地地震安全性评价》的要求，苏通GIL综合管廊工程地震安全性评价工作符合下列规定：

（1）区域范围取工程场地及其外延不小于150km的范围，区域范围为北纬29°～34°，东经118°～124°。

（2）近场区取工程场地及其外延不小于25km的范围，近场区为北纬31°30′～32°03′，东经120°40′～121°16′。

（三）技术思路

地震安全性评价工作技术流程图见图3-2。

（四）工作量和内容

根据GB 17741—2005《工程场地地震安全性评价》的技术要求和工程特点，苏通GIL综合管廊工程地震安全性评价开展了以下工作：

（1）收集研究工作区域范围内的构造背景和地震活动特征。

（2）收集、调查工程场地近场区范围内的断层构造资料，并对断层活动性进行评价。

（3）收集近场区范围内的地震活动资料，并对地震活动性进行评价。

（4）收集场址附近浅层人工地震勘探资料，确定工程场地及其附近是否存在对工程有较大影响的断裂。

（5）在南、北岸引接站及隧道水域布置了4个波速测试和取样测试孔。北岸（南通）引接站BK3钻孔深度为102m，剪切波波速测试深度为91m；南岸（苏州）引接站NK5钻孔深度为102m，剪切波波速测试深度为102m。隧道南段C6-1钻孔深度为95m，波速测试深度为92m；隧道北段CZK6钻孔深度为140.35m，剪切波波速测试深度为138m。

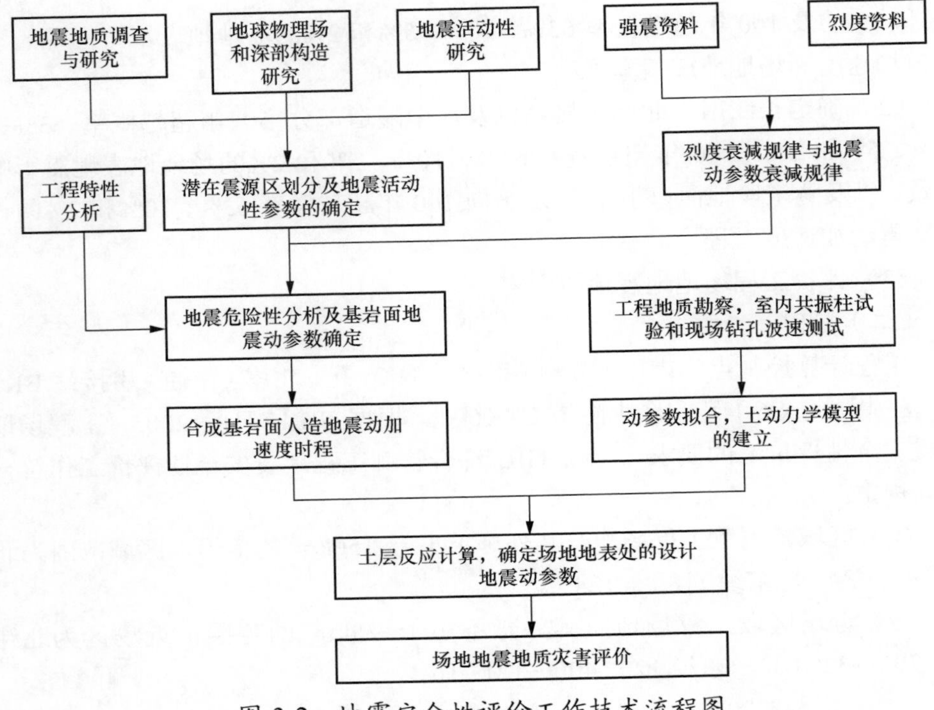


图 3-2 地震安全性评价工作技术流程图

（6）工程动态试验成果引用了原苏通长江大跨越工程方案的共振柱试验数据，共选取了 36 件土试样成果。

（7）通过野外调查、现场测试、室内试验和资料收集，对区域及近场地震地质和地震活动性特征、潜在震源区划分、潜在震源区地震活动性参数的确定、地震动衰减关系等进行了分析。

（8）根据确定的潜在震源区、地震活动性参数以及本区基岩地震动参数衰减关系进行了地震危险性分析，采用工程场地抗震性能评价软件包计算自由基岩面不同超越概率的峰值加速度和加速度反应谱。

（9）根据勘察成果，分别确定北岸（南通）引接站 BK3、南岸（苏州）引接站 NK5、隧道南段 C6-1 和隧道北段 CZK6 四个控制点的土层地震反应分析计算模型。确定了工程场地 50 年和 100 年超越概率 63%、10%、5%、2% 的场地地表水平向地震动峰值加速度与对应的地震基本烈度、地震影响系数，以及隧道段地面以下 15m 水平向 100 年超越概率 63%、10%、2%设计地震动加速度时程。

地震安全性评价工作内容和工作量明细见表3-3。

表3-3　　地震安全性评价工作内容和工作量明细

| 序号 | 工点 | 工作内容 | 工作量 |
| --- | --- | --- | --- |
| 1 | 野外工作 | 地震地质调查 | 调查面积4000km² |
| 2 | | 工程地震钻孔 | 4个，深度总计439m |
| 3 | | 波速测试和钻孔取样 | 测试深度423m，取土样36个 |
| 4 | 室内工作 | 地震核定 | 地震及场地历史地震影响烈度确定，20人·天 |
| 5 | | 地震活动性分析及地震构造分析 | 地震活动性和地震构造分析研究，4000km² |
| 6 | | 地震危险性分析 | 地震动衰减关系确定，潜在震源区划分及地震活动性参数确定，地震危险性概率分析，40人·天 |
| 7 | | 地震动参数确定 | 确定不同风险概率水平的地震峰值加速度、地震影响系数以及加速度时程，60人·天 |
| 8 | | 场地地震地质灾害评价 | 场地地震地质灾害评价，30人·天 |
| 9 | | 图件清绘和报告编写 | 图件清绘和报告编写，20人·天 |

（五）工作成果

1. 地震活动性评价

区域范围内自公元499年～2016年5月，共记录到4.7级以上地震100次，其中，4.7～4.9级的地震25次，5.0～5.9级51次，6.0～6.9级23次，7.0级地震1次。区域内地震活动属中强地震活动水平，地震活动大致呈现北强南弱、东强西弱的态势。历史地震对工程场址近场区产生的最大影响烈度为5度。

近场区地震活动的空间分布是不均匀的，历史上共发生过3次破坏性地震，最大震级为5.1级。破坏性地震及多数现代小震主要分布在近场区的中西部地区，工程场地附近地震活动则相对稀少，近场区地震活动虽比较活跃，但强度低。

2. 地震构造评价

区域范围内主要分布有NNE、NE、NW、NNW、NEE-EW向五组第四纪活动断裂，这些断裂均形成于中生代或中生代以前，经历了多期构造运动。在现代构造应力场作用下，新近纪以来都产生了不同程度的新活动，大部分断裂为第四纪早期活动断裂，只有如茅山断裂等为晚更新世活动断裂和栟茶河断裂为全新世活动断裂。

近场区内分布有规模不等、展布方向不同的主要断裂 13 条，其中无锡—崇明断裂、太仓—支塘断裂和浏河—新场断裂为第四纪晚更新世活动断裂，但这 3 条断裂均与工程场地的直线距离均在 8km 以上，对工程场地的稳定性不会产生影响。

3. 工程场地基岩面地震危险性分析结果

通过场地地震危险性分析，得到了 4 个场点，50 年超越概率 63%、10%、5%、2%，100 年超越概率 63%、10%、5%、2%共 8 个不同水平的基岩地震动参数。经对潜源贡献率分析结果表明，工程场地的地震危险主要受近场地震影响。

4. 工程场地设计地震动参数

（1）南岸（苏州）、北岸（南通）引接站 50 年超越概率 10%的地表地震动峰值加速度分别为 0.121*g*、0.119*g*，对应的地震基本烈度均为Ⅶ度。

（2）隧道工程整体 50 年超越概率 10%的地表地震动峰值加速度为 0.119*g*，对应的地震基本烈度为Ⅶ度。隧道工程整体 100 年超越概率 10%、2%的地表地震动峰值加速度为 0.150*g*、0.205*g*。

（3）确定了隧道南段、北段地表面以下 15m 的 100 年超越概率 63%、10%和 2%的水平向设计地震动加速度时程。

（4）工程场地 4 个场点在 8 个不同超越概率水准下，阻尼比为 0.05 的地表地震影响系数见表 3-4。设计可根据工程需要，选取抗震验算数值。当结构阻尼比不等于 0.05 时，需要按现行规范进行换算。

**表 3-4　　各场点地表地震影响系数（阻尼比 0.05）**

| 场地 | 超越概率 | $A_{max}$（g） | $\alpha_{max}$（g） | $C_1$ | $C_2$ | $T_1$（s） | $T_2$（s） | $R$ |
|---|---|---|---|---|---|---|---|---|
| 南岸引接站 | 50 年 63% | 0.047 | 0.114 | 0.45 | 5.5 | 0.1 | 0.4 | 0.90 |
| | 50 年 10% | 0.121 | 0.273 | 0.45 | 5.5 | 0.1 | 0.9 | 0.90 |
| | 50 年 5% | 0.152 | 0.357 | 0.45 | 5.5 | 0.1 | 1.1 | 0.90 |
| | 50 年 2% | 0.193 | 0.434 | 0.45 | 5.5 | 0.1 | 1.1 | 0.90 |
| | 100 年 63% | 0.066 | 0.163 | 0.45 | 5.5 | 0.1 | 0.7 | 0.90 |
| | 100 年 10% | 0.148 | 0.332 | 0.45 | 5.5 | 0.1 | 1.1 | 0.90 |
| | 100 年 5% | 0.182 | 0.41 | 0.45 | 5.5 | 0.1 | 1.1 | 0.90 |
| | 100 年 2% | 0.207 | 0.465 | 0.45 | 5.5 | 0.1 | 1.2 | 0.85 |

续表

| 场地 | 超越概率 | $A_{max}$（g） | $\alpha_{max}$（g） | $C_1$ | $C_2$ | $T_1$（s） | $T_2$（s） | $R$ |
|---|---|---|---|---|---|---|---|---|
| 北岸引接站 | 50 年 63% | 0.049 | 0.118 | 0.45 | 5.5 | 0.1 | 0.4 | 0.90 |
| | 50 年 10% | 0.119 | 0.268 | 0.45 | 5.5 | 0.1 | 0.9 | 0.90 |
| | 50 年 5% | 0.146 | 0.342 | 0.45 | 5.5 | 0.1 | 1.1 | 0.90 |
| | 50 年 2% | 0.189 | 0.425 | 0.45 | 5.5 | 0.1 | 1.1 | 0.90 |
| | 100 年 63% | 0.070 | 0.165 | 0.45 | 5.5 | 0.1 | 0.7 | 0.90 |
| | 100 年 10% | 0.152 | 0.341 | 0.45 | 5.5 | 0.1 | 1.1 | 0.90 |
| | 100 年 5% | 0.183 | 0.411 | 0.45 | 5.5 | 0.1 | 1.1 | 0.90 |
| | 100 年 2% | 0.206 | 0.463 | 0.45 | 5.5 | 0.1 | 1.2 | 0.85 |
| 隧道南段 | 50 年 63% | 0.050 | 0.119 | 0.45 | 5.5 | 0.1 | 0.4 | 0.90 |
| | 50 年 10% | 0.118 | 0.265 | 0.45 | 5.5 | 0.1 | 0.9 | 0.90 |
| | 50 年 5% | 0.150 | 0.338 | 0.45 | 5.5 | 0.1 | 1.1 | 0.90 |
| | 50 年 2% | 0.194 | 0.436 | 0.45 | 5.5 | 0.1 | 1.1 | 0.90 |
| | 100 年 63% | 0.069 | 0.162 | 0.45 | 5.5 | 0.1 | 0.7 | 0.90 |
| | 100 年 10% | 0.149 | 0.336 | 0.45 | 5.5 | 0.1 | 1.1 | 0.90 |
| | 100 年 5% | 0.184 | 0.414 | 0.45 | 5.5 | 0.1 | 1.1 | 0.90 |
| | 100 年 2% | 0.203 | 0.458 | 0.45 | 5.5 | 0.1 | 1.2 | 0.85 |
| 隧道北段 | 50 年 63% | 0.049 | 0.119 | 0.45 | 5.5 | 0.1 | 0.4 | 0.90 |
| | 50 年 10% | 0.119 | 0.268 | 0.45 | 5.5 | 0.1 | 0.9 | 0.90 |
| | 50 年 5% | 0.144 | 0.339 | 0.45 | 5.5 | 0.1 | 1.1 | 0.90 |
| | 50 年 2% | 0.190 | 0.427 | 0.45 | 5.5 | 0.1 | 1.1 | 0.90 |
| | 100 年 63% | 0.070 | 0.165 | 0.45 | 5.5 | 0.1 | 0.7 | 0.90 |
| | 100 年 10% | 0.150 | 0.338 | 0.45 | 5.5 | 0.1 | 1.1 | 0.90 |
| | 100 年 5% | 0.183 | 0.412 | 0.45 | 5.5 | 0.1 | 1.1 | 0.90 |
| | 100 年 2% | 0.207 | 0.466 | 0.45 | 5.5 | 0.1 | 1.2 | 0.85 |
| 隧道整体 | 50 年 63% | 0.049 | 0.119 | 0.45 | 5.5 | 0.1 | 0.4 | 0.90 |
| | 50 年 10% | 0.119 | 0.267 | 0.45 | 5.5 | 0.1 | 0.9 | 0.90 |
| | 50 年 5% | 0.147 | 0.346 | 0.45 | 5.5 | 0.1 | 1.1 | 0.90 |
| | 50 年 2% | 0.192 | 0.432 | 0.45 | 5.5 | 0.1 | 1.1 | 0.90 |
| | 100 年 63% | 0.070 | 0.164 | 0.45 | 5.5 | 0.1 | 0.7 | 0.90 |
| | 100 年 10% | 0.150 | 0.337 | 0.45 | 5.5 | 0.1 | 1.1 | 0.90 |
| | 100 年 5% | 0.184 | 0.413 | 0.45 | 5.5 | 0.1 | 1.1 | 0.90 |
| | 100 年 2% | 0.205 | 0.462 | 0.45 | 5.5 | 0.1 | 1.2 | 0.85 |

## 二、隧道勘察

（一）隧道勘察概况

苏通 GIL 综合管廊工程的隧道总长度为 5468.545m，隧道结构体埋深最深处的标高为－74.83m，最大水压力为 0.80MPa。

本工程岩土勘察分为可行性研究、初步设计和施工图设计 3 个阶段进行，隧道段勘察是本工程勘察工作的重点，而主航道段勘察又是整个工程的难点和关键节点。岩土勘察主要工作节点如下：

（1）可行性研究阶段、初步设计阶段于 2016 年 1 月～5 月完成，对选定的两个线位方案实施勘察。

（2）施工图设计阶段于 2016 年 6 月中旬开展了岩土勘察大纲审查。现场勘探作业划分为主航道段和非航道段。其中，非航道段勘察作业时间为 2016 年 7 月中旬～2016 年 10 月底，主航道段勘察作业时间为 2017 年 1 月 7 日～2017 年 4 月 19 日。2017 年 6 月 2 日，《主航道段岩土勘察专题报告》通过了国网经研院组织的专家评审，本工程岩土勘察工作完成。

苏通 GIL 综合管廊工程各阶段岩土工程勘察大纲均经过国网经研院或电规总院组织的专家评审，岩土工程勘察报告均通过了国网经研院组织的专家评审，共完成岩土勘察报告 9 份，专题报告 4 份。勘察成果满足了工程设计和施工的要求，并在隧道设计和施工中得到了很好的验证。

（二）隧道勘察的内容和要求

根据工程特点、设计要求和规范的规定，隧道勘察的主要内容和要求如下：

（1）查明隧道工程场地的区域地质条件及地质构造特征，评价工程场地稳定性及适宜性。

（2）确定工程场地的地震动参数，提供抗震计算所需的相关参数、场地土类型及建筑场地类别，判定场地地基的地震效应。

（3）查明隧道及附近地形、地貌特征、地层分布特征及各类岩土层的性质，并对岸坡稳定性、地基的稳定性进行评价。

（4）根据隧道围岩条件、断面尺寸和形式，对盾构设备选型、刀盘与刀具的选择以及辅助工法的选择提出岩土建议，并提供各土层的岩土参数、热物理参数及电性参数等；提供砂土的颗粒组成、最大粒径及曲率系数、不均匀系数、耐磨矿物成分及砾石（卵石）含量与黏性土层的黏粒含量等。

（5）查明工程场地不良地质作用和特殊性岩土的成因、类型、性质、分布、发展趋势及危害程度，并提出整治措施建议。重点查明有害气体的分布、成分、压力等特征，查明高灵敏度软土、密实砂土、砾石（卵石）、软硬不均匀地层和地下障碍物的分布与特征，分析其对工程的影响，并提出防治措施。

（6）查明工程场地的水文地质条件，分析地表水与地下水之间的联系，评价其对工程的影响，判定地下水的腐蚀性，并提出地下水控制措施的建议。

（三）隧道场地工程地质条件

1. 工程地质分区

苏通 GIL 综合管廊工程跨越南岸高漫滩、长江河床和北岸漫滩 3 种地貌单元。各工程地质分区的主要特征见表 3-5。

表 3-5 工程场地工程地质分区一览表

| 区 | 亚区 | 地貌形态 | 主要地层岩性 | 不良地质 | 地下水条件 | 岩土评价 |
|---|---|---|---|---|---|---|
| Ⅰ漫滩冲积平原工程地质区 | $I_1$南岸高漫滩冲积平原工程地质亚区 | 南岸高漫滩，地面高程3.5m，南岸大堤高约7.0m，局部分布有暗沟和暗塘。地面自西向东微倾，由岸向江边低倾 | 松散状人工填土，第四系全新统流塑淤泥质土，软可塑黏性土，稍密—中密粉土、中密—密实粉细砂、中密—密实状态中粗砂 | 上部存在厚层软土、可液化土③$_2$粉砂层；有害气体广泛分布 | 淤泥质粉质黏土中含上部滞水；粉质黏土、粉土中含潜水；中下部粉细砂、中粗砂层中含承压水 | 上部淤泥质土、黏性土、粉土，承载力较低；中下部细砂和中粗砂层承载力相对较高。均属极易坍塌变形的围岩 |
| | $I_2$北岸漫滩冲积平原工程地质亚区 | 北岸漫滩，地面高程 2.5～3.5m，北岸大堤高约 4.3m，新通海沙江堤堤高约 7.0m | 表层为松散～稍密粉细砂。下部为第四系全新统软—可塑粉质黏土混砂、中密粉土、密实粉细砂、密实中粗砂 | 上部为新近吹填土、可液化土①$_1$粉细砂、①$_2$粉砂混粉土、①$_3$粉砂层。有害气体分布 | 上部粉细砂中含潜水；中下部粉细砂、中粗砂中含承压水 | 上部粉土、粉细砂承载力较低，中下部粉细砂和中粗砂层承载力相对较高。均属极易坍塌变形围岩 |
| Ⅱ长江河道冲积工程地质区 | / | 长江河床、江水由西向东径流，长江深槽靠南岸，江底泥面标高在－44.0～0.5m 之间 | 河床以深槽为界，北部顶部为新近沉积的松散粉细砂，南部顶部为淤泥质土、粉土和粉砂层。河床中、下部为第四系上更新统密实粉细砂、中粗砂 | 中上部为可液化土①$_1$粉细砂、①$_3$粉砂、③$_2$粉砂层等；有害气体广泛分布 | 泥面以上为长江江水；南部顶部黏性土含潜水，下部粉土层含微承压水。砂层中为潜水，与江水有直接水力联系 | 上部砂层承载力较低，中下部粉细砂和中粗砂承载力相对较高。均属极易坍塌变形的围岩 |

2. 地基土分布特征

工程场地位于长江三角洲地区，具有河口段沉积物特点，松散层沉积巨厚，埋深 100m 范围内主要为第四系全新统冲洪积地层（$Q_4^{al+pl}$）和上更新统冲洪积地层（$Q_3^{al+pl}$）。主要地层叙述如下。

（1）第四系全新统冲洪积地层（$Q_4^{al+pl}$）：共分为 4 个地质层组（①—④层）。各层组细分为$①_1$粉细砂、$①_2$粉砂混粉土、$①_{2\text{-}1}$粉质黏土夹粉土、$①_3$粉砂、②粉质黏土、$③_1$淤泥质粉质黏土、$③_2$粉砂、$③_3$淤泥质粉质黏土、$③_4$粉质黏土与粉土互层、$③_5$淤泥质粉质黏土、$③_6$粉质黏土以及$④_1$粉质黏土混粉土和$④_2$粉土。黏性土以流塑～软塑为主，且多以淤泥质土状态呈现，粉土以稍密～中密状态为主，局部为密实，砂土以松散～中密状态为主，工程性质相对较差～一般。

（2）第四系上更新统冲洪积地层（$Q_3^{al+pl}$）：共分为 4 个地质层组（⑤—⑧层），主要为砂土，呈细—粗—细—粗的沉积韵律，由上到下依次可分为$⑤_1$粉细砂、$⑤_{1\text{-}2}$中粗砂、$⑤_2$细砂、$⑥_1$中粗砂、⑦粉细砂、$⑦_2$中粗砂、$⑧_1$中粗砂、$⑧_2$粉细砂和$⑧_4$中粗砂等。粉土、砂土以密实为主，工程性质良好，局部夹$⑤_{1\text{-}1}$粉土、$⑦_1$粉质黏土和$⑧_{1\text{-}1}$粉质黏土等黏性土透镜体，中粗砂层普遍含砾石和卵石。

（四）隧道勘察原则、方法和完成的工作量

1. 勘察原则

苏通 GIL 综合管廊工程隧道段岩土工程勘察根据 GB 50307—2012《城市轨道交通岩土工程勘察规范》、GB 50021—2001《岩土工程勘察规范》（2009 年版）和设计要求进行。勘察原则如下。

（1）可行性研究与初步设计阶段：按两个线位方案布置勘察工作量，并利用部分前期苏通大跨越方案的勘探点，可行性研究阶段勘探间距为 300～1000m，孔深为 60～100m，共布置 15 个勘探孔。初步设计阶段在可行性研究基础上新增了 17 个勘探孔，勘探间距为 150～400m，孔深为 60～100m。

（2）施工图设计阶段：勘探点垂直投影间距按 30～50m 在轴线两侧交叉布置，水域段勘探孔在隧道结构边线外侧 10～15m 布置，陆域段勘探孔在隧道结构边线外侧 6m。控制性勘探孔数量不少于勘探点总数量的 1/3，并进入隧道结构底板以下不小于 3 倍隧道直径，一般性勘探孔进入隧道结构底板以下不小于 2 倍隧道直径，确定勘探孔深度在 55～95m 之间。另外，主航道段水域作业条件复杂，取消了部分主航道段严重碍航性的勘探点，并适当增加了物探的工作量。

2. 勘察方法

（1）采用室内收集资料和现场调查，查明工程场地的区域地质条件、地形地貌特征和周边地质环境条件。

（2）采用工程钻探取样、原位测试、工程物探及室内试验等手段，查明场地主要岩土的类型、成因、分布及其岩土特性。

（3）采用标准贯入试验、动力触探试验、静力触探试验、旁压试验、波速测试等多种原位测试手段测试砂土或粉土的密实度，并采用室内土工试验确定了饱和砂土或粉土的颗粒组成、最大粒径及曲率系数、不均匀系数以及各类土的黏粒含量，并结合地区经验，综合确定土的静止侧压力系数、基床系数等设计参数。

（4）采用 X 射线衍射（X-ray diffraction）法分析矿物成分，确定了石英等主要硬质矿物含量及其分布规律。

（5）采用无侧限抗压强度试验、十字板剪切试验，获得了软黏土的灵敏度、抗剪强度指标。

（6）采用现场抽水试验测定主要含水层的含水率、给水度、渗透系数、影响半径、流向与流速等主要水文地质参数。

（7）采用气体普查和综合探测取样采气技术，测定有害气体的压力、成分，分析和评价土中有害气体赋存特征与迁移方式，研判其对隧道施工和运行的影响程度，提出了通风、防爆等预防措施的建议。

（8）采用综合物探手段，查明了工程场地及其附近沉船、抛石、地下管线等地下障碍物，提出避让措施的建议；采用水域浅层地震反射波法，辅助查明浅中部地层分布特征。

（9）采用测温仪，测定工程场地埋深 100m 范围内土层地温随深度的变化。

3. 完成的工作量

隧道段各阶段累计完成了钻孔 162 个，静力触探试验孔 23 个，地温测试孔 2 个，波速测试孔 3 个，累计进尺 12 692.5m。各阶段完成的工作量如下。

（1）可行性研究阶段：完成钻孔 15 个，双桥静力触探试验孔 1 个，累计进尺 1218.9m。标准贯入试验 186 次；采集Ⅰ、Ⅱ级（原状）土试样 272 件，Ⅲ、Ⅳ级（扰动）土试样 177 件，水试样 3 组。

（2）初步设计阶段：完成钻孔 15 个，双桥静力触探试验孔 2 个，累计进尺 1492.90m，完成 2 个地温测试孔，地温测试 184m。完成测量有害气体孔

15 个，波速测试孔 3 个，标准贯入试验 411 次，超重型动力触探试验 83m；采集Ⅰ、Ⅱ级（原状）土试样 580 件，Ⅲ、Ⅳ级（扰动）土试样 382 件，水试样 3 组。

（3）施工图设计阶段：完成钻孔 132 个，双桥、多桥静力触探试验孔 20 个（含 2 个多桥静力触探试验孔），累计进尺 9980.70m。隧道段施工图勘探工作量汇总表见表 3-6。

表 3-6　隧道段施工图勘探工作量汇总表

| 项目 | | 计量单位 | 累计工作量 |
|---|---|---|---|
| 工程地质钻探 | | 进尺 m/孔数 | 8633.6/132 |
| 有害气体勘查 | | 孔数 | 132 |
| 原位测试 | 双桥静探试验 | 进尺 m/孔数 | 1347.1/20 |
| | 孔压多桥静探（测水压） | 孔数 | 2 |
| | 标贯试验 | 次 | 1944 |
| | 超重型动探 | m | 239.4 |
| | 单孔波速测试 | m/孔数 | 231.1/3 |
| | 旁压试验 | 点/孔 | 47/7 |
| 取样 | Ⅰ、Ⅱ级（原状）土试样 | 件 | 2461 |
| | Ⅲ、Ⅳ级（扰动）土试样 | 件 | 2023 |
| | 地下水试样 | 组 | 9 |

（五）隧道段勘察过程

1. 行政审批

隧道段勘察分为陆域和水域两部分，水域作业分为非航道段和航道段勘察两个阶段。

陆域勘察前报备属地水利或堤防管理部门，取得现场勘察施工许可，完成勘探后按管理部门的要求进行回填封孔。

水域勘察涉及属地海事、航道、渔政、水利等相关行政审批。工程勘察前，华东院委托江苏远东船舶工程技术有限公司、交通运输部水运科学研究院分别编制了非航道段、航道段《通航安全评估报告》，并经主管部门组织专家进行评审。根据专家评审意见，华东院分别编制了非航道段和主航道段水域作业施工组织方案，向属地海事部门（常熟海事局）提出水域作业申请。由于主航道段勘察对航道内过往船舶造成碍航，华东院委托长江航道规划设计研究院编制了《主航道水上钻探施工期航道布置与航标配布方案》，通过交通运输部长江航务管理局组织的评审，获得行政许可批准后，海事主管部门对进场作业人员进行安全培训和设备、船只等安全检查后获准进场作业。

华东院委托相关单位完成了如下评估报告和方案：

（1）《淮南—南京—上海 1000 千伏交流特高压输变电工程苏通 GIL 管廊工程（非航道）通航安全评估报告》（江苏远东船舶工程技术有限公司，2016.7）。

（2）《淮南—南京—上海 1000 千伏交流特高压输变电工程苏通 GIL 管廊工程通航安全评估报告》（交通运输部水运科学研究院，2016.9）。

（3）《淮南—南京—上海 1000 千伏交流特高压输变电工程苏通 GIL 综合管廊工程主航道侧水上钻探施工期航道布置与航标配布方案》（长江航道规划设计研究院，2016.12）。

2. 现场作业过程

（1）水域作业平台。苏通 GIL 综合管廊工程水域勘察均使用船载式作业平台，平台面积不小于 20m$^2$，吨位不小于 300t。采用 4～5 锚八字锚定位，主锚重约 1～6t，每艘作业船配置交通船和护航船各 1 艘，航道段作业时另增加配备护航船和拖轮各 1 艘。主航道段水域勘察，受船舶航行制约，窗口期海事部门仅允许 1 艘作业船作业。现场勘探作业船见图 3-3。

图 3-3　现场勘探作业船

（2）测量定位。平台钻孔定位采用 GNSS 进行定位，仪器平面误差为 1mm，配备锚艇将锚送出到孔位上下游，通过船上安装的机械铰锚机将锚绳拉紧，然后不断调整各锚绳的长度将平台移动到既定孔位。

（3）钻探工艺。

1）强力钻进系统：选用 GXY-2 型钻机，配备 160/40 型泥浆泵（双泵），钻进采用 $\phi$108mm 岩芯管全断面采集土芯。

2）双层套管系统：钻探平台上设置了双层套管系统，先安装隔水外套管系统，采用带外接箍的 $\phi$178 厚壁套管，对水深流急处再下一层 $\phi$146mm 内套管，内层套管入土超过 10m，以减小涨落潮和长江水流对钻进的影响。

3）高质量循环泥浆系统：因钻探深度内地层以冲积成因的砂层为主，为防止孔内坍塌，采用高质量的膨润土与水配制成一定比重均质泥浆，通过泥浆泵灌入孔内后，形成反向渗透效果，在钻孔壁形成泥皮，保证了岩芯采取率。并且，在作业船设置泥浆循环储备箱和沉淀分离箱，达到了可持续、环保的作用。

（4）试样的采取、包装和运输。

1）黏性土试样：淤泥质土层采用 $\phi$100mm 薄壁取土器，取样时采用静力压入式采取Ⅰ、Ⅱ级土试样，其他黏性土层采用 $\phi$108mm 对开式厚壁取土器压入式或锤击式采取Ⅰ、Ⅱ级土试样。薄壁取土器见图 3-4（a）。

2）粉土及砂性土试样：粉土及砂土的Ⅰ、Ⅱ级土试样均采用环刀式取样器，以确保取样质量。砂土取土器见图 3-4（b），取样环刀见图 3-4（c）。

（a）

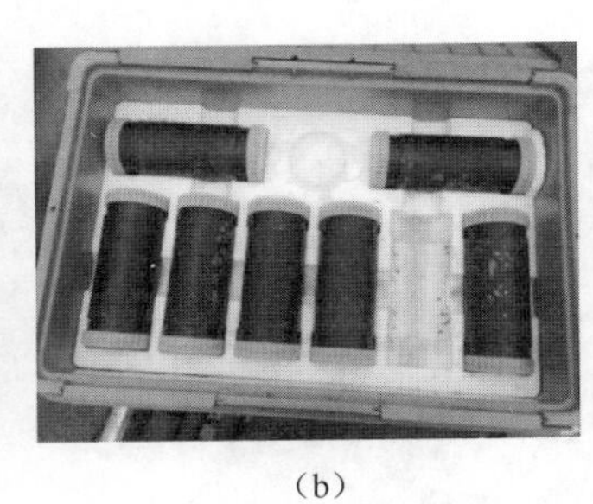
（b）

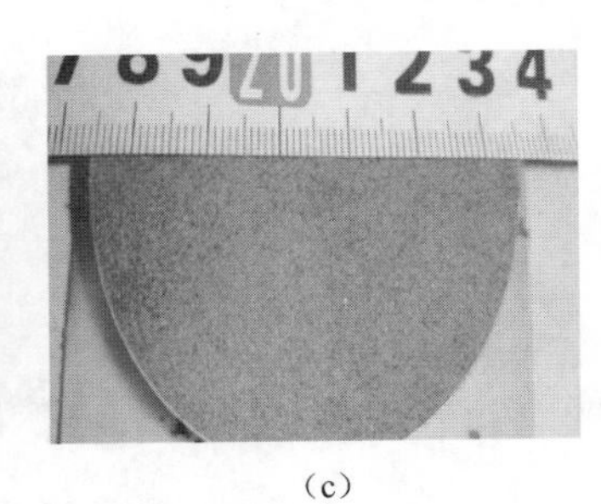
（c）

图 3-4　薄壁取土器、砂土取土器和取样环刀图

（a）薄壁取土器；（b）砂土取土器；（c）取样环刀

3）试样包装和运输：土试样均现场即时蜡封，于两日内送达现场试验室，试样运送时采取减震措施。

（5）原位测试。原位测试包括双（多）桥静力触探试验、标准贯入试验、十字板剪切试验、波速测试、旁压试验和扁铲侧胀试验等。多桥静力触探

（CPTu）引进国外最新研制的静力触探探头及采集系统。静力触探现场作业、静力触探探头及采集系统见图 3-5。

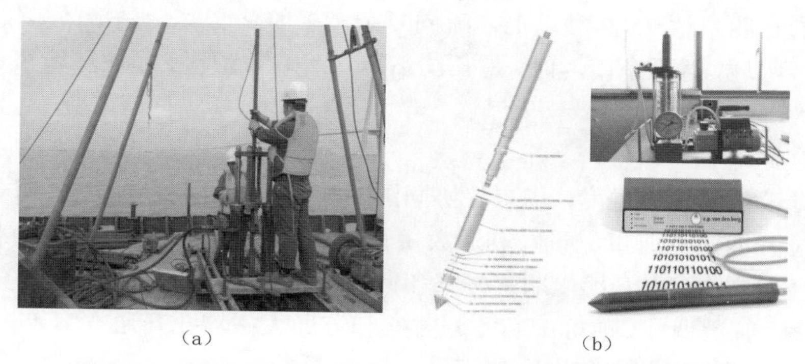

（a）　（b）

图 3-5　水域双桥静力触探工作和孔压静力触探系统图

（a）静力触探现场作业；（b）静力触探探头及采集系统

（6）勘探孔封孔。由于大部分钻孔已深入至承压含水层，其潜在的通道可能造成隧道掘进时突涌，对隧道盾构施工安全存在很大隐患，因此对所有完成的钻孔进行了封孔。

封孔采用了工程钻机，通过钻杆将水、水泥配合比为 0.5～0.7:1 的水泥浆泵入钻孔底，由孔底起封，封至孔口。水泥用量按 50kg/10 延米控制，并做好了封孔时间、水泥用量的记录，并进行了拍照及录像。

（六）主航道勘察

1. 勘察作业范围

主航道区段（里程 DK1+780～DK3+150）包括长江深槽北缘、长江主航道（下行推荐航道、下行深水航道、分隔带、上行深水航道、上行推荐航道）、营船港专用航道，穿越段水深 −40.7～−22.4m，自南向北江底泥面逐渐抬升。隧道位于长江底、呈近 90° 角垂直主航道，且从南向北穿越主航道至营船港专用航道。

主航道段共计 22 个钻孔，编号为 SZ1～SZ22。主航道北侧 S59、S60 钻孔占用营船港专用航道，主航道南侧 S61 钻孔距离下行推荐航道仅 67m，施工时对通航产生较大影响，作业也需进行专门维护，因此主航道段总计 25 个钻孔。

2. 作业环境

主航道段位于白茆沙水道，可满足 5 万吨级海轮通航，上接通州沙水道下连浏河水道。苏通大桥的上游侧通航环境十分复杂，是通州沙水道与通州沙西水道、营船港航道、常熟专用航道、永钢专用航道等水道的汇流水域，船流密集，日通行船只达2500艘以上，流向复杂，多航路交叉，是事故多发水域，又是桥区水域，遇强东南风时，是长江下游的著名风浪区，作业环境极为复杂，风险极大。

3. 实施过程

根据工程的总体进度，华东院协同国网江苏电力、业主项目部、国网经研院等单位开展了与海事、航道、苏通大桥管理公司等管理部门之间的协作工作，完成了通航安全评估、优化勘察方案和钻孔数量调整以及作业阶段划分、制定维护方案、航道调整、航标配布专题方案和苏通大桥辅孔开通方案等一系列准备工作。主要勘察节点和进度如下。

（1）安全评估：2016年10月12日，江苏省海事局主持召开了“淮南—南京—上海1000千伏交流特高压输变电工程苏通GIL综合管廊工程通航影响安全评估报告”审查会，通过了通航安全评估报告，并对勘探作业风险提出了意见。

（2）海事安全咨询会：2016年10月26日，江苏省海事局主持召开了“长江主航道安全咨询会”，提出开放苏通大桥南北两侧辅助通航桥孔、取消碍航钻孔、调整航标配合钻探施工、钻探施工期夜间水深航道封航等建议，并提请江苏省人民政府协调相关部门。主航道区段线位及勘探点布置见图3-6。

（3）省政府专题会：2016年11月10日，江苏省政府副秘书长召开专题会议，交通运输部长江航务管理局、江苏海事局、江苏交通控股有限公司、华东院、江苏省安监局、长江南京航道局、国家电网有限公司、铁四院等相关单位参加了会议。形成会议纪要“江苏省人民政府办公厅专题会议纪要（第31号)”，该纪要作为后续开展主航道段勘察的指导性文件。

（4）航道调整和航标配布评审会：2016年11月30日，交通运输部长江航务管理局在武汉召开了由长江航道规划设计院编制的“主航道段勘察航道调整和航标配布方案”评审会，并形成专家评审意见。

（5）行政许可：2017年1月3日，交通运输部长江航务管理局下达了航道行政管理准予许可决定书“长航局关于苏通GIL综合管廊工程主航道侧水上钻探施工期间专用航标的许可决定”（长航道许〔2017〕1号）。

（6）苏通大桥辅孔开放：2017年1月5日，华东院委托相关单位开展苏通大桥辅助通航孔桥柱灯、桥涵标设计和施工，之后辅孔开放。

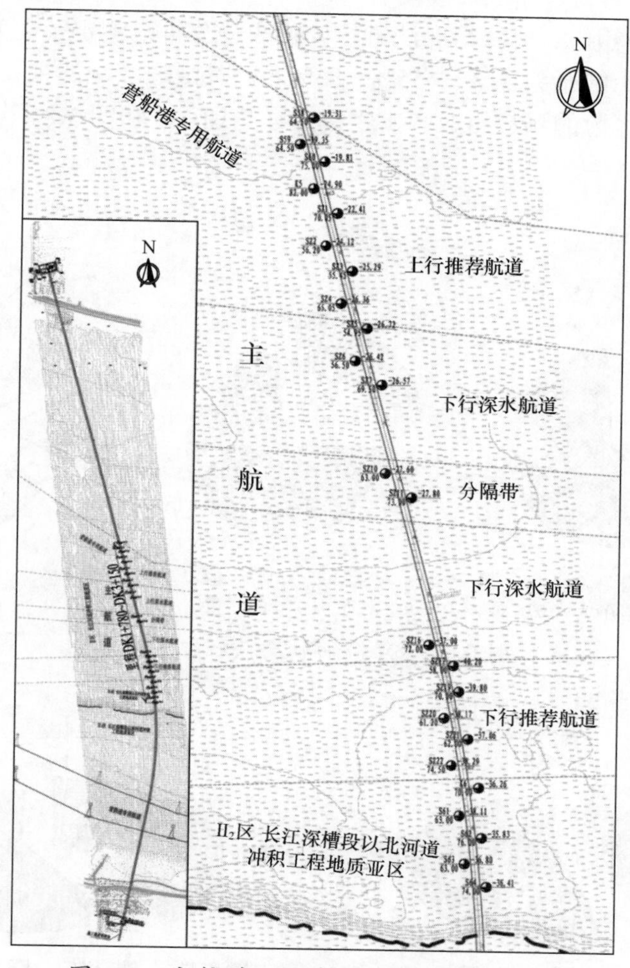


图 3-6　主航道区段线位及勘探点示意图

（7）2017 年 1 月 7 日～4 月 19 日，在常熟海事局监督下，华东院组织开展了主航道 7 个阶段现场钻探施工作业，圆满完成主航道段勘察现场作业工作。

（8）2017 年 6 月 2 日，《主航道段岩土勘察专题报告》通过了国网经研院组织的专家评审，本工程施工图设计阶段岩土勘察工作完成。

（七）隧道勘察主要技术成果

1. 测定了主要砂土的颗粒组成、矿物成分与含量

隧道盾构掘进过程中穿越的土层主要为密实砂土，砂土中石英、长石等硬质矿物直接影响盾构刀盘的设计、磨损、换刀次数等隧道施工关键问题。

本次勘察采用 X 射线衍射法进行矿物成分分析，测定了主要土层的矿物成分组成，砂土的石英含量在 55%～85%之间。隧道穿越的主要土层⑤$_1$粉细砂在不同里程区段的颗粒组成和矿物组成详见图 3-7 和图 3-8。

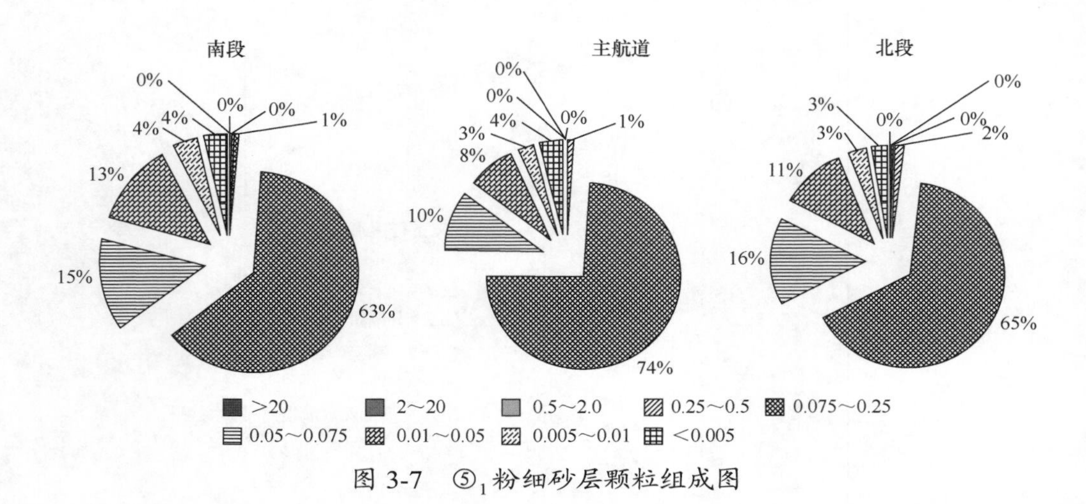


图 3-7 ⑤$_1$粉细砂层颗粒组成图

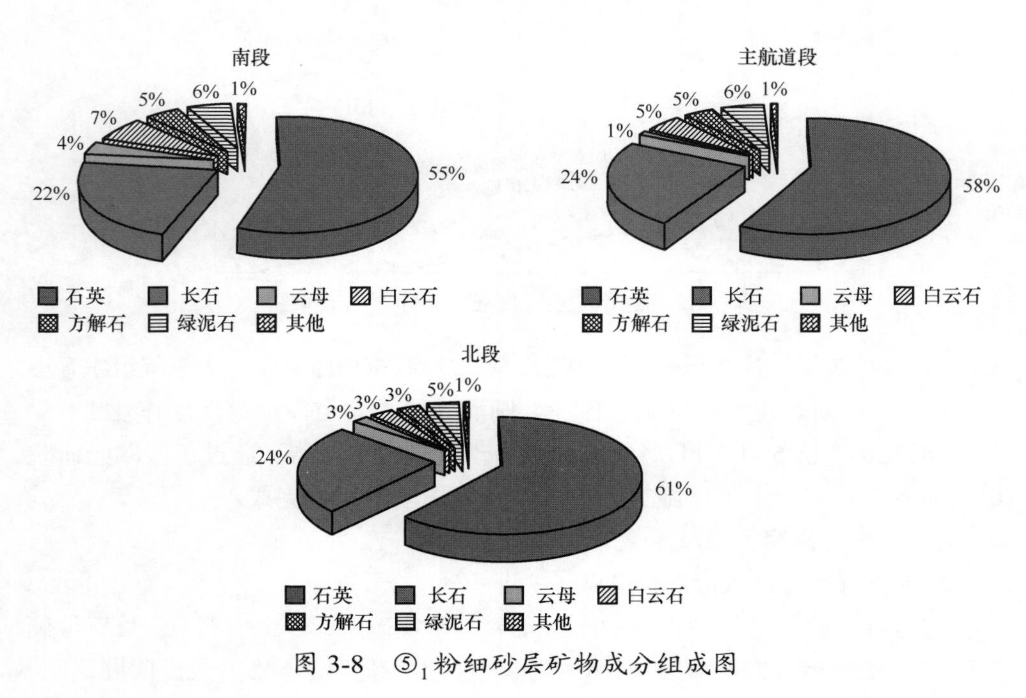


图 3-8 ⑤$_1$粉细砂层矿物成分组成图

2. 确定了主要土层的静止侧压力系数、基床系数

采用旁压试验、扁铲侧胀试验和室内土工试验等多种手段，结合规范和工程经验，综合确定了各土层的静止侧压力系数、基床系数、水平抗力系数比例系数等重要设计参数。

3. 测定了主要土层的热物理指标

通过场地地温测试，未发现地温异常区域，地温随深度增加呈阶梯式递增，每100m变化在1℃，盾构区间上下洞径范围内地温基本恒定。根据土的热物理试验，取得了隧道穿越主要地层的比热容、导热率和导温系数。

4. 确定了工程场地的主要水文地质参数

首次在长江水域勘察时采用了国外最新研制的多桥静力触探（CPTu）探头，进行了超孔隙水压力的消散试验，测定了主要承压含水层的水压力值，测得的地下水压力与理论计算值基本吻合。

5. 判定了场地和地基地震效应

隧道在长江深槽以北地段（包括深槽）场地土类型为中软土，建筑场地类别为Ⅲ类；隧道在长江深槽以南段场地土类型为软弱土，建筑场地类别为Ⅳ类。工程场地属抗震不利地段。

判定隧道长江深槽以南地段埋深20m深度内$③_2$饱和粉砂为液化土，最大液化深度为12.6m，场地地基液化等级为轻微～中等；隧道长江深槽以北地段埋深20m深度内$①_1$粉细砂、$①_2$粉砂夹粉土、$①_3$粉砂为液化土层，最大液化深度为20.0m，场地地基液化等级为中等～严重。

## 三、引接站勘察

### （一）工程概况

苏通GIL综合管廊工程设南岸（苏州）、北岸（南通）引接站，始发井和接收井分别布置在两岸引接站内。引接站勘察范围包括两岸引接站本体、接收井、始发井、临时后续配套段和施工通道等。工作井支护结构采用地下连续墙，临时后续配套段和施工通道采用地下连续墙和SMW工法支护。

引接站（含工作井）勘察时间为2016年3月～10月，按可行性研究、初步设计和施工图设计3个阶段实施，完成岩土勘察报告共7份，专题报告3份，岩土勘察报告均通过了国网经研院组织的专家评审，满足工程设计要求和项目的总体进度。

（二）勘察的内容和要求

（1）确定工程场地地震动参数及地震基本烈度，判断抗震设计场地土类型、场地类别，划分抗震地段。

（2）查明工程场地的地形、地貌形态特征，各地层的岩性、时代成因、分布特征，提供主要土层的物理力学性质参数。

（3）根据本工程性质，提出工作井基坑围护方案建议，推荐适宜的围护结构及相关设计参数。

（4）查明工程场地不良地质作用的成因、类型、性质、分布范围、发生和诱发条件、发展趋势及危害程度，并提出整治措施建议。

（5）调查邻近建筑物和地下设施的分布现状、特性，评价施工降水对其的影响，并对必要的保护措施提出建议。

（6）推荐引接站主要建（构）筑物的地基处理方案，提供桩基设计参数。

（7）查明工程场地主要含水层的水文地质参数以及地下水的埋藏、分布、补给、排泄条件，与地表水之间的水力联系，分析其对工程的作用，并对基坑降水方案提出建议。

（8）查明地下水、土对建筑材料的腐蚀性。

（三）地形地貌与工程地质条件

南岸（苏州）引接站场地地势平坦，场地地面标高约 2.80～3.70m，北侧紧邻苏通大桥展览馆围墙，西侧为伟业路，东侧和南侧现为规划用地，北距长江大堤约 280m，东南侧一半场地为湿地，水深约 0.1～0.5m。北岸（南通）引接站场地地势平坦，地面自西向东微倾，为人工吹填地基，生长柳树，场地地面标高为 2.5～4.0m，西侧为江苏韩通赢吉重工有限公司，东侧为规划的“航母世界”旅游文化项目用地，南距新通海沙江堤约 300m。

场地工程地质条件参见表 3-5。

（四）勘察原则、方法和完成的工作量

（1）引接站勘探点沿主要建（构）筑物轮廓布置，其中工作井勘探点布置按基坑支护要求进行布置，站内电气设备基础按桩基础考虑。采用钻探取土孔与原位试验孔相间，控制性勘探点数量不少于勘探点总数量的 1/3。

（2）勘探点沿坑边布置，勘探间距为 15～20m，控制性勘探孔深度为基坑深度的 2.5 倍，一般性勘探孔深度进入支护结构深度以下 3m。

（3）站内构架、1000kV GIL 基础等主要建（构）筑物均采用桩基，有效桩长不小于 40m，确定一般性勘探点深度为 50m，控制性勘探点深度为 65m。

勘察采用工程钻探、原位测试、室内试验和工程物探等方法，具体见隧道勘察相关内容。引接站（含工作井）施工图阶段完成的岩土勘察工作量见表 3-7。

表 3-7 引接站施工图勘探工作量汇总表

| 勘察项目 | | 计量单位 | 工作量 | |
|---|---|---|---|---|
| | | | 南岸（苏州）引接站 | 北岸（南通）引接站 |
| 勘探点测量定位 | | 个 | 38 | 40 |
| 工程钻探 | | 进尺 m/孔数 | 708/13 | 940/14 |
| 双桥静探试验 | | 进尺 m/孔数 | 900/22 | 750/14 |
| 勘探孔封孔 | | 孔数 | 25 | 25 |
| 原位测试 | 标贯试验 | 次 | 102 | 293 |
| | 旁压试验 | 点/孔 | — | 38/3 |
| | 扁铲侧胀试验 | 孔 | 3 | 3 |
| 取样 | 原状土样 | 件 | 270 | 292 |
| | 扰动土样 | 件 | 101 | 235 |
| | 地下水样 | 组 | 3 | 3 |

（五）勘察的主要技术成果

引接站勘察解决了主要建构筑物的基础方案以及隧道始发段和接收端加固方式、始发井和接收井的基坑支护设计、施工涉及的主要岩土工程问题。主要成果如下：

（1）确定了工程场地地震动参数及地震基本烈度，判断抗震设计场地土类型、场地类别，划分抗震地段以及场地地震效应。

（2）查明了工程场地的地形地貌特征，各地层的岩性、时代成因和分布特征，提供了岩土层的主要物理力学性质参数，确定了引接站主要建构筑物的地基处理方案。

（3）确定了工作井基坑支护结构设计所需的静止侧压力系数和基床系数等岩土参数，并对基坑设计、开挖和施工阶段涉及的危险性提出了建议。

（4）查明了场地地下水条件和水文地质参数，提出了工程降水措施和建议。

（5）查明了隧道洞口土层的热物理性质参数，提出了采用先注浆后冻结的方法进行洞口加固处理的建议。

（6）查明了工程场地软土、流沙、管涌和砂土液化等不良地质条件和特殊性岩土的性质、程度和发展趋势，提出了预防、消除或减轻其对工程及已有建筑物的影响措施和建议。

## 四、地下障碍物勘察

### （一）勘察的内容和目的

探明引接站及管廊隧道陆域地段的地下管线、防空洞、构筑物、抛石等分布情况，为引接站（含工作井）和隧道线位布置提供了基础资料。

探明管廊水域区段的水底电缆、沉船、抛石等地下障碍物分布情况，为水域管廊隧道的设计、施工提供了基础资料。

### （二）勘察的方法

引接站及隧道陆域地段采用以地质雷达为主要手段调查地下障碍物。

隧道水域区段采用旁侧声纳法探测水底障碍物分布情况，采用水域高精度磁法探测水下及浅部沉积物中具有铁磁性的障碍物，并根据测区磁场分布特征，探测测区内废弃的构筑物、沉船等江底及埋于江底地层中的铁磁性物体。

### （三）勘察技术手段

#### 1. 地质雷达

地质雷达是利用超高频电磁波的反射特征来探测地下介质分布和目的物的物探方法。采用发射天线向地下发射超高频电磁波，电磁波在向地下传播过程中，遇到不同介电特性的介质时，就有电磁波返回地面被接收器所接收，当移动天线时，就可获得测线的地质雷达图像，反映地下介质的电性质及几何形态变化。研究分析雷达图像特征即可进行测线地质解释，获得解译成果。

本工程采用了 SIR-30 e 型地质雷达及与其配套的组合天线。分体式地质雷达观测方式采用沿剖面点测与连续测量相结合的方式，扫描数、天线频率、记录长度等技术参数根据现场试验取得，实测效果良好。

#### 2. 旁侧声纳法

水底障碍物调查采用旁侧声纳法。旁侧声纳左右各安装一条换能器，首先发射一个短促的声脉冲，当声脉冲发出后，声波以球面波方式向远方传播，碰到江底后反射波或反向散射波沿原路线返回到换能器，正下方江底的回波先返回，倾斜方向的回波后到达。工作船向前航行时，设备按一定时间间隔进行发射/接收操作，设备将每次接收到的线数据显示出来，得到二维江底地形地貌的声图。

旁侧声纳探测数据采集使用专业测量软件，导航计算机按照设定的航线采集水下海床图像，并记录存盘。水深变化时及时调节拖缆长度，同时记录拖缆变化，以备数据处理时进行偏移改正。

3. 高精度磁测法

高精度磁测法采用广泛应用于海洋磁力勘察和磁力梯度调查的 SeaSPY 2 海洋磁力仪，仪器绝对精度为 0.2nT，主要探测目标为沉船等能够产生磁异常的大型江底沉积物。

本次磁测采用了 GNSS 进行定位，航行及磁异常位置可在采集软件中实时显示；地磁日变改正采用国家地磁台网中心佘山观测站提供的日变资料；测量作业船选用了玻璃钢制快艇，有效避免了船磁的干扰。

磁测数据的处理采用了专业磁法处理软件，利用该软件可以进行磁力异常提取、平剖面图绘制等；绘制磁力异常等值线图。

由于调查区环境条件极为复杂，干扰因素多，所以资料分析解释时，排除了明显的外来干扰异常，确定的磁异常都由有规律变化的连续脉冲组成，且在相邻测线上亦有反映验证，确保了磁异常的可靠性。

地下障碍物探测所采用的地质雷达探测仪器、旁侧声纳法仪器、高精度磁测法仪器设备见图 3-9。

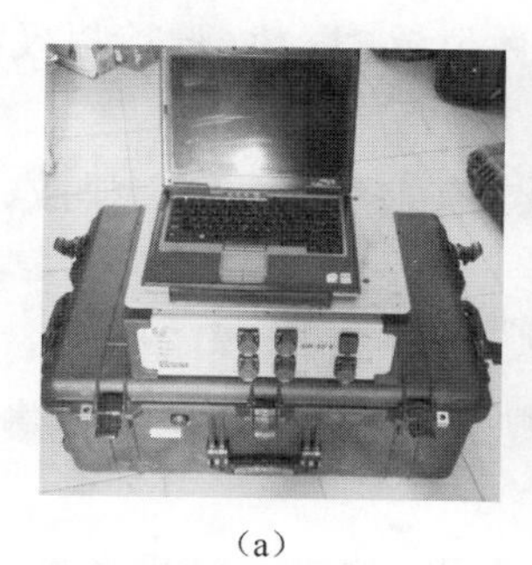

(a)

(b)

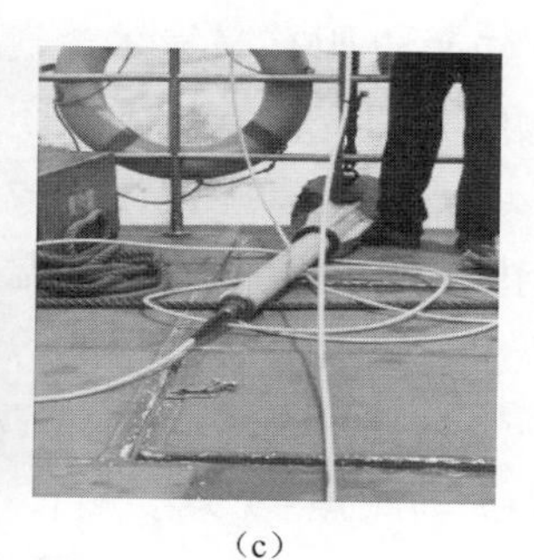

(c)

图 3-9 物探仪器设备图

(a) 地质雷达探测仪器设备；(b) 旁侧声纳法仪器设备；(c) 高精度磁测法仪器设备

(四) 完成的工作量

地下障碍物勘查划分为陆域和水域作业，其中，陆域作业时间为 2016 年 4 月～6 月，水域作业时间为 2016 年 6 月～9 月。水域地下障碍物探测累计测线总长度达 23.969km，水域物探工作量见表 3-8。

表 3-8　　水域物探工作量统计表

| 序号 | 项目 | 设计工作量（m） | 有记录测线的总长度（m） |
|---|---|---|---|
| 1 | 水域地震反射波法 | 19 200 | 28 560 |
| 2 | 浅地层剖面法 | 55 400 | 50 565 |
| 3 | 水域高精度磁测法 | 112 000 | 110 000 |
| 4 | 旁侧声纳 | 55 400 | 50 565 |

（五）主要的地下障碍物探查成果

通过高精度探测技术，探明了引接站及隧道通过区域的地下管线、防空洞等地下障碍物分布情况；查明了隧道区段水域泥面及以下各类障碍物的分布情况；排除了水下电缆及主要地层中大型障碍物的存在。

另外，通过对主航道段物探成果的地层解译，全断面划分了隧道穿越段主要地层的类别，完善了工程勘察成果，并在盾构施工时得到了验证。

## 五、有害气体勘察

（一）勘察内容和目的

（1）查明有害气体含气层成因、沉积环境、岩性特征、结构、构造、分布规律、厚度变化。

（2）查明有害气体含气层的物理化学特征、具体位置、层数、厚度以及纵、横方向上的变化特征、圈闭构造。

（3）查明有害气体生成、储藏和运移条件，确定有害气体运移、排放、液气相转换和储存的压力、温度及地质因素。

（4）查明有害气体的分布、范围、规模、类型、物理化学性质。

（5）评价有害气体对工程可能造成的影响，并提出预防和治理措施的建议。

（二）勘察方法

苏通 GIL 综合管廊工程有害气体勘察过程中采用搜资调查、现场地质调查、现场勘察测气取样和室内试验等综合勘察手段，探明有害气体的特性。现场有害气体勘察采取常态测定和专项检测的方法，具体勘察方法如下：

（1）常态测定是指勘察大纲中规定的勘察全程采用手持式气体检测仪进行检测，即普查方式，每个钻进回次均进行了检查，并对检查结果进行了全过程记录，有害气体普查采用了四合一气体检测报警仪，可检测甲烷（$CH_4$）、一氧化碳（CO）、氧气（$O_2$）和硫化氢（$H_2S$）等，气体检测报警仪见图 3-10（a）。

（2）专项检测是指当常态检测遇气时，采用华东院勘测项目部专门研制的“钻探孔遇有害气体原位测压及取样技术”装置，开通该装置，进行测气、采气和测压等，并成功得到了应用，取得了良好的效果。

在隧道常熟港专用航道和主航道区段施工图勘察时，发现了有害气体，编制了有害气体补充勘察大纲，对发现有害气体的隧道段进行了专项勘察。现场测压和取样见图 3-10（b）和图 3-10（c）。

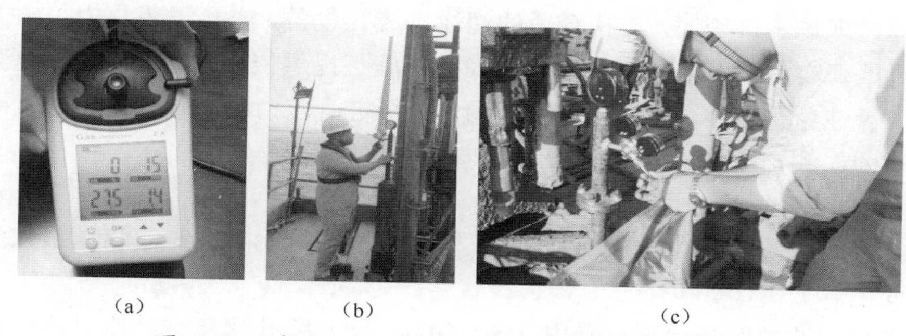

（a） （b） （c）

图 3-10 常态测压设备、现场原位测压及取样图

（a）手持式四合一气体检测报警仪；（b）现场测压；（c）现场取样

（三）主要勘察成果

（1）隧道长江深槽以南、以北地段处于相同地质单元。深槽以南表层有较厚黏性土覆盖，有害气体在自然条件下很难溢出地表；深槽以北盖层缺失明显，但生气地质环境条件基本相同，也存在有害气体的可能，因此判定盾构机自始发至进入接收井均可能遇到有害气体。

（2）工程场地③淤泥质粉质黏土层、④$_1$粉质黏土混粉土为盖气层，同时也是生气层和储气层，④$_2$粉土、⑤$_1$粉细砂、⑤$_2$细砂、⑥$_1$中粗砂和⑦$_2$中粗砂层等土层，以及其中的夹层、透镜体均为生气和储气层。

（3）有害气体多发现于④$_1$、④$_2$层中，由于其下部土层以砂土为主，水气贯通性较好，有害气体有向盖层底部集中的趋势。

（4）确定了有害气体主要成分，其中，甲烷（$CH_4$）占比 85%～88%，氮气（$N_2$）占比 8%～10%，氧气（$O_2$）占比 2%～3%。

（5）盾构机始发至穿越盖气层③层、④$_1$层区段时，有害气体压力按埋深位置上覆水土压力之和计算，设防压力不小于 0.60MPa；盾构机穿越盖气层后进入④$_2$、⑤$_1$及以下砂土层时，有害气体压力按埋深水头压力计算。

（6）有害气体呈扁豆体状、团块状或囊状分布，局部集聚，各溢出气体孔周围的气压、储量和气层范围存在差异性，实测单一储气点最大储量为 5.0m$^3$。

（7）隧道施工前和过程中采取有害气体提前释放、隧道通风防爆、火源控制、抗渗和有害气体监测等预防和控制措施，确保了隧道施工安全。

## 六、综合试桩

### （一）试桩的内容和目的

通过现场试桩施工，选择合适的灌注桩成孔设备、成孔工艺及相关施工参数，提供真实完整的成桩记录，为工程桩的施工提供依据；通过高、低应变测试，了解桩身完整性，测定单桩承载力，分析桩身应力分布规律；通过单桩静载荷试验，测定单桩的竖向抗压、抗拔和水平承载力。

### （二）试验项目和设备

（1）成孔质量检测：采用 JJC-1D 型灌注桩孔径检测系统，测量钻孔全孔井径变化。

（2）声波透射法检测：采用 RS-ST01D（P）跨孔超声自动检测仪，检测声测管之间混凝土浇筑质量，判定桩身混凝土缺陷程度及其位置。

（3）高应变法检测（PDA）：采用 PAL 型 PDA 打桩分析仪和工具式应变传感器与加速度计，测定桩身完整性和单桩极限承载力、桩侧阻力与桩端阻力。

（4）低应变法检测（PIT）：采用 PIT 桩身完整性检测仪和加速度型感器，判定桩身完整性。

（5）单桩静载荷试验：采用 JYC 基桩静载荷试验检测系统，测定单桩竖向抗压、抗拔和水平承载力。

### （三）试桩方案

（1）南岸（苏州）引接站：第 1 组灌注桩试桩直径为 800mm，桩端持力层为④$_2$粉土，桩端进入持力层 9.7m，桩长为 42.0m；第 2 组灌注桩试桩直径为 600mm，桩端持力层为③$_6$粉质黏土，桩端进入持力层 3.5m，桩长为 27.0m。

（2）北岸（南通）引接站：第 1 组灌注桩试桩直径为 800mm，桩端持力层为⑤$_1$粉细砂，桩端进入持力层 7.8m，桩长为 42.0m；第 2 组灌注桩试桩直径为 600mm，桩端持力层为①$_3$粉砂，桩端进入持力层 2.6m，桩长为 27.0m。

### （四）试桩成果

试桩共布置单桩竖向抗压载荷试验 12 根、单桩竖向抗拔静载荷试验 6 根和单桩水平静载荷试验 6 根，高应变测试 12 根，低应变测试 72 根，成孔质量检测 36 根。通过试桩，取得的成果见表 3-9 和表 3-10。

表 3-9　南岸（苏州）引接站单桩竖向抗压、抗拔和水平承载力一览表

（kN）

| 试桩编号 | 桩型与规格 | 单桩竖向承载力 | | | | 单桩水平承载力 | | | |
|---|---|---|---|---|---|---|---|---|---|
| | | 单桩竖向抗压极限承载力 | 单桩竖向抗压承载力特征值 | 单桩竖向抗拔极限承载力 | 单桩竖向抗拔承载力特征值 | 水平位移6mm | 水平位移10mm | 桩身不允许裂缝时 | 桩身允许裂缝时 |
| T1～T3 | $\phi$800 钻孔灌注桩 | 5886 | 2943 | 2556 | 1128 | 80 | 104 | 86 | 112 |
| T4～T6 | $\phi$600 钻孔灌注桩 | 2980 | 1490 | — | — | — | — | — | — |

表 3-10　北岸（南通）引接站单桩竖向抗压、抗拔和水平承载力一览表

（kN）

| 试桩编号 | 桩型与规格 | 单桩竖向承载力 | | | | 单桩水平承载力 | | | |
|---|---|---|---|---|---|---|---|---|---|
| | | 单桩竖向抗压极限承载力 | 单桩竖向抗压承载力特征值 | 单桩竖向抗拔极限承载力 | 单桩竖向抗拔承载力特征值 | 水平位移6mm | 水平位移10mm | 桩身不允许裂缝时 | 桩身允许裂缝时 |
| T1～T3 | $\phi$800 钻孔灌注桩 | 5935 | 2967 | 2340 | 1170 | 75 | 97.5 | 90 | 105 |
| T4～T6 | $\phi$600 钻孔灌注桩 | 3413 | 1706 | — | — | — | — | — | — |

## 七、土工试验

### （一）土工试验的目的

通过室内土工试验，可以准确测定工程中涉及的各类土体的物理力学性质，还原或模拟土体的不同工况应力状态和结构状态，为岩土工程分析与评价提供基础数据，并为工程设计、施工提供依据。

### （二）土工试验方法

苏通 GIL 综合管廊工程在现场成立了联合土工试验室。土工试验项目如下：

（1）常规的物理试验：密度、含水率、界限含水率试验、颗粒分析试验等。

（2）土、水化学试验：水质分析试验及土样易溶盐试验。

（3）力学试验：直接剪切试验、固结试验、三轴压缩试验、静止侧压力系数试验和无侧限抗压强度试验等。

（4）水理性试验：渗透试验。

（5）热物理性试验：土的热容、热导和比热容。

（6）土的矿物成分鉴定试验：主要砂土的矿物成分和含量。

（7）其他重要试验：砂土休止角试验、有机质试验。

（三）土工试验成果

苏通 GIL 综合管廊工程共完成试验土样 6936 件，其中，原状样 4048 件，扰动样 2088 件，编制了各类土工试验报告图表文件 1027 份。

## 第三节 水文地质勘察

### 一、水文地质勘察的目的和要求

根据工程特点、设计要求和规范的规定，水文地质勘察的目的和要求如下：

（1）查明目的含水层地下水类型，补给、径流和排泄条件，地下水与地表水（江水）以及不同含水层之间的水力联系，各含水层的水头高度和年变化幅度。

（2）通过抽水试验，查明目的含水层的渗透性和富水性等水文地质特征，得到各含水层渗透系数、影响半径和单井涌水量、流速和流向等水文地质参数。

（3）查明地下水化学特征，评价地下水对建筑材料的腐蚀性。

（4）结合工程特点，提出工作井基坑降水方案和隧道盾构止水的建议。

（5）预测工作井基坑降水可能引起的环境地质问题，以及对邻近的苏通大桥展览馆、长江南岸江堤、新通海沙江堤和长江北岸江堤的影响。

### 二、水文地质勘察方案

本工程水文地质勘察的现场抽水试验分别在南岸和北岸引接站场地进行。

1. 南岸

南岸场地主要土层以淤泥质土、黏性土、粉土和砂土为主，主要含水层类型为潜水、微承压水和承压水。根据场地水文地质条件、基坑工程和隧道盾构掘进等特点，对工程有影响的主要含水层有③$_2$粉砂层、④$_2$粉土层、⑤$_1$粉细砂（⑤$_2$细砂层）和⑥$_1$中粗砂层等潜水和承压水含水层，主要对这 4 层含水层进行抽水试验，共布置 4 个主井和 11 个观测井。南岸抽水试验平面布置见图 3-11（a）。

2. 北岸

北岸场地主要土层以粉土和砂土为主，主要含水层类型为潜水、承压水。

根据场地水文地质条件、基坑工程和隧道盾构掘进等特点，对工程有影响的主要含水层为潜水含水层①$_1$粉砂层（①$_2$粉砂夹粉土层）、①$_3$粉砂层和承压水含水层⑤$_1$粉细砂和⑥$_1$中粗砂层，主要对这4层含水层进行了抽水试验，共布置主井4口，观测井11口。北岸抽水试验平面布置见图3-11（b）。

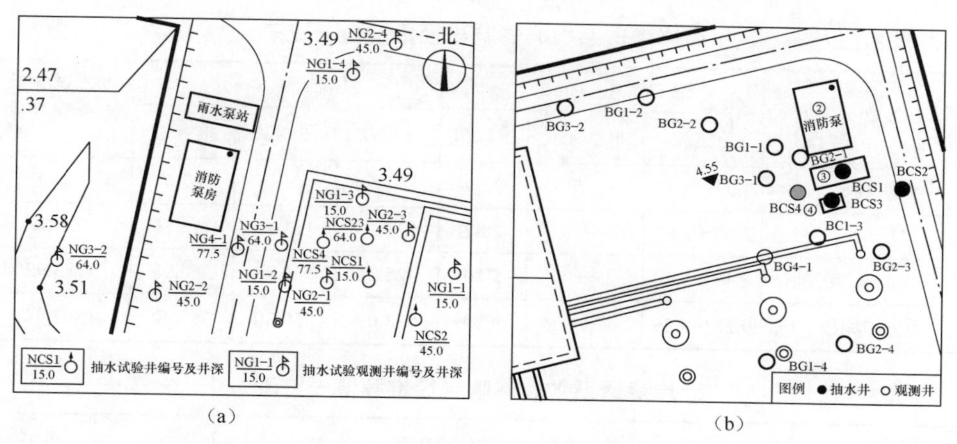


（a）　　（b）

图3-11　南岸、北岸抽水试验平面布置图

（a）南岸；（b）北岸

## 三、水文地质勘察工作量

南岸、北岸引接站水文地质勘察抽水试验现场作业时间分别为2016年5月3日～7月13日、2016年6月25日～9月23日。完成工作量情况见表3-11。

表3-11　水文地质勘察工作量汇总表（南岸/北岸）

| 项目 | | 数量 | 项目 | | 数量 |
|---|---|---|---|---|---|
| 抽水主井 | 井数（口） | 4/4 | 地下水位观测 | 静水位（h） | 122/102 |
| | 进尺（m） | 201.5/183 | | 抽水时间（h） | 330.6/361 |
| 观测井 | 井数（口） | 11/11 | | 恢复水位（h） | 100.8/99.5 |
| | 进尺（m） | 445.5/379 | 江水位观测（h） | | 743.5/1008 |
| 抽水试验 | 组数（组） | 4/4 | 水样 | 件 | 4/4 |
| | 降深（次） | 12/12 | 水质全分析 | 组 | 4/4 |
| | 历时（h） | 431.4/460.5 | | | |

## 四、水文地质勘察成果

通过水文地质抽水试验，取得的主要含水层的水文地质参数见表 3-12 和表 3-13。

**表 3-12　　南岸渗透系数、影响半径推荐值一览表**

| 土层名称及编号 | 渗透系数（m/d） | | | 影响半径（m） | | | 抽水试验最大降深时涌水量（$m^3/d$） |
|---|---|---|---|---|---|---|---|
| | 稳定流 | 非稳定流 | 推荐值 | 计算法 | 图解法 | 推荐值 | |
| ③$_2$ 粉砂 | 2.07～3.43 | 3.79 | 3.79 | 167.61 | — | 167.61 | 91.44 |
| ④$_2$ 粉土 | 2.00～2.87 | — | 2.87 | 121.28 | 113.16 | 113.16 | 268.56 |
| ⑤$_1$ 粉细砂、⑤$_2$ 细砂 | 4.45～5.10 | — | 5.10 | 425.22 | 350.98 | 350.98 | 1183.92 |
| ⑥$_1$ 中粗砂 | 9.28～9.29 | — | 9.29 | 533.09 | 359.30 | 359.30 | 1802.48 |

**表 3-13　　北岸渗透系数、影响半径推荐值一览表**

| 土层名称及编号 | 渗透系数（m/d） | | | 影响半径（m） | | | | 抽水试验最大降深时涌水量（$m^3/d$） |
|---|---|---|---|---|---|---|---|---|
| | 稳定流 | 非稳定流 | 推荐值 | 观测井计算法 | 经验公式计算法 | 图解法 | 推荐值 | |
| ①$_1$ 粉砂、①$_2$ 粉砂夹粉土 | 8.43～9.81 | 9.99 | 9.99 | 54.98 | 198.30 | — | 198.30 | 778.64 |
| ①$_3$ 粉砂 | 2.45～3.45 | — | 3.45 | — | 233.66 | 310.08 | 233.66 | 169.92 |
| ⑤$_1$ 粉细砂 | 3.73～6.30 | — | 6.30 | — | 274.09 | 278.63 | 274.09 | 834.00 |
| ⑥$_1$ 中粗砂 | 10.83 | — | 10.83 | — | 442.63 | 115.21 | 442.63 | 1215.60 |

根据抽水试验，结论和建议如下：

（1）南岸③$_2$ 粉砂层水位基本上常年高于江水位，与江水位水力联系弱，与场地内地表水体联系较密切。④$_2$ 粉土层～⑥$_1$ 中粗砂层均为承压含水层，与长江水位有密切水力联系；各承压含水层间均无稳定的隔水层，水力联系也较为密切。

（2）北岸①$_1$ 粉砂、①$_2$ 粉砂夹粉土层为潜水，其水位在低潮时高于江水位，在平潮和高潮时低于江水位，抽水试验期间水位不受潮汐影响。①$_3$ 粉砂层～⑥$_1$ 中粗砂层均为承压含水层，与江水位有密切的水力联系；且⑤$_1$ 粉细砂层与⑥$_1$ 中粗砂层间无稳定的隔水层，水力联系较为密切。

（3）始发井和接收井基坑底均处于或接近承压含水层，基坑开挖时需布设降水井，以降低下部承压水水头，防止基坑底部隆起或发生突涌。降水施工时，应进行沉降观测，防止施工对江堤及周围建筑产生不利影响。

## 第四节　水文气象勘测

### 一、水文勘测

（一）水文勘测的目的

（1）确定工程河段的设计水位、设计流量及典型洪潮过程、引接站内涝水位等基础水文参数，为工程的防洪排涝设计提供依据。

（2）查明工程河段河势河床演变规律、上下游整治规划、航道规划、开发利用规划、水上交通情况，确定工程河段的最大冲刷深度、航道规划深度、应急抛锚深度，为管廊线位选择和埋深提供依据。

（3）编制涉水、涉航相关专题研究报告，为水行政主管部门和交通行政主管部门审批本工程提供科学依据。

（二）水文勘测的内容

（1）收集大量的水文泥沙实测资料，对工程河段水文泥沙特性等进行分析；根据水文实测资料，计算工程河段水位、流量，推算出工程位置各设计频率对应水位、流量及典型年设计洪水过程，为工程设计与施工提供相关资料和参数。

（2）开展河势分析，重点分析工程区域近岸形态、深泓线、深槽、典型横断面近期变化特性，提出隧道工程横断面历年河道演变冲刷包络线图。

（3）通过总结分析工程所在河段河床演变规律，采用平面二维潮流泥沙数值模型，计算分析各种不利水文条件下工程河段河床冲淤变化及工程断面可能出现的最深点高程。

（4）开展潮流泥沙动床模型试验研究，重点研究极端不利条件下（包括百年一遇设计洪水、三百年一遇校核洪水等）及不同组合系列水文年条件下，工程附近河床可能最低冲刷高程及深泓的摆幅。

（5）对徐六泾深槽进行专题分析，应用历年资料、苏通大桥监测资料分析徐六泾深槽变化特点及上、下游整治工程对深槽变化的影响，根据工程区深槽各阶段的年际变化和年内变化，结合工程区的地质条件和各层抗冲稳定性能，分析工程深槽的演变趋势，综合评价工程线位方案优劣。

（6）收集工程河段堤防资料、上下游整治规划、航道规划、开发利用规划，分析其与本工程相互影响。

（7）分析工程河段航道通航条件、相关规划、河床演变及隧道工程埋深的技术要求，并进行综合分析，推荐优选线位方案和隧道埋深。

（8）收集两岸引接站区域防洪排涝规划、水位记录、历史洪涝情况等，通过调查、分析、计算等方法，确定设计内涝水位。

（三）水文勘测的方法

水文勘测采用搜资调查、水文测验、分析计算和模型试验等相结合的方法。

华东院联合南京水利科学研究院、长江科学院、水利部长江水利委员会水文局、长江航道规划设计研究院、武汉大学、武汉理工大学等十余家国内知名研究机构和高校对工程河段水文、泥沙、河势、航运等进行勘察和研究，构建水流泥沙、河势演变、航道仿真等模型，聘请国内知名水文、泥沙、航运、规划设计等领域专家开展评审50余次。本工程开展的水文勘测专题研究共9项，详见表3-14。

表3-14 水文勘测相关专题研究一览表

| 序号 | 专题名称 | 主要工作内容 |
| --- | --- | --- |
| 1 | 水文分析 | 收集工程河段大量水文特性、历史洪水、实测水文资料，计算工程河段水位、流速、流向、含沙量等各项设计参数 |
| 2 | 平面二维潮流泥沙数学模型 | 建立了江阴—杨林大范围二维潮流泥沙数学模型，计算百年一遇、三百年一遇、2009～2013年三百年一遇及2009～2013年三百年一遇洪水条件下线位处的冲刷深度 |
| 3 | 潮流泥沙动床模型试验研究 | 在现场勘查和河道演变分析成果基础上，通过潮汐泥沙动床模型试验，研究极端不利条件下（包含百年一遇设计洪水、三百年一遇校核洪水等）及不利组合系列水文年条件下，工程河段河床冲淤变化规律，重点研究工程附近河床可能最低冲刷高程和深泓的摆幅及隧道工程断面的冲淤变化，为工程设计提供技术支撑 |
| 4 | 模型试验和数值模拟计算对比分析 | 将模型试验和数学模型计算成果进行对比分析，深入研究拟建工程河段河床冲淤变化特性 |
| 5 | 徐六泾深槽稳定性分析及对苏通GIL管道工程影响研究 | 应用历年资料和苏通大桥监测资料，分析徐六泾深槽变化特点，研究新通海沙围垦对工程深槽变化的影响；针对上、下游整治工程建设情况，分析研究其对工程区深槽的影响；根据工程区深槽各阶段的年际变化和年内变化，结合工程区的地质条件和各层抗冲稳定性能，分析工程深槽的演变趋势；根据演变特征，综合评价各工程线位优劣 |
| 6 | 河势分析 | 重点分析了工程区域近岸形态、深泓线、深槽、典型横断面近期变化特性 |

续表

| 序号 | 专题名称 | 主要工作内容 |
| --- | --- | --- |
| 7 | 防洪影响评价 | 在各项涉水专题研究的基础上，根据防洪评价导则要求，对工程进行了防洪评价，报请水行政主管部门审批 |
| 8 | 航道条件与通航安全影响评价 | 在广泛征询相关航运部门意见和相关支撑专题研究成果基础上，按照有关标准、规范及文件的规定，对设计单位提出的选址方案、技术要求和通航安全影响进行了评价分析，提出了有关航道与通航安全保障措施，报请中华人民共和国交通运输部审批 |
| 9 | 防洪工程专项设计 | 依据长江委防洪评价批复意见，开展大堤防渗设计、工作井防渗设计、监测方案、防洪预案等设计 |

（四）水文勘测的成果

（1）工程河段水流流态为往复流，大潮期区域内全潮平均流量约为41 600m³/s，中潮期区域内全潮平均流量约为43 800m³/s，小潮期区域内全潮平均流量约为42 800m³/s。

（2）工程附近河段含沙量高低与潮流动力相关，基本上表现为大潮含沙量大于中潮，中潮含沙量大于小潮，含沙量平面分布则是测区内北支含沙量最大，其次是南支，澄通河段相对比较小；河段悬移质主要由粉砂组成，颗粒粒径较细，大多在0.007～0.013mm之间，床沙粒径比悬移质粗，中值粒径最大值为0.245mm，主要为粉砂、细砂及粉质黏土。

（3）工程河段的潮水位变化为非正规半日潮混合型，历史最高潮位4.83m，最低潮位–1.24m，多年平均潮位0.83m，百年一遇最高水位4.89m，300年最高水位5.21m。

（4）始发井北侧主江堤属Ⅱ级堤防，堤顶高程为6.3m，堤顶宽6m，内坡1:1.25，外坡1:3，堤上筑有防浪墙，高程为7.1～7.4m；接收井位于主江堤外侧，南侧筑有新通海沙江堤，堤顶高程为6.8m，挡浪墙顶高程7.3m，堤顶宽6m，外坡1:3，内坡1:2.5；堤顶高程高于百年一遇水位，始发井、接收井不受长江百年一遇洪水影响。南侧始发井内涝水位2.9m，北侧接收井内涝水位3.9m。

（5）徐六泾深槽稳定性较好，具有较强的南移趋势；从断面变化看，河床断面与来水来沙条件较为适应，深槽进一步刷深的趋势明显趋缓；从深槽平面和历年最深点的平面分布变化看，深槽向下游、向深方向发展趋缓；从工程区深泓线纵断面和深泓线变化看，深泓线仍南靠，总体较为稳定，深槽下移幅度较小，最深点呈越往下游逐渐抬高趋势。

（6）工程河段自北向南分别穿越营船港专用航道、长江主航道和常熟港专用航道，规划水深分别采用 12.5、12.5、10.5m；在营船港专用航道、长江主航道侧航道和可能通航水域范围内管廊顶部设置深度不得小于 16.5m，即管廊顶部高程不应高于 –17.99m，常熟港专用航道侧顶部设置深度不得小于 14.5m，即管廊顶部高程不应高于 –16.39m。

（7）隧道埋深应充分考虑大型船舶应急抛锚击穿深度，主航道代表应急抛锚代表船型为 20 万吨级散货船，常熟港专用航道为 3 万吨级散货船，20 万吨级船舶锚的贯穿深度取 5.0m；3 万吨级船舶锚的贯穿深度取 3.0m。

（8）综合各专题研究成果，推荐曲线方案。鉴于工程河段边界条件复杂，在上游极端不利来水来沙条件下，线位附近深槽有下移的可能，线位断面最深点高程取 –57.0m。

（9）编制完成的相关涉水、涉航专题研究报告全部通过业主或主管部门组织的专家评审，协助业主获取水行政主管部门和交通行政主管部门的行政许可。

## 二、气象勘测

### （一）气象勘测的目的

通过气象资料的收集与分析，确定气候条件和各项气象设计参数，重点确定工程区域设计风速、导线设计覆冰等，为工程设计提供重要的输入参数和依据。

### （二）气象勘测的内容

气象勘测主要包括区域气候特征，温度、气压、湿度、风速、风向、降雨、天气日数等气象统计资料，设计风速、设计覆冰、暴雨强度公式等设计参数。

### （三）气象勘测的方法

（1）区域气候特征和气象统计资料方法。采用对工程区域气象观测站实测数据收集整理、分析和统计处理等方法。

（2）设计风速的勘测方法。进行大风成因分析、大风调查、气象台站实测资料统计分析、规范及“风区图”对比分析、附近输电线路设计风速及运行情况分析、微地形微气象分析等多种方法分析计算后确定。

（3）设计覆冰的勘测方法。进行覆冰成因分析、覆冰调查、气象台站及观冰站实测资料统计分析、“冰区图”对比分析、附近输电线路设计覆冰及运行情况分析、微地形微气象分析等多种方法分析计算后确定。

（4）暴雨强度公式勘测方法。主要是资料收集或利用附近气象台站短历时暴雨资料进行了分析计算。

（四）气象勘测的成果

（1）本工程地处中纬度地区，属亚热带季风气候，四季分明，气候温和，雨量充沛。年平均气温取 15℃、最高气温取 40℃、最低气温取 –15℃、设计雷暴日数 40d。

（2）设计风速：百年一遇取 32m/s；建筑用基本风压五十年一遇取 0.45kN/m$^2$，对应风速 26.8m/s。

（3）导线设计覆冰取 10mm、地线设计覆冰取 15mm。

## 第五节　工程检测与监测

### 一、工程桩与地下围护结构检测

（一）检测的内容、方法与设备

苏通 GIL 综合管廊工程检测对象为工作井和施工通道围护结构、引接站工程桩，主要包括地下连续墙、钻孔灌注桩及水泥土桩，以上均为地下隐蔽工程，一旦出现质量问题很难补救处理，因此过程检测是本工程检测的重点。工程主要的检测内容、方法和设备详见表 3-15。

**表 3-15　　工程主要的检测内容、方法和设备**

| 序号 | 项目 | 检测内容 | 所用设备 |
|---|---|---|---|
| 1 | 成槽质量检测 | 槽段深度、宽度、垂直度及沉渣厚度 | UDM100Q 超声波钻孔检测仪 |
| 2 | 声波透射检测 | 地连墙混凝土的完整性 | RS-ST01D 跨孔超声检测仪 |
|  |  | 基桩混凝土的完整性 |  |
| 3 | 钻孔取芯检测 | 地下连续墙墙身混凝土质量和强度；地下连续墙墙底注浆效果 | XY-100 型工程钻机 |
|  |  | 水泥土搅拌桩混凝土质量和强度 |  |
|  |  | 灌注桩混凝土质量和强度 |  |
| 4 | 轻型动力触探 | 水泥土搅拌桩搅拌均匀性 | 轻型动力触探仪 |
| 5 | 成孔质量检测 | 基桩孔深、孔径、孔底沉渣厚度及垂直度 | JJC-1D 型灌注桩孔径检测系统 |
| 6 | 低应变检测 | 桩身完整性 | PIT 桩身完整性检测仪 |

续表

| 序号 | 项目 | 检测内容 | 所用设备 |
| --- | --- | --- | --- |
| 7 | 高应变检测 | 引接站工程桩单桩竖向抗压承载力及桩身完整性 | PDA 打桩分析仪 |
| 8 | 静载试验检测 | 引接站工程桩单桩竖向抗拔承载力 | 基桩静载荷试验全自动测试系统 |
| | | 引接站工程桩单桩水平承载力 | |

（二）完成的检测工作量

根据规范及设计有关要求，实际完成的检测工作量见表 3-16。

**表 3-16　　检 测 工 作 量 一 览 表**

| 序号 | 检测对象 | 检测部位 | 检测方法 | 检测比例（数量） | 实际完成工作量 |
| --- | --- | --- | --- | --- | --- |
| 1 | 地下连续墙 | 所有 | 成槽质量检测 | 100% | 50 |
| | | 所有 | 声波透射法 | 20% | 14 |
| | | 工作井 | 钻芯法 | 10% | 5 |
| 2 | 水泥土桩 | 所有 | 钻芯法 | 1%～2% | 40 |
| | 水泥土搅拌桩 | 施工通道 SMW 工法及重力式挡墙 | 轻便动力触探 | 2% | 9 |
| 3 | 立柱桩 | 工作井 | 成孔质量检测 | 100% | 5 |
| | | | 声波透射法 | 100% | 5 |
| 4 | 抗拔桩 | 施工通道 | 成孔质量检测 | 10% | 6 |
| | | | 声波透射法 | 20% | 9 |
| 5 | 钻孔灌注桩 | 所有 | 高应变法 | 5% | 52 |
| | | 所有 | 低应变法 | 50% | 255 |
| | | 构架 | 单桩抗拔静载试验 | 4 | 4 |
| | | 构架 | 单桩水平静载试验 | 4 | 4 |

（三）检测主要成果

通过对始发井、接收井、施工通道围护结构的地下连续墙和引接站工程桩施工质量的检测，起到了施工过程控制和监督的作用，为工程创优奠定了基础。

针对苏通 GIL 综合管廊工程的地层情况、泥浆比重等实际工况，通过现场反复模拟对比研究，合理设置检测参数，从而实现对地下连续墙成槽施工的

4个方向同时进行清晰直观的槽壁状态检测，实时有效地测定了槽宽、槽深、垂直度和槽底沉渣，对地下连续墙成槽工作起到了纠正指导作用，有效地保证了地下连续墙的成槽质量。

## 二、基坑监测

### （一）基坑监测目的

（1）通过监测，判断上一步施工工艺和施工参数能否达到预期要求，同时实现对下一步施工工艺和施工进度控制。

（2）通过监测，及时发现工程施工过程中的环境变形发展趋势，及时反馈信息，达到有效控制施工对周边环境影响的目的。

（3）设计和施工单位可根据现场监测结果，及时优化或调整设计、施工方案，达到优质安全、经济合理、施工快捷的目的。

### （二）监测内容、工作量、精度、频率和报警值

1. 监测内容

本工程始发井、接收井基坑安全等级为一级，根据当时的国家标准GB 50497—2009《建筑基坑工程监测技术规范》和设计的要求，本次监测项目如下：

（1）围护墙顶部竖向、水平位移、侧向变形（测斜）和内力监测。

（2）水平支撑内力监测。

（3）立柱竖向位移和支撑挠度监测。

（4）坑底回弹监测。

（5）基坑内、外地下水位监测。

（6）地表及建（构）筑物、周围地下管线竖向位移监测，邻近建（构）筑物裂缝监测。

2. 监测工作量

（1）始发井及施工通道基坑监测共布设地面沉降观测点135个，墙顶位移监测点33个，测斜点9个，支撑轴力监测钢筋计216个、轴力计19个，地连墙内力监测钢筋计72个，立柱竖向位移监测点3个，水位观测点48个，大堤位移监测点5个，大桥展览馆位移监测点12个。

（2）接收井基坑监测共布设地面沉降观测点112个，墙顶位移监测点24个，测斜点6个，支撑轴力监测钢筋计120个、轴力计12个，地连墙内力监测钢筋计52个，立柱竖向位移监测点2个，水位观测点28个，大堤位移监测

点 5 个，东方大道监测点 6 个。

3. 监测精度

（1）平面、高程监测控制网分布按当时的国家标准 GB 50026—2007《工程测量规范》的二等水平位移监测基准网技术、二等水准技术要求布设。

（2）基坑围护结构顶部、支撑和立柱、邻近建（构）筑物的竖向位移监测点测站高差中误差≤0.5mm。

（3）基坑围护结构顶部水平位移监测点坐标中误差按表应≤3.0mm。

（4）围护墙深层水平位移精度为±0.1mm/m，分辨率不应大于 0.01mm/m。

（5）围护墙内力和支撑轴力监测精度为±0.5%（F·S），分辨率不大于 0.2%（F·S）。

（6）地下水位的监测值精度为±1cm。

（7）邻近建（构）筑物裂缝宽度的测量值精度为±0.1mm，裂缝长度的测量值精度为±1mm。

4. 监测频度

（1）监测频度根据基坑开挖施工确定，施工期间所有测点测量频率为 1d 1 次，当施工结束后放宽至 3～7d 1 次。

（2）当遇恶劣天气或报警时，适当加密监测频次。

5. 监测报警值

南岸始发井和北岸接收井基坑监测项目报警值见表 3-17。

**表 3-17　　报警值汇总表**

| 序号 | 监测项目名称 | 报警值 |
|---|---|---|
| 1 | 围护墙顶部水平位移 | 累计值：30mm；变化速率：3mm/d |
| 2 | 围护墙顶部竖向位移 | 累计值：20mm；变化速率：3mm/d |
| 3 | 围护墙侧向变形（测斜） | 累计值：30～50mm；变化速率：3mm/d |
| 4 | 立柱竖向位移 | 累计值：30～35mm；变化速率：3mm/d |
| 5 | 周边地表竖向位移 | 累计值：30mm；变化速率：3mm/d |
| 6 | 邻近建筑物的裂缝宽度 | 变化速率：持续发展 |
| 7 | 邻近地下管线位移 | 累计值：10mm；变化速率：2～5mm/d |
| 8 | 钢筋应力（支撑） | 250MPa；变化速率：5MPa/d |
| 9 | 地下水位 | 变化速率：500mm/d |
| 10 | 建（构）筑物沉降 | （1）允许倾斜：0.002；（2）累计值：30～40mm，变化速率：2mm/d |
| 11 | 坑底回弹 | 累计值：30mm；变化速率：2～3mm/d |

（三）监测方法与设备

1. 地下连续墙深层水平位移监测

（1）测斜：采用测斜仪通过测量预先埋置于墙体中的特别套管的变形，从而获得基坑支护结构体深层各点随基坑开挖深度的加深水平位移发展变化。围护墙测斜布置剖面和测试过程见图 3-12。

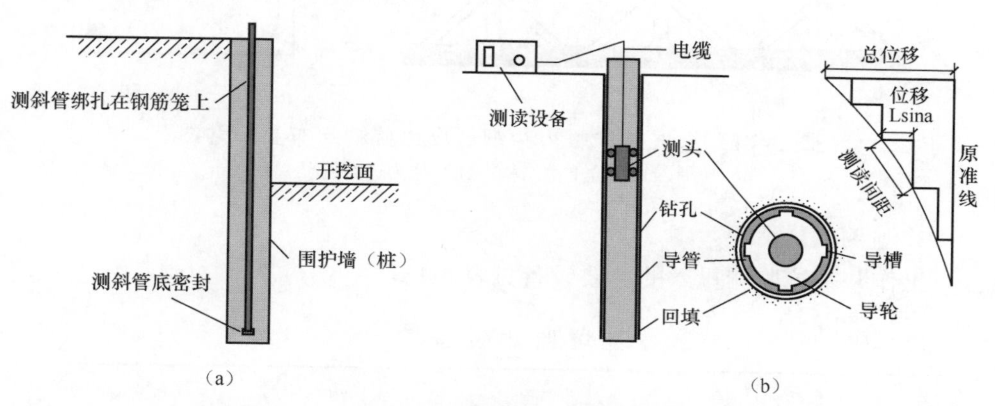


图 3-12　围护墙测斜布置剖面和测试过程图

（a）测斜管埋设；（b）测试过程和计算原理

（2）光纤技术：北岸接收井基坑监测中采用了光纤布拉格光栅（FBG）感测技术原理，共布置了 2 对光纤用于监测地下连续墙的变形。

2. 基坑水平支撑内力（轴力）监测

围护支挡构件内力（轴力）是通过在钢筋混凝土中埋设钢筋计或在钢支撑处设置轴力计来测定构件受力的应力或应变。监测点布置见图 3-13 和图 3-14。

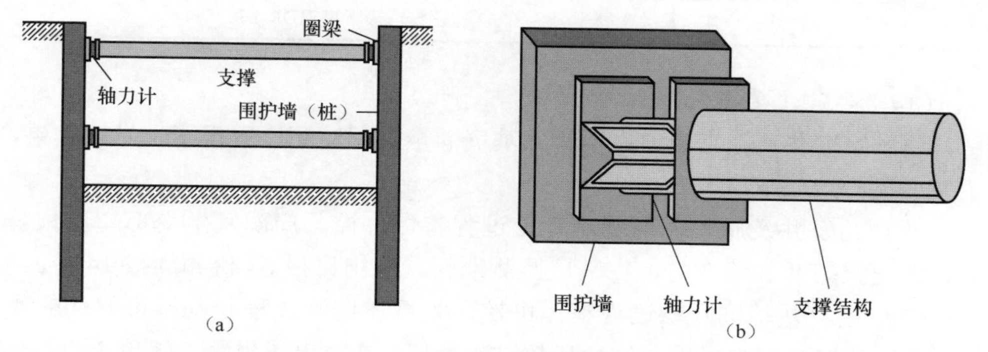


图 3-13　基坑支撑结构和轴力监测点布置示意图

（a）基坑支撑结构；（b）轴力计布置

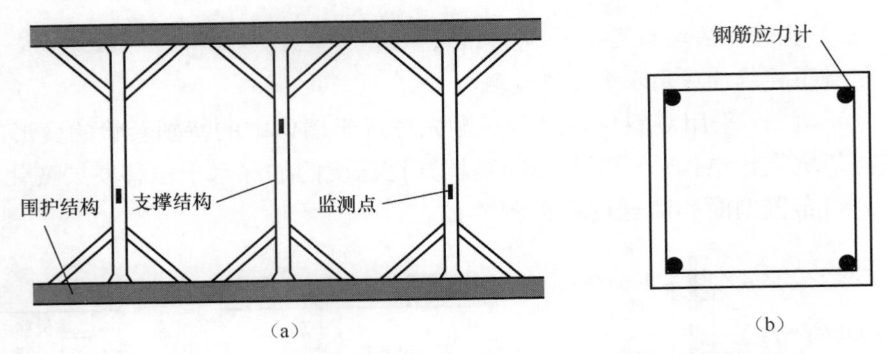


图 3-14 基坑支撑结构和钢筋应力监测点布置示意图

（a）基坑支撑结构；（b）应力计布置

3. 监测主要设备

工作井基坑监测投入的主要设备见表 3-18。

**表 3-18　　基坑监测设备清单**

| 序号 | 监测项目 | 所用设备及型号 |
|---|---|---|
| 1 | 平面测量 | 1″级全站仪、棱镜等 |
| 2 | 水准测量 | 莱卡 LEICA DNA03 数字水准仪配水准尺 |
| 3 | 深层水平位移 | 测斜 TGCX 振弦式测斜仪，$\phi$70PVC 管；光纤 |
| 4 | 钢筋应力 | 振弦式钢筋计，精度 2%；数字式读数仪，分辨率 0.1Hz |
| 5 | 地下水位 | 尺式水位计，量程 50m，分辨率 10mm |
| 6 | 裂缝宽度 | 游标卡尺 |
| 7 | 照相机 | 索尼数码相机 DSC-W830 |
| 8 | 摄影机 | 索尼数码摄影机 HDR-PJ675 |

（四）监测主要成果

通过始发井及施工通道、接收井基坑的全过程监测，取得了良好的效果，主要成果归纳如下：

（1）始发井及施工通道基坑开挖过程整体可控，局部发生变形超过预警值，发出报警通知单 2 份，在基坑监测期间共发出日报 66 份和周报 14 份。

（2）接收井基坑开挖过程整体可控，光纤在监测过程起到不可取代的作用，基坑开挖过程中局部发生变形超过预警值，共发出了报警通知单 3 份，在基坑监测期间共发出日报 124 份和周报 23 份。

## 三、隧道变形测量

隧道变形监测主要是针对隧道结构本体投运后运行期的变形进行监测测量，包括隧道沉降和隧道收敛等变形测量。变形测量时间为运行阶段隧道变形监测（隧道施工验收后）的周期为 2 年，监测次数 12 次，平均 2 个月 1 次。

（一）隧道变形测量的目的

隧道沉降是把握隧道施工对地面环境的影响，掌握隧道的变化趋势。

隧道管径收敛测量是为了有效监测和记录隧道的圆度和变形，及时掌握工程的动态变化和趋势，满足运营养护的要求。收敛变形监测的对象为圆隧道区间的拼装管片，即完成拼装后隧道与设计比较的圆度及相对变形情况。

（二）隧道变形测量的方法

隧道沉降测量利用天宝 DINI03 电子水准仪布设二等水准网，测量精度为每千米中误差为±0.3mm。根据 JGJ 8—2016《建筑变形测量规范》二等的变形测量等级及精度进行测量，采用平差软件进行数据平差处理计算控制点高程值。

隧道收敛测量利用高精度全站仪 TS50 采用任意架设仪器方法观测 4 个监测点，测角精度 0.5s，测距精度 1mm＋1ppm，通过 4 个监测点的坐标反算出水平测线和竖向测线的距离。

（三）隧道变形测量工作量及内容

1. 隧道（单次）变形测量工作量

（1）二等水准测量：26km。

（2）隧道沉降观测点：134 个。

（3）收敛测量断面：8 个，每个断面 4 个位移点。

2. 隧道沉降测量内容

（1）沉降观测点的布设。为保证数据的延续性，沉降观测点利用施工阶段布设的沉降观测点 CPIII。

（2）沉降监测网的精度等级。测量精度等级及主要限差要求按照 JGJ 8—2016《建筑变形测量规范》的相关规定执行。沉降测量采用二等变形测量等级精度。

（3）沉降监测网观测。本次沉降观测工作使用天宝 DINI03 水准仪进行数据自动记录，数据处理采用平差软件按测站平差。每测站高差中误差为 0.20mm，规范允许每测站高差中误差为 0.50mm，满足限差要求。

3. 隧道收敛测量

（1）收敛测点布设。在隧道内以 40 环间距布设直径收敛测点（对应 CPIII 控制点所在断面），分别测量水平测线和竖向测线。根据图 3-15 所示，在 *W*、*E*、*T* 3 个位置安装专用测点标志，*B* 位置为已埋设的沉降点，*WE* 和 *TB* 的距离即可作为管片收敛值。共布设 68 个收敛断面。

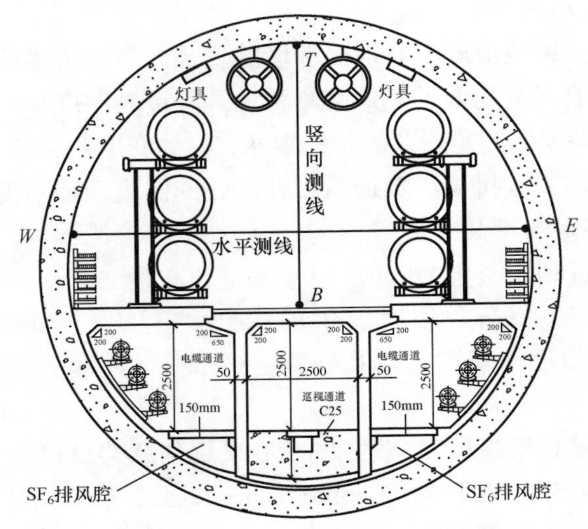


图 3-15 隧道收敛测量断面测点示意图

（2）测量方法。每次所测隧道直径收敛值与第一次所测初始值相比较，所得差值即为隧道直径收敛累计变化量。与前次所测值相比较，所得差值即为本次隧道直径收敛变化量。在每次测量结束后立即进行数据处理。

（四）隧道变形测量成果

隧道变形测量工作自 2019 年 5 月 11 日开始，至 2021 年 3 月 28 日，历时 687 天，共完成了 11 次测量工作，提供了 11 份监测成果报告。

截至 2021 年 3 月 28 日最后一次测量，距离上次监测（2021 年 1 月 13 日）历时 74 天，与上次成果比较，本次测量主要变化趋势以上浮为主。具体如下：

（1）隧道 40～700 环变化量最大位于 560 环，变化量为 −4.38mm，日变化量为 −0.059mm/d（负值为抬升，正值为下沉）。

（2）隧道 720～1400 环变化量最大位于 980 环，变化量为 −8.35mm，日变化量为 −0.113mm/d。

（3）隧道 1420～2100 环变化量最大位于 1420 环，变化量为 −4.68mm，日变化量为－0.063mm/d。

（4）隧道 2120～2700 环变化量最大位于 2400 环，变化量为－8.40mm，日变化量为－0.114mm/d。

（5）累计抬升变化量最大位于 1120 环，抬升变化量为 15.19mm，日抬升量为 0.022mm/d；累计沉降变化量最大位于 1860 环，沉降变化量为 8.77mm，日沉降量为 0.012mm/d。

根据最近两次监测成果综合计算隧道最近 100 日沉降速率 $S_v$ 值结果如下：

（1）隧道 40～700 环 $S_v$ 值最大位于 700 环，速率为－0.031mm/d。

（2）隧道 720～1400 环 $S_v$ 值最大位于 980 环，速率为－0.062mm/d。

（3）隧道 1420～2100 环 $S_v$ 值最大位于 1960 环，速率为－0.040mm/d。

（4）隧道 2120～2700 环 $S_v$ 值最大位于 2420 环，速率为 0.072mm/d。

隧道收敛左右测量本次最大变化量在 500 环，变化值为－2.7mm，日变化量为 0.040mm/d；累计变化量最大在 2020 环，变化量－4.6mm，日变化量为 0.007mm/d。

隧道收敛上下测量本次最大变化量在 1220 环，变化值为 3.8mm，日变化量为 0.056mm/d；累计变化量最大在 780 环，变化量 4.9mm，日变化量为 0.008mm/d。

根据铁路行业标准 TB 10181—2017《铁路隧道盾构法技术规程》，其中第 10.5.4 条第 2 款“当变形时态曲线为 $d^2u/dt^2<0$ 时，围岩将趋于稳定状态”及第 3 款“变形速率小于 0.1～0.2mm/d，且满足本条第 2 款要求时，可认为变形达到基本稳定”的规定，判定目前隧道变形达到了基本稳定状态。

## 四、江堤安全监测

### （一）监测范围

江堤监测包括长江南岸江堤与周围主要建（构）筑物、长江北岸江堤、新通海沙江堤等。监控隧道施工过程中的变形和后续的稳定情况。

### （二）监测目的

（1）通过监测数据，判断隧道施工工艺和施工参数是否符合预期要求，同时对下一步的施工工艺和施工进度控制，实现信息化施工。

（2）通过监测，确保施工期间周边的保护江堤的安全。

（3）通过监测，及早发现隧道施工地下水的渗漏问题，并提请施工单位进行及时、有效的堵漏准备工作，防止施工中发生大面积涌砂现象。

（4）将现场监测结果反馈设计单位，使设计能够根据现场工况发展，进一步优化方案，达到优质安全、经济合理、施工快捷的目的。

（三）监测方案

江堤的监测范围为隧道轴线两侧各 50m 范围，监测方案如下：

1. 监测点布置

（1）南岸、北岸江堤水平位移监测：沿管廊通过区域布设 11 个断面，每个断面布置 5 个观测点。监测随着隧道施工的不断加深而逐步进行，主要监测长江堤防顶部水平位移的变化趋势。

（2）南岸、北岸江堤沉降监测：测点同水平位移，主要监测隧道盾构施工穿越长江堤防及周边而引起的地面沉降变化情况。

2. 监测周期

（1）施工期。

1）盾构施工前，监测 2 次，为初值。

2）盾构施工时，根据盾构施工位置距大堤堤脚的距离分别进行不同频次的监测：① 约 50m，3d/1 次；② 10～50m，1d/1 次；③ 大堤范围，4h/1 次；④ 穿过大堤后 10～50m，1d/1 次；⑤ 穿过大堤后 50～100m，3d/1 次；⑥ 穿过大堤 100m 以后，7d/1 次。

3）盾构结束后，15d/1 次。

（2）营运期。

1）营运初期（1 年）监测，1 月/1 次。

2）营运期，1 季/1 次，按 3 年计。

（3）如监测过程中出现不良现象或长江水位较高时，则对监测频率应进行调整加密，以满足本工程防洪安全的要求。

3. 完成的监测情况

截至 2020 年 10 月，南岸完成了 67 次监测，北岸完成了 51 次监测。

（四）监测成果

（1）南岸长江江堤、北岸新通海沙江堤在盾构机穿越过程中发生一定的变形，主要变形以沉降为主，局部呈抬升。

（2）江堤沉降延盾构施工轴线最大沉降量为 24.10mm，当盾尾离开监测断面数天后，盾构掘进所引起的地面变形沿隧道中心线呈对称分布，最大沉降发生在隧道轴线上方，向两侧递减，与 Peck 沉降槽形式基本一致。

（3）苏通 GIL 综合管廊工程盾构隧道掘进引起的地面变形对苏通大桥展

览馆、长江江堤等主要建（构）筑物安全稳定不构成影响。

（4）南岸长江江堤：各监测点累计最大沉降量为43.2mm，以最近的监测成果计算，最后100d沉降速率为0.006 7mm/d。满足现行标准 JGJ 8—2016《建筑变形测量规范》所规定的建筑物稳定状态评判标准，即“最后100d的最大沉降速率小于0.01～0.04mm/d”，沉降已稳定。

（5）北岸新通海沙江堤：各监测点累计最大沉降量为20.7mm，最后100d的日均沉降速率为新通海沙江堤 0.018 4mm/d，东方大道 0.006 0mm/d，老江堤 0.015 8mm/d。满足现行标准 JGJ 8—2016《建筑变形测量规范》所规定的建筑物稳定状态评判标准，即“最后100d的最大沉降速率小于0.01～0.04mm/d”，各测点沉降基本稳定。

## 五、河势和河床监测

### （一）监测目的

苏通 GIL 综合管廊工程河势和河床监测工作是对管廊轴线上、下游各2000m 范围河势进行监测，通过对监测资料，掌握工程区河段局部和整体的冲淤规律，直观反映出工程区的冲淤变化规律和稳定性，为监测区域的河势变化趋势作出预测，从而为相应的安全措施提供依据。

### （二）监测方案

河势和河床监测主要通过监测工程河段水下地形的测量、对比和分析进行。根据审定的苏通 GIL 综合管廊工程《防洪工程专项设计报告》，确定了各阶段监测的要求如下。

1. 施工期工程河势监测

（1）监测方案：以管廊平面轴线为中心，向上、下游各 2000m，两侧测至岸边 0m 范围；测量面积约为30km$^2$；测量比尺为1:10 000；观测时间为3月/次。

（2）当大通流量超过70 000m$^3$/s 或徐六泾断面落急流量超过150 000m$^3$/s 或涨潮流量超过140 000m$^3$/s 时，洪水冲刷作用将加大，为确保工程施工安全及冲刷防护的效果，在合适的时间增加观测1次。

（3）工程区周边水位动力和环境的收集和分析。

2. 施工期工程河床监测

（1）监测方案：以管廊平面轴线为中心，向上、下游各400m（两侧至0m 线）的区域，测量面积约为6km$^2$；测量比尺为1:2000；观测时间为3月/次。

（2）当大通流量超过 70 000$m^3/s$ 或徐六泾断面落急流量超过 150 000$m^3/s$ 或涨潮流量超过 140 000$m^3/s$ 时，在合适的时间增加观测 1 次。

3. 营运期工程河势监测

（1）监测方案：以管廊平面轴线为中心，向上、下游各 2000m，两侧测至岸边 0m 范围。测量面积 30$km^2$；测量比尺为 1:10 000；观测时间为汛前、汛后。

（2）当大通流量超过 70 000$m^3/s$ 或徐六泾断面落急流量超过 150 000$m^3/s$ 或涨潮流量超过 140 000$m^3/s$ 时，在合适的时间增加观测 1 次。

4. 营运期工程河床监测

（1）监测方案：以管廊平面轴线为中心，向上、下游各 400m（两侧至 0m 线）的区域，测量面积 6$km^2$；测量比尺为 1:2000；观测时间为汛前、汛后。

（2）当大通流量超过 70 000$m^3/s$ 或徐六泾断面落急流量超过 150 000$m^3/s$ 或涨潮流量超过 140 000$m^3/s$ 时，在合适的时间增加观测 1 次。

（三）监测分析方法

根据已完成的水下地形测量成果与 2014 年 9 月地形测量成果，分析范围为管廊工程断面上游约 2.3km（常熟电厂码头附近）至管廊工程断面下游约 2.2km（苏通桥下约 1km）。根据历次水下地形测量结果，结合历史河势变化、苏通 GIL 综合管廊工程数学模型试验及物理模型试验研究成果，就该河段平面变化、纵断面变化、横断面变化、河段冲淤变化和近岸岸坡变化 5 个方面进行分析。

（四）监测成果

（1）历次河床和河势监测与 2014 年 9 月相比，工程河段深泓部位及走向基本一致，整体滩槽格局相对保持稳定，局部区域冲淤较大。

（2）与 1998 年以来的历年变化相比，历次监测的深泓线、－50～－5m 等高线变化均在多年变化的范围之内。

（3）2014～2019 年间，工程河段有冲有淤，无单向性冲淤变化趋势。

（4）历次监测与 2014 年 9 月相比，管廊工程断面冲淤交替。工程断面整体变化不大，冲刷主要发生在北岸边滩，深槽左侧略有淤积，右侧略有冲刷。与 1984 年以来的多年变化相比，无论是滩槽格局、断面冲淤幅度、最深点变化均在实测系列断面变化范围内。

（5）监测期内工程河段河势、河床变化均在多年变化的范围以内，工程线位冲淤变化也在安全范围内。

# 第四章 工程总体设计

苏通 GIL 综合管廊工程隧道穿越的长江江底地质条件复杂，航道繁忙，工程勘测风险大、难度大。隧道线位的比选需要综合考虑隧道结构条件、盾构施工条件、GIL 设备布置条件、工程造价等多方面因素。总体方案设计需要将电力工程和隧道工程的设计理念高度融合，实现工程整体设计方案的最优化。

苏通 GIL 综合管廊工程由华东院负责总体设计，铁四院负责隧道和两岸引接站的结构设计。工程总体设计主要包括工程建设条件的确定、隧道线位方案的比选以及总体设计方案和原则的确定。

## 第一节 工程建设条件

### 一、地理位置及地貌现状

工程所在位置为长江下游河漫滩和河床地貌，隧道线位位于 G15 沈海高速苏通长江大桥上游附近徐六泾节点缩窄段。

隧道位于长江下游白茆沙水道内，上接通州沙水道。

南岸引接站位于江苏省苏州市以北 64km 处苏通大桥南桥塊西侧，北岸引接站位于江苏省南通市以南约 21km 处苏通大桥北桥塊西侧。

南岸引接站站址的自然地面标高 3.2～3.8m，北岸引接站站址的自然地面标高 3.2～3.8m，百年一遇洪水位均为 4.89m。百年一遇内涝水位南岸为 2.90m，北岸为 3.90m。

### 二、水文气象条件

#### （一）水文条件

工程河段位于长江澄通河段和长江口河段交界处的徐六泾附近，上游为澄通河段通州沙汊道段，下游为长江口河段白茆沙汊道段。

南侧始发井北侧为常熟市主江堤，属Ⅱ级堤防，堤顶高程为 6.3m，堤顶宽 6m，内坡 1:1.25，外坡 1:3，堤上筑有防浪墙，防浪墙顶高程为 7.1～7.4m；北侧接收井位于苏通科技产业园吹填区，属于主江堤外侧，现筑有新江堤，堤顶高程为 6.8m 左右，挡浪墙顶高程 7.3m，堤顶宽 6m，外坡 1:3，内坡 1:2.5；堤顶高程高于百年一遇水位，始发井、接收井的出口高于百年一遇水位，所以站址区不受长江百年一遇洪水影响。南侧始发井内涝水位 2.9m，北侧接收井内涝水位 3.9m。

隧道工程自北向南分别穿越营船港专用航道、长江主航道和常熟港专用航道，最高通航水位 4.39m，设计最低通航水位 – 1.493m。在营船港专用航道、长江主航道侧航道和可能通航水域范围内隧道顶部高程不应高于 – 17.99m，常熟港专用航道侧顶部设置深度不得小于 14.5m，即隧道顶部高程不应高于 – 16.39m。隧道埋深充分考虑大型船舶应急抛锚击穿深度。

（二）气象条件

苏通 GIL 综合管廊工程地处中纬度地区，属亚热带季风气候，四季分明，气候温和，雨量充沛。

南岸年平均气温 15.7℃，极端高温 39.1℃，极端低温 – 11.3℃；北岸年平均气温 15.3℃，极端高温 39.5℃，极端低温 – 10.8℃。

工程百年一遇离地 10m 高 10min 平均最大风速 32m/s，导线设计覆冰 10mm，地线设计覆冰 15mm。

### 三、航道、河势和水工现状及规划

自 2014 年 7 月 9 日起，工程河段航道水深提高至理论最低潮面下 12.5m，航道宽度 500m，最小弯曲半径 1500m。

根据《长江干线航道发展规划》及《长江干线航道总体规划纲要》，在 2020 年本水道通航需适应大型海船运输，可通航由 2000t 或 5000t 驳船组成的 2 万～4 万 t 级船队和 3 万～5 万 t 级海船；根据《长江澄通河段综合整治规划报告》和《长江口综合整治开发规划》，明确了苏通 GIL 综合管廊工程河势规划情况；根据水利部采砂规划，明确了苏通 GIL 综合管廊工程周边河段采砂规划。

经过多年的演变及人工治理，苏通 GIL 综合管廊工程上游福姜沙汊道段和如皋沙群段在一段时间内将保持现有河势；徐六泾节点形成后，徐六泾节点河段的主槽和深泓线长期保持相对稳定状态；自上游通州沙河段及工程段两岸河道整治工程后，苏通 GIL 综合管廊工程段河道两岸岸线变化趋小，河道平面形态宏观上基本稳定。

徐六泾深槽稳定性较好，具有较强的南移趋势；从断面变化看，河床断面与来水来沙条件较为适应，深槽进一步刷深的趋势明显趋缓；从深槽平面和历年最深点的平面分布变化看，深槽向下游、向深方向发展趋缓；从工程区深泓线纵断面和深泓线变化看，深泓线仍有南靠，总体较为稳定，深槽下移幅度较小，最深点呈越往下游逐渐抬高趋势。

## 四、防洪现状及规划

南岸主江堤位于常熟市，Ⅱ级堤防，始发井位于大堤内侧，江苏省统一堤防桩号为 360+150 附近，堤顶高程为 6.3m，堤顶宽 6m，内坡 1:1.25，外坡 1:3。堤上筑有防浪墙，防浪墙顶高程为 7.1～7.4m。

北岸主江堤位于南通市，Ⅱ级堤防，对应的江苏省统一堤防桩号为 358+000，堤顶高程为 7.4m。接收井位于苏通科技产业园吹填区，属于江堤外侧，现筑有新通海沙围堤，堤顶高程为 6.8m，挡浪墙顶高程 7.3m，堤顶宽 6m，外坡 1:3，内坡 1:2.5。

根据《江苏省长江堤防防洪能力提升工程规划》，主江堤防洪标准达到百年一遇，穿堤建筑物防洪按百年一遇洪潮水位设计，大中型建筑物按 200～300 年洪潮水位校核。

## 五、沿线建（构）筑物及管线

### （一）周边道路

苏通 GIL 综合管廊工程南岸段西距伟业路约 130m，线路下穿苏通大桥展览馆门前道路，北岸段西距东方大道 80m 左右。

### （二）建筑物

苏通 GIL 综合管廊工程场地地势平坦、开阔。始发工作井北距苏通大桥展览馆约 60m，西距伟业路约 130m，东侧和南侧现为空旷规划用地。

苏通大桥展览馆为 3 层框架结构，桩基采用 PHC-400（90）AB 型桩，桩长不小于 28m，基础埋深约 2.0m。

### （三）地下管线

城市地下管线是指城市范围内供水、排水、燃气、热力、电力、通信、广播电视、工业等管线及其附属设施，是保障城市运行的重要基础设施和“生命线”。

工程隧道下穿地下管线较少，在隧道施工过程中，对管线进行监测、保护。

（四）水利设施

南岸始发工作井场地距离长江南大堤约 280m，地势相对平坦，地面有浅水塘分布，塘底标高约 2.8～3.0m；北岸接收工作井场地属长江漫滩滩涂，近年围垦而成，距离新建的新通海沙江堤约 300m，周边 200m 范围内无建筑物，地势平坦，交通便利。

## 六、工程地质与水文地质

（一）区域地质构造

工程场地所在区域根据大地构造分区，位于下扬子断块（Ⅱ）扬子准地台的东部边缘。新近纪以来，构造运动过程由断块差异性沉降逐渐转化为大面积的隆起和沉降，苏北与南黄海的大面积继承性下降，西部和西南部大面积抬升。

近场区内分布有规模不等、不同展布方向的主要断裂 13 条，其中 9 条第四纪断裂，4 条为前第四纪断裂。其中，无锡—崇明断裂（F6）、太仓—支塘断裂（F8）和浏河—新场断裂（F11）为第四纪晚更新世活动断裂，但这 3 条断裂均从距工程场地较远的南部通过，与工程场地的直线距离均在 8km 以远。近场区及工程场地附近物探表明，鹿河—璜泾断裂未延伸至本工程场地，工程场地范围内未发现断裂通过的迹象。

（二）区域地震活动特征

本区域主要的地震构造形式为盆地构造、北北西构造带、弧形构造、活动断裂。历史地震对工程场址近场区产生的最大影响烈度为 5 度。近场区地震活动的空间分布不均匀，历史上共发生过 3 次破坏性地震，最大震级为 5.1 级。这几次破坏性地震及多数现代小震主要分布在近场区的中西部地区，苏通 GIL 综合管廊工程场地附近地震活动则相对稀少。近场区地震活动虽比较活跃，但强度不高。

（三）工程场地稳定性及适宜性评价

根据对工程场地的区域地质构造、新构造运动及地震活动特征等综合分析研究，工程场地区域内无深大断裂和全新活动断裂通过，晚更新世活动断裂带与工程场地的直线距离均在 8km 以远，已满足工程场地避开活动断层的规定距离，因此它们对苏通 GIL 综合管廊工程场地的稳定性不会产生直接影响。工程场地及邻近地区地震活动性较弱，强度小，频度低，在区域构造上属基本稳定区。

经综合分析，苏通 GIL 综合管廊工程场地属地震地质条件相对较好的稳定性场地，适宜工程建设。

（四）工程地质特征

苏通 GIL 综合管廊工程位于为长江下游三角洲平原近前缘地带，管廊陆域部分及水域部分地貌单元分别为长江河漫滩和长江河床。该段长江由南北大堤防护，长江南大堤堤顶标高约 7m（1985 国家高程基准，下同），长江北大堤堤顶标高约 4.3m。陆域地势平坦开阔，地面自西向东微倾，两岸向江边低倾。北岸地面标高相对较低，一般为 2.5～3.0m，南岸地面标高 3.2m 左右。

南岸始发工作井场地距离长江南大堤 280m 左右，地势相对平坦，地面有浅水塘分布，塘底标高约 2.8～3.0m；北岸接收工作井场地属长江漫滩滩涂，近年围垦而成，距离新建的长江北大堤 320m 左右，周边 200m 范围内无建筑物，地势平坦，交通便利。

苏通 GIL 综合管廊工程场地位于长江下游三角洲，具河口段沉积物特点，松散层巨厚，隧道深度范围内均为第四系全新统和晚更新统地层。根据揭露地层的地质时代、成因、岩性、埋藏条件及其物理力学特征等工程场地埋深 100m 地层划分自上而下如下。

第四系全新统冲洪积地层（$Q_4^{al+pl}$）：共划分为 4 个地质层组（①～④层），均为冲洪积及静水沉积，主要为黏性土夹粉性土、砂土。各地质层组又可细分为①$_1$ 粉细砂、①$_2$ 粉砂混粉土、①$_{2\text{-}1}$ 粉质黏土夹粉土、①$_3$ 粉砂、②粉质黏土、③$_1$ 淤泥质粉质黏土、③$_2$ 粉砂、③$_3$ 淤泥质粉质黏土、③$_4$ 粉质黏土与粉土互层、③$_5$ 淤泥质粉质黏土、③$_6$ 粉质黏土、④$_1$ 粉质黏土混粉土和④$_2$ 粉土等层。

第四系上更新统冲洪积地层（$Q_3^{al+pl}$）：共划分为 6 个地质层组（⑤～⑧层），主要为砂土，呈细—粗—细—粗的沉积韵律，由上到下可细分为⑤$_1$ 粉细砂、⑤$_2$ 细砂、⑥$_1$ 中粗砂、⑥$_{1\text{-}1}$ 粉砂、⑦粉细砂、⑧$_1$ 中粗砂、⑧$_{1\text{-}1}$ 粉质黏土、⑧$_2$ 粉细砂和⑧$_4$ 中粗砂等层。

（五）水文地质条件

1. 陆域地下水特征

本区域温暖湿润，降雨量充沛，地势平坦，这些条件均有利于大气降水的入渗补给，陆域地下水的补给方式主要通过孔隙垂直面状渗入。且本区域濒临长江，地表水资源十分丰富，松散含水层内的地下水与江水发生直接的水力联系。

（1）孔隙潜水。陆域地段工程场地浅部地下水类型属潜水，潜水含水层主要为赋存于浅部地层中的粉砂、黏性土、粉性土和黏性土层的砂土夹层中，水位埋深 0.5～1.0m。

北岸隧道段①$_1$ 粉细砂、①$_2$ 粉砂混粉土和①$_3$ 粉砂属相对含水层，透水性较好。④$_1$ 粉质黏土夹粉土渗透性较差，由于该层中夹薄层粉土，其水平向渗透系数明显大于垂直向渗透系数。

南岸隧道段③$_2$ 粉砂、③$_4$ 粉土与粉质黏土互层属相对含水层，②粉质黏土、③$_1$ 淤泥质粉质黏土、③$_3$ 淤泥质粉质黏土、③$_5$ 淤泥质粉质黏土、③$_6$ 粉质黏土、④$_1$ 粉质黏土混粉土属弱透水层。

（2）承压水。北岸隧道段④$_1$ 粉质黏土夹粉土渗透性较差，属隔水层，其底板埋深约 28.7～31.5m，为承压水水位顶面，其下部⑤$_1$ 粉细砂、⑥$_1$ 中粗砂、⑦粉细砂和⑧$_1$ 中粗砂为承压含水层，透水性好。

南岸隧道段④$_1$ 粉质黏土混粉土属相对弱透水层，其底板埋深约 26.5～28.7m，为承压水水位顶面，其下部④$_2$ 粉土、⑤$_1$ 粉细砂、⑥$_1$ 中粗砂、⑦粉细砂和⑧$_1$ 中粗砂属承压含水层，透水性好。

2. 长江水域地下水特征

长江水域的地下水按埋藏条件及水力性质主要分为两大含水层组，即孔隙潜水和承压水，各含水层的水文地质特征分别如下。

（1）孔隙潜水。孔隙潜水含水层为全新统粉砂或粉砂夹粉质黏土，有黏性土覆盖或夹层地段具有微承压性质。潜水水化学类型较为复杂，不仅受沉积环境的影响，还受到地表水体、大气降水补给淡化制约。孔隙潜水与长江水呈互补关系，水位埋深 2m 左右，随江水位变化不明显。

主航道深槽以北的地段，孔隙潜水含水层较厚，岩性主要为①$_1$ 粉细砂、①$_3$ 粉砂层，且直接与江水相连，水力联系密切。该含水层接受长江水径流补给，补给水源充分。排泄方式有向下游侧向径流排泄、蒸发和补给长江水及地表水系。

孔隙潜水含水层在深槽以南大部分地段缺失，含水层主要为江堤附近的③$_2$ 粉砂层，该层厚度较小。主要接收上游侧向径流补给，因有上覆黏性土层间隔，降水入渗量较小，在线位区与江水的水力联系不明显。排泄方式以向下游侧向径流为主。

（2）承压水。苏通 GIL 综合管廊工程涉及的主要承压水含水层岩性为粉、细砂及中、粗砂（④～⑧层），普遍分布，顶板埋深约为 20.4～47.8m，含水层较厚，富水性好，渗透性强，对苏通 GIL 综合管廊工程影响较大。

3. 隧道地下水动态及补给、径流、排泄条件

隧道线位地下水由长江水补给，地下水的径流相应表现为由长江下游和江外侧流动。隧道没有开采地下水地段，区内地下水的排泄主要是长江排泄。

隧道自南始发井盾构推进，盾构受陆域潜水压力，当盾构穿过$③_6$粉质黏土、$④_1$粉质黏土混粉土层，进入下部$④_2$粉土层，等同于揭穿了承压含水层顶板，使盾构受承压水，承压水水头理论值为长江水面至盾构深度的压力值，随长江水位的起落而变化。

4. 水、土的腐蚀性

根据 GB 50021—2001《岩土工程勘察规范（2009 年版）》的规定，结合地区气候、场地土的含水量及透水性特点，工程场地环境类型为Ⅱ类。在对长江分时段分别取得高、中、低潮江水试样进行分析判断：水、土腐蚀性评价，经判定，地表水对混凝土结构具微腐蚀性；对混凝土中的钢筋在长期浸水及干湿交替条件下具微腐蚀性。

（六）不良地质条件及特殊性岩土

工程场地范围内长江两岸岸坡及防洪堤稳定，未发现其失稳迹象。主要不良地质作用为地震液化与软土震陷、有害气体分布等。特殊性岩土主要为软土和吹填土广泛分布。

1. 地震液化

工程场地隧道深槽以北埋深 20m 深度内普遍分布$①_1$粉细砂、$①_2$粉砂混粉土、$①_3$粉砂层，以及隧道以南埋深 20m 深度内分布$③_2$粉砂层等可液化土层，其在 7 度地震条件下上述各层均为可能发生地震液化。具体液化判定结果如下：

（1）管廊隧道长江深槽以北的地层$①_1$粉细砂、$①_3$粉砂为液化土，$①_3$粉砂的最大液化深度为 15m，场地地基液化等级为中等～严重。

（2）管廊隧道长江深槽以南的地层$③_2$粉砂为液化土，液化深度为上部 12m，场地地基液化等级为中等。

（3）北岸（南通）引接站场地 20m 深度范围内存在可液化地层$①_1$粉细砂、$①_2$粉砂混粉土，液化等级为严重，液化层底深度为 14.0～20.0m。

（4）南岸（苏州）引接站$③_2$粉砂为液化土层，液化指数为 7.53～9.46，场地属于中等液化。场地最大液化深度为$③_2$粉砂层底，深度 10.10～12.70m。

2. 软土震陷

工程场地隧道始发井至隧道深槽段浅层广泛分布有$③_1$淤泥质粉质黏土、

③$_3$淤泥质粉质黏土、③$_5$淤泥质粉质黏土等软土，为可能震陷软土，经综合分析确定，苏通 GIL 综合管廊工程不考虑软土震陷的影响。

3. 有害气体

苏通 GIL 综合管廊工程盾构隧道沿线存在有害气体（沼气），气藏类型为原生超浅层微气藏，有害气体在土层中呈扁豆体状、团块状、囊状、蜂窝状不连续分布，气水同层。有害气体主要成分甲烷（$CH_4$）占比 85%～88%、氮气（$N_2$）占比 8%～10%、氧气（$O_2$）占比 2%～3%，局部有少量硫化氢（$H_2S$）。钻探测得关井气体压力 0.25～0.30MPa，静探孔有害气体压力 0.1～0.2MPa，有害气体压力不大于其上覆水土压力之和，属正常压力范围。

4. 特殊性岩土

苏通 GIL 综合管廊工程涉及的特殊性岩土主要有软土和吹填土。

（1）软土。工程场地在南岸（苏州）引接站和隧道段深槽以南普遍分布有厚层淤泥质粉质黏土，软土具有高含水量、大孔隙比、低强度、高压缩性和灵敏度高等不良工程地质特性，而且软土还有低渗透性、触变性和流变性等特性，使得基坑维护难度较高。软土中且普遍夹一定厚度的薄层粉土或粉砂，场地内稳定地下水位埋深较浅，水量大，基坑开挖时应考虑因地下水的作用所产生的流土、流沙、管涌、基底涌土、冒水及由此引起的基坑边坡失稳、强度降低等不良地质问题，切实做好基坑的边坡维护及降水、排水措施。

（2）吹填土。工程场地隧道北岸和北岸（南通）引接站工程场地为吹填形成，因此普遍分布有厚度 6～8m 的吹填土，即①$_1$粉细砂。吹填土性质不稳定、土质不均匀，为欠固结土，并在较长时间内存在一定沉降变形，因此在工程桩基设计、基坑围护设计和施工时应充分考虑其影响。

（七）地震动参数

（1）北岸（南通）引接站建筑场地类别为Ⅳ类，设计地震分组为第二组，场地地震动峰值加速度调整系数 $F_a$ 为 1.20，调整后的 50 年超越概率为 10%的地表水平向地震动峰值加速度为 0.120$g$，反应谱特征周期为 0.75s。

（2）南岸（苏州）引接站建筑场地类别为Ⅳ类，设计地震分组为第一组，场地地震动峰值加速度调整系数 $F_a$ 为 1.20，调整后的工程场地 50 年超越概率为 10%的地表水平向地震动峰值加速度为 0.120$g$，反应谱特征周期为 0.65s。

（3）根据《淮南—南京—上海 1000 千伏交流特高压输变电工程苏通 GIL 管廊工程场地地震安全性评价报告》，隧道工程整体 50 年超越概率 10%的地表面水平向地震动峰值加速度为0.119*g*，对应的地震基本烈度为Ⅶ度；100年超越概率为10%的地表水平向地震动峰值加速度为0.150*g*，100年超越概率为2%的地表水平向地震动峰值加速度为0.206*g*。

## 七、站址污秽条件

根据2016年江苏省污区分布图，苏通GIL综合管廊工程属于d级污秽地区。

## 八、站外电源及供、排水

### （一）站外电源

南岸引接站设置两回35kV站外电源。一回由金桥220kV变电站引接，电缆长度约为1.6km，另一回由周泾220kV变电站引接，电缆长度约为7.6km、架空线路长度约为2.3km。

南岸引接站设置一回20kV和一回10kV站外电源。20kV电源由海亚220kV变电站引接，电缆长度约为2.65km，10kV电源由通达110kV变电站引接，电缆长度约为7.86km。

### （二）供水

南岸引接站附近的伟业路东侧有DN300的市政给水管线，从此管线有一路DN200的给水管线接入原苏通大桥公司，水量约300～400m³/h，水压约0.26～0.27MPa。南岸引接站的生活、消防给水系统均由此管线接入。

北岸引接站附近的东方大道南延段有DN300的市政给水管线，水量不小于100m³/h，水压约0.2～0.25MPa。北岸引接站的生活、消防给水系统均由此管线接入。

### （三）排水

南岸引接站附近沿长江大堤有一条排水沟，站内雨水排至此排水沟，站外排水管道长度约300m。

北岸引接站附近的东方大道南延段有雨水管线，站外排水管道长度约600m。

## 九、站外道路

南岸引接站进站道路由站区西侧的道路引接，长度约56m；北岸引接站进站道路由站区西侧的东方大道引接，长度约48m。

## 第二节 线位方案比选

### 一、线位方案

（一）线位平面设计原则

（1）线形平滑顺直，曲线布置满足工法与 GIL 工艺布置要求。

（2）综合考虑城市路网规划及土地使用规划，实现土地资源的集约化利用。

（3）线路布置应尽可能减少对既有建构筑物的影响及拆迁。

（4）最小平曲线半径取 2000m。

（二）平面影响因素分析

苏通 GIL 综合管廊工程平面布置起终点位置受南北岸引接站站址选择控制，影响线路平面布置的主要因素有南北岸的现有建（构）筑物及江中深槽位置。

1. 北岸（南通侧）

线路路由范围内，北岸工作井的西侧为江苏韩通赢吉重工有限公司用地，东侧为规划的“航母世界”旅游文化项目用地，为人工吹填地基，南侧为长江大堤，北岸平面控制性建构筑物相对较少。

2. 南岸（常熟侧）

线路路由范围内，南岸工作井西侧有常熟电厂，北侧有苏通大桥展览馆，东侧为空旷规划用地，北侧有长江大堤、常熟电厂重件码头等既有构筑物。

综合考虑综合盾构机选型、隧道结构和防水设计、掘进难度及工期、施工风险、工程造价、运营维护等因素，经过 2 个线位方案的技术经济比选，确定工程线位方案。

（三）线位平面方案设计

根据两岸引接站的站址位置，同时考虑尽可能减小对地面相关建（构）筑物的影响，结合江中段既有深槽情况，设计拟定了两个平面线位方案，具体布置如图 4-1 所示。

线位一：线路自南端始发工作井向北走行，在苏通大桥展览馆东侧（水平净距 9.97m）避让展览馆，随后下穿南岸长江大堤进入长江河道，下穿常熟港专用航道后在江中下穿既有 –50m 深槽区向北走行，依次下穿长江主航道及营船港专用航道，再下穿北岸大堤抵达北岸工作井，盾构段总长度 5374.247m。

图 4-1 线位一线位二平面布置图

线位二：线路自南端始发工作井向北走行，在苏通大桥展览馆东侧（水平净距 32.13m）避让展览馆，随后下穿南岸长江大堤进入长江河道，下穿常熟港专用航道后在江中下穿既有 – 40m 深槽区向北走行(距 – 50m 深槽约 320m)，依次下穿长江主航道及营船港专用航道，再下穿北岸大堤抵达北岸工作井，盾构段总长度 5468.545m。

1. 河床冲刷深度

苏通 GIL 综合管廊工程开展了河势演变、泥沙数学模型、动床物理模型等专题研究，成果如表 4-1 所示。

**表 4-1　工程线位最深点汇总表**　（m）

| 专题＼线位 | 线位一 | | 线位二 | | 备注 |
|---|---|---|---|---|---|
| | 最深点 | 摆幅 | 最深点 | 摆幅 | |
| 淮南—南京—上海 1000kV 交流特高压苏通 GIL 综合管廊工程潮流泥沙动床模型试验研究报告 | −63.6 | 107 | −50.9 | 131 | 系列年+百年一遇 |
| | −63.8 | 155 | −51.3 | 154 | 系列年+三百年一遇 |
| 淮南—南京—上海 1000kV 交流特高压苏通 GIL 管廊工程平面二维潮流泥沙数学模型报告 | −63.31 | | −49.97 | | 2009～2013 年+百年一遇 |
| | −63.97 | 138 | −50.46 | 210 | 2009～2013 年+三百年一遇 |
| 徐六泾深槽稳定性分析及对苏通 GIL 综合管廊工程影响研究 | −63.0 | | −57.0 | | |
| 淮南—南京—上海 1000kV 交流特高压苏通 GIL 综合管廊工程河势分析 | −55.0 | | −44.0 | | |
| 最低点高程包络值 | −63.6 | | −57.0 | | 系列年+百年一遇 |

综合表 4-1 可知，对于线位一而言，断面最深点高程为−63.6m（物理模型试验成果）；对线位二而言，断面最深点高程为−57m（深槽稳定性分析成果）。

2. 远期规划航道标高

工程隧址所在位置航道底标高如表 4-2 所示。

**表 4-2　航道底标高**　（m）

| 航道名称 | 航道底标高 |
|---|---|
| 常熟港专用航道 | −12.39 |
| 下行推荐航道 | −13.99 |
| 主航道 | −13.99 |
| 上行推荐航道 | −13.99 |
| 营船港专用航道 | −13.99 |

根据 JTS 180-4-2020《长江干线通航标准》第 5.3.2 条规定，在航道和可能通航的水域内布置水下过河建筑物，应埋置于河床面以下，并留有足够的埋置深度，其顶部设置深度不得小于远期规划航道底标高以下 4m。水下过河建筑物埋置深度，尚应考虑局部河床下切、航行船舶紧急抛锚等影响。因此，依据航道的相关要求，工程江中段要求隧道结构顶面埋深不高于 –17.99m 即可满足航道的相关要求。

3. 船舶应急抛锚对覆土的要求

管廊建成后，其上、下游一定范围内禁止抛锚、拖锚，但无法避免过往船舶失控后需应急性抛锚，尤其是工程河段的船舶等级较大，管廊埋深应充分考虑大型船舶应急抛锚击穿深度。

根据国内外运输船舶发展趋势、长江航道通航船舶预测及长江近河口段航道条件，选用 20 万 t 级散货船作为主航道应急抛锚的船型，锚击贯穿深度取 5.0m。

隧道结构上覆地层为粉细砂，船舶应急抛锚时，隧道上部最小覆土取 5.0m，对应线位一而言隧道结构顶标高不应高于 –68.6m，对于线位二而言不应高于 –62.0m。

4. 抗浮稳定性及施工安全覆土要求

如前所述，线位一、线位二河床最低点包络值分别为 –63.6、–57.0m，依据盾构隧道的设计横断面，运营期隧道覆土为 5m 时，抗浮稳定性安全系数可满足 1.2 的要求，因此，河床最低点包络线以下满足运营期抗浮稳定性要求最小覆土厚度取 5.0m。

隧道施工安全最小覆土厚度依据现状河床标高确定，根据已有研究、现场试验及既有类似工程的相关经验，现状河床条件下保证盾构掘进安全的最小覆土厚度一般需要满足 1.0$D$（$D$ 为隧道外径），特殊条件下局部可取为 0.7$D$。依据现有河床，满足上述稳定性要求时对应现状隧道覆土厚为 1.0$D$，满足施工安全最小覆土厚度的要求。

综上所述，为满足施工最小安全覆土要求，同时满足河床最低点包络线以下运营期隧道的抗浮稳定性要求，隧道最小覆土厚度取为河床最低点包络线以下 5.0m。

（四）线位纵断面方案设计

根据工程专题研究成果及影响因素，在江中深槽位置，对线位一而言隧道结构顶标高不应高于 –68.6m，对线位二而言隧道结构顶标高不应高于

–62.0m。同时，线路纵断面设计时还需考虑以下因素：

（1）尽可能加大下穿长江大堤段的埋深，线路出工作井后尽可能以大坡度下潜。

（2）为减小江中段高水压段长度，线路出深槽最低点段以大坡度上行。

（3）深槽最低点段至长江大堤之间，以隧道结构顶位于冲刷包络线以下最小 10m，既有河床下不小于 1.0*D* 为控制标准。

根据拟定的平面线位，结合上述原则，兼顾线路纵断面上的平顺性，为了便于对比分析，每个线位均拟定了两个纵断面方案进行比较。

1. 线位一纵断面

线位一推荐纵断面：线路出南端始发工作井以 5.0%的大坡度下行 390m，后接 2.904 1%的坡度继续下坡 743.786m，后继续以 5.0%、0.5%的坡度分别下行 490、200m 至隧道最低点（最低点位置隧道结构顶面标高 –69.33m，底面标高 –80.93m），后以 0.5%、5%的坡度连续上坡 200、400m，后接 1%、0.5%的上坡，坡长分别为 700、1700.114m，最后以 5%的坡度上坡，坡长 543.988m 到达北岸接收井，具体布置如图 4-2 所示。

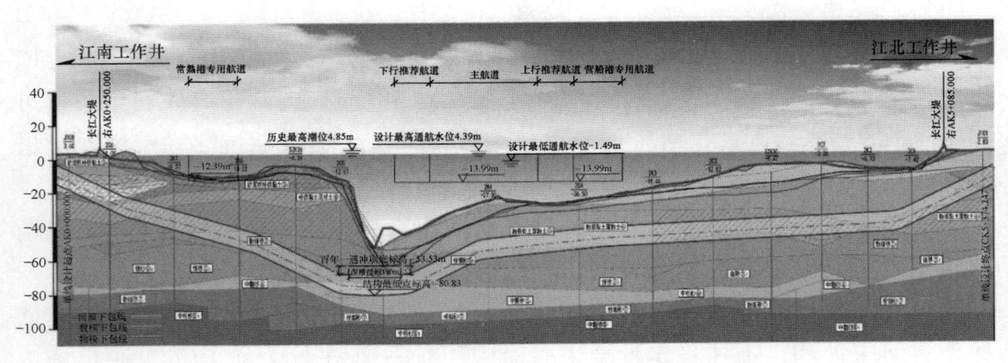


图 4-2　线位一推荐纵断面布置图

线位一比选纵断面：线路出南端始发工作井以 5.0%的大坡度下行 450m，后接 3.671 9%的坡度继续下坡 1173.786m，后接 0.5%的坡度下行 200m 至隧道最低点（最低点位置隧道结构顶面标高 –69.33m，底面标高 –80.93m），后以 0.5%、1.338 4%的坡度连续上坡 200、2854.102m，最后以 5%的上坡，坡长 490m 到达北岸接收井，具体布置如图 4-3 所示。

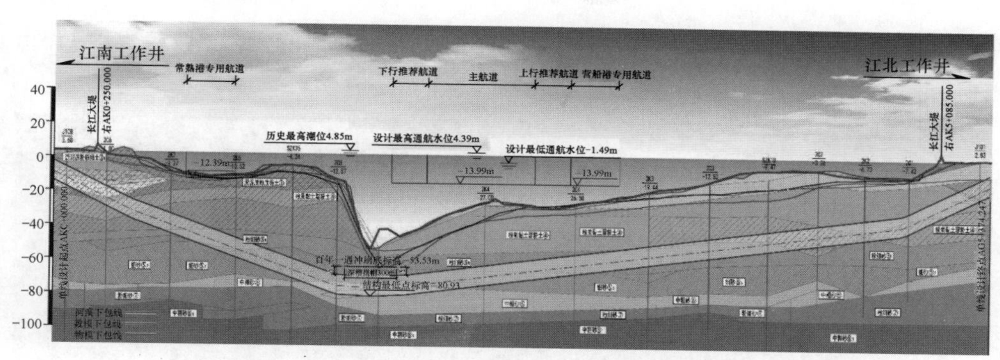


图 4-3　线位一比选纵断面布置图

线位一推荐及比选方案信息对比表如表 4-3 所示。

**表 4-3　　线位一推荐及比选方案信息对比表**

| 项目 | | 推荐方案 | 比选方案 |
|---|---|---|---|
| 盾构段长度（m） | 不计纵坡 | 5374.247 | 5374.247 |
| | 计入纵坡 | 5376.848 | 5376.466 |
| 最大水压力（bar） | | 8.58 | 8.58 |
| 水压大于 6bar 段长度（m） | | 1796 | 2940 |
| 水压大于 7bar 段长度（m） | | 996 | 1920 |
| 水压大于 8bar 段长度（m） | | 596 | 901 |

由表 4-3 可知，对于线位一而言，推荐方案对应纵断面能显著减小高水压段的隧道长度。水压大于 6、7、8bar 段的长度分别由比选方案的 2940、1920、901m 减小到推荐方案的 1796、996m 和 596m，分别减少 38.9%，48.1%和 33.9%。

2. 线位二纵断面

线位二推荐纵断面：线路出南端始发工作井以 5.0%的大坡度下行 420m，后接 2.345 7%的坡度继续下坡 852.618m，后继续以 5.0%、0.5%的坡度下行，坡长分别为 360、300m 至隧道最低点（最低点位置隧道结构顶面标高－63.23m，底面标高－74.83m），后以 0.5%、3.1%的坡度连续上坡 300、580m 后接 0.5%的上坡，坡长 2215.030m，最后以 5%的上坡，坡长 440.897m 到达北岸接收井，具体布置如图 4-4 所示。

线位二比选纵断面：线路出南端始发工作井以 5.0%的大坡度下行 420m，后接 3.133 7%的坡度继续下坡 1212.618m，后接 0.5%的坡度下行 300m 至隧道最低点（最低点位置隧道结构顶面标高－63.23m，底面标高－74.83m），后以

0.5%、1.058 9%的坡度连续上坡 300、2700m，最后以 5%的上坡，坡长 549.113m 到达北岸接收井，具体布置如图 4-5 所示。

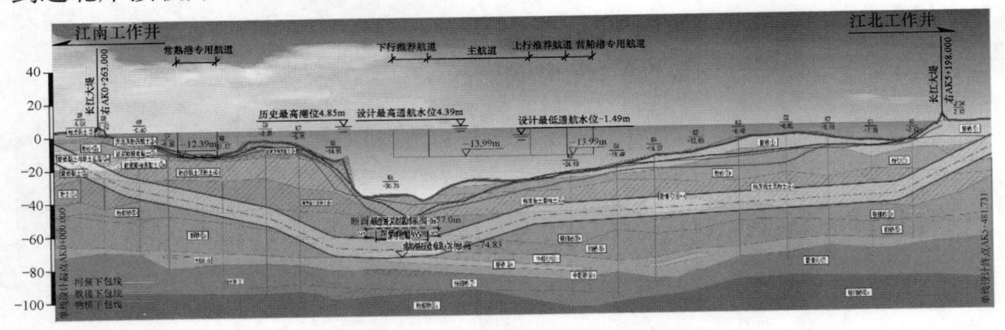


图 4-4　线位二推荐纵断面布置图

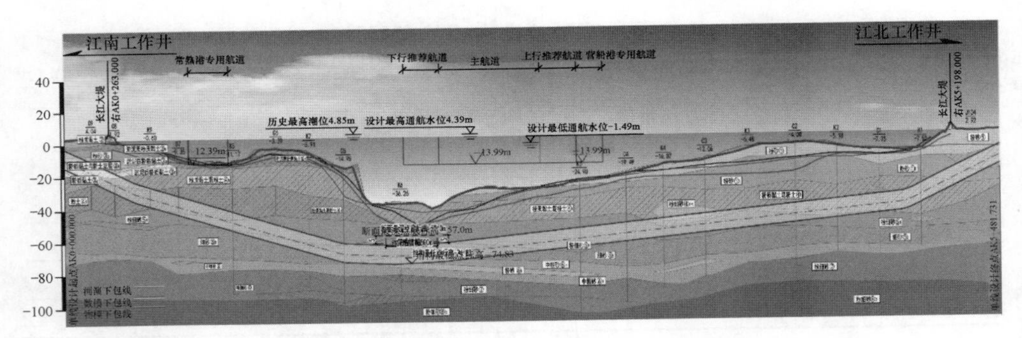


图 4-5　线位二比选纵断面布置图

线位二推荐及比选方案信息对比表如表 4-4 所示。

**表 4-4　　线位二推荐及比选方案信息对比表**

| 项目 | | 推荐方案 | 比选方案 |
|---|---|---|---|
| 盾构段长度（m） | 不计纵坡 | 5468.545 | 5481.731 |
| | 计入纵坡 | 5470.576 | 5483.681 |
| 最大水压力（bar） | | 7.98 | 7.98 |
| 水压大于 6bar 段长度（m） | | 1621 | 2914 |
| 水压大于 7bar 段长度（m） | | 1034 | 1650 |
| 水压大于 8bar 段长度（m） | | 0 | 0 |

由表 4-4 可知，对于线位二而言，推荐方案对应纵断面能显著减小高水压段的隧道长度。水压大于 6、7bar 段的长度分别由比选方案的 2914、1650m 减小到推荐方案的 1621、1034m，分别减小 44.4%，37.3%。

3. 线位一、二推荐纵断面主要特征

依据前述分析，为便于比较线位一、线位二的纵断面的相关特征，现将线位一、线位二推荐纵断面主要特征见表 4-5。

**表 4-5　　线位一、线位二推荐纵断面主要特征表**

| 项目 | | 线位一 | 线位二 |
|---|---|---|---|
| 平面线形 | | 2000m 半径曲线 | 2000m 半径曲线 |
| 盾构段长度（m） | 不计纵坡 | 5374.247 | 5468.545 |
| | 计入纵坡 | 5376.848 | 5470.896 |
| 平面控制因素 | | 苏通大桥展览馆（水平净距 9.97m） | 苏通大桥展览馆（水平净距 32.13m） |
| 最低点标高（m） | | −80.93 | −74.83 |
| 最大水压力（bar） | | 8.58 | 7.98 |
| 水压大于 6bar 段长度（m） | | 1796 | 1621 |
| 水压大于 7bar 段长度（m） | | 996 | 1034 |
| 水压大于 8bar 段长度（m） | | 596 | 0 |
| 穿越砂层段长度（m） | | 4497 | 3703 |
| *N*>50 砂层段长度（m） | | 3700 | 3330 |
| 施工期深槽覆土（m） | | 17.6 | 21.3 |
| 江中施工期最小覆土（m） | | 15.60 | 16.20 |
| 施工期最大覆土（m） | | 55.50 | 42.86 |

## 二、综合比选

### （一）线位方案对盾构机选型的影响

根据线位一、线位二的盾构机选型对比表如表 4-6 所示。

**表 4-6　　盾构机选型对比表**

| 序号 | 项目 | 线位一 | 线位二 |
|---|---|---|---|
| 1 | 最小曲线半径（m） | 2000 | 2000 |
| 2 | 掘进长度（m） | 5374.247 | 5468.545 |
| 3 | 江中最大覆土/最小覆土（m） | 55.50/15.60 | 42.86/16.20 |
| 4 | 最大水压（bar） | 8.6 | 8.0 |
| 5 | 盾尾密封 | 4 道钢丝刷+1 道钢板束+液氮注入管 | 4 道钢丝刷+1 道钢板束+液氮注入管 |
| 6 | 主轴承密封 | 唇形密封 4 | 唇形密封 4 |

续表

| 序号 | 项目 | 线位一 | 线位二 |
| --- | --- | --- | --- |
| 7 | 推力扭矩 | 相对较大 | 相对较小 |
| 8 | 是否常压换刀 | 是 | 是 |
| 9 | 是否具备饱和气体带压作业 | 是 | 是 |

从表 4-6 对比可知，线位一和线位二在盾构机选型方面基本上一致，仅线位一盾构机承受的水土压力略大，但盾尾和主轴承密封措施上没有差别。通过向盾构设备制造厂家询价，盾构制造采购费用线位一比线位二约高 1000 万元。

（二）线位方案对隧道结构及防水设计的影响

1. 结构设计比较

根据相关地勘资料，本隧道盾构段除在江南始发段约 600m 范围穿越了淤泥质粉质黏土和粉质黏土混粉土外（透水性弱），其他地段均在粉细砂、粉砂层中通过（透水性强）。故在结构计算时根据线位一和线位二隧道所处地层不同特征分别选取江南岸上段、江中段、江北岸上段 3 个断面作为典型控制断面进行分析计算。通过结构计算可以得到，由于地质条件的局部差距及计算所取覆土厚度的差异，不同计算断面处的内力互有高低。

总体而言，线位一和线位二全隧道的平均配筋量基本相等。

2. 管片防水设计比较

线位方案一和线位方案二的最大水压分别为 0.86MPa 和 0.8MPa，从管片防水设计上来说属于一个量级，防水设计方案基本相同。

管片结构防水遵循“以防为主，刚柔结合，多道设防，因地制宜，综合治理”的原则，以混凝土结构自防水为根本，衬砌管片接缝防水为重点。管片混凝土采用 C60 混凝土，抗渗等级 P12；环缝和纵缝采用两道防水，外侧为三元乙丙弹性密封垫 + 聚醚聚氨酯弹性体，内侧为三元乙丙弹性密封垫。管片接缝防水示意图见图 4-6。

（三）线位方案对盾构掘进施工和工期的影响

结合工程地质特点，线位方案对盾构掘进施工和工期的影响主要体现在如下几方面。

1. 刀具更换与工期

盾构机在标贯值 50 以上的密实砂层（如⑤$_2$细砂、⑥$_1$中粗砂、⑦粉细砂）地层中掘进时刀具磨损会大幅增加。工程砂层标贯击数和石英含量统计表见表 4-7。

表 4-7　　工程砂层标贯击数和石英含量统计表

| 地层编号 | 地层名称 | 岩土性能指标 | |
|---|---|---|---|
| | | 标贯击数 | 石英含量（%） |
| ⑤$_1$ | 粉细砂 | 36 | 55.2 |
| ⑤$_{1-2}$ | 中粗砂 | 55 | 80.1 |
| ⑤$_2$ | 细砂 | 58 | 73.7 |
| ⑥$_1$ | 中粗砂 | 55 | 78.1 |
| ⑦ | 粉细砂 | 64 | 71.6 |

注　依据华东院提供的初勘成果整理。

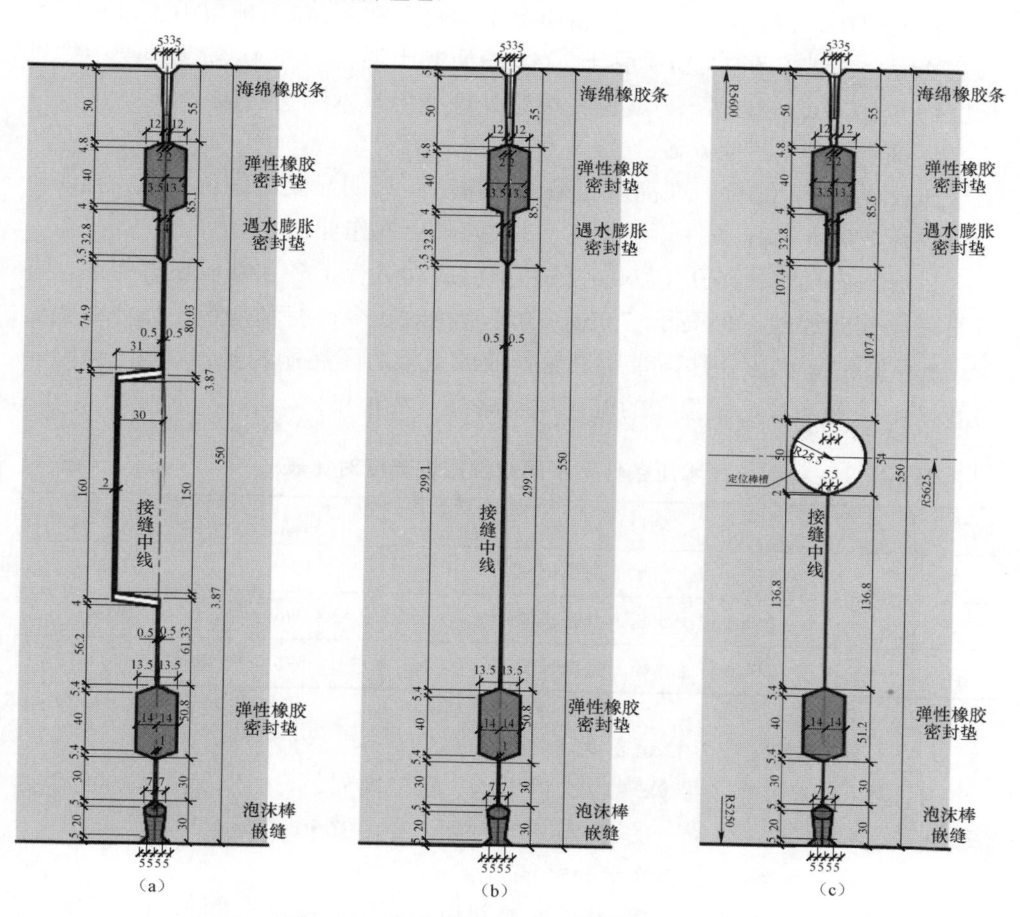


图 4-6　管片接缝防水示意图（1:2）
（a）环缝构造图（有凹凸榫）；（b）环缝构造图（无凹凸榫）；（c）纵缝构造图

线位一在标贯值 50 以上的密实砂层中掘进长度约为 3700m；线位二在标贯值 50 以上的密实砂层中掘进的长度约为 3330m；线位一比线位二按多更换 1 次刀具考虑，施工工期延长约 7～10d，换刀费用增加约 100 万元；而线位二比线位一掘进距离长 107m，掘进工期增加约 10d。总体而言，施工工期上线位一和线位二基本相当。

2. 泥水分离难度

盾构机在③$_6$ 粉质黏土、④$_1$ 粉质黏土混粉土和④$_2$ 粉土地层中掘进时由于该土层中难以分离的颗粒粒径小于 0.045mm 的黏粒含量显著增加（平均含量超过 50%），造成废浆处理量较多，增加工程成本。

线位一在③$_6$ 粉质黏土、④$_1$ 粉质黏土混粉土和④$_2$ 粉土地层中掘进长度约为 3742m；线位二在③$_6$ 粉质黏土、④$_1$ 粉质黏土混粉土和④$_2$ 粉土地层中掘进长度约为 3777m。线位一与线位二废浆处理费用基本相当。

3. 高水压施工风险方面

在表 4-8 中，线位一在高水压条件下掘进距离明显要比线位二长，且线位一需要在 8.0bar 水压条件下进行 1～2 次刀具更换作业。

目前国内在水压 6.0～7.0bar 条件下已成功进行了多次常压换刀作业，并具有带压作业经验，但高于 7.0bar 的经验相对较少，特别是带压作业经验更少。一旦发生高水压条件下带压进舱作业或更换盾尾尾刷的操作，施工风险相对较高。综合来看，线位一的施工风险略高于线位二。

**表 4-8　高水压条件下不同线位掘进长度对比表**　（m）

| 序号 | 项目 | 线位一 | 线位二 |
|---|---|---|---|
| 1 | 6.0bar 以上水压下掘进长度 | 1796 | 1621 |
| 2 | 7.0bar 以上水压下掘进长度 | 996 | 1034 |
| 3 | 8.0bar 以上水压下掘进长度 | 596 | 0 |

（四）线位方案对工程造价的影响

工程造价的影响主要体现盾构机采购、施工换刀、盾构机保压等方面详见表 4-9，总体而言，线位一的工程造价比线位二低 3650 万元。

（五）线位方案对运营维护的影响

由于线位一和线位二的隧道长度差别很小，因此在运营期的通风、排水、照明、防灾等方面的差别也很小，需要重点关注的是河床冲刷对隧道安全的影响。两个线位方案的纵断面设计均能满足冲刷专题研究结论和专家评审意见提出的系列年+百年一遇冲刷线下隧道抗浮稳定，以及应对 20 万 t 海轮应急抛锚的安全要求。

表 4-9　　线位方案工程造价差值比较表　　（万元）

| 序号 | 项目 | 线位一 | 线位二 |
|---|---|---|---|
| 1 | 盾构机采购费用 | +1000 | 0 |
| 2 | 施工换刀费用 | +100 | 0 |
| 3 | 隧道土建和 GIL 电气安装费用 | −5750 | 0 |
| 4 | 高水压地段盾构机保压措施费 | +500 | 0 |
| 5 | 盾构机推力扭矩差异造成的施工费用 | +500 | 0 |
| 6 | 合计 | −3650 | 0 |

注　“+”号表示线位一费用比线位二高，“−”号表示线位一费用比线位二低。线位二均以 0 万元计。

根据涉水专题研究结论，工程附近涉水工程较多，涉水工程及工程河段岸线的稳定直接影响到河势变化，因此在工程施工期及工程建成后的运行期间应加强河道地形及水文观测，特别是遇大水年，进行年内多组次观测，以利于工程的长期稳定。一旦发现线位附近水下地形冲刷深度发生较大的不利变化时，应做好向线位上方深槽部位抛填块石和软体排等应急处置预案。对于线位二，还应特别关注上游 50m 深槽的稳定性发展趋势。

（六）线位推荐方案

综合盾构机选型、隧道结构和防水设计、掘进难度及工期、施工风险、工程造价、运营维护等因素，尽管线位二工程造价相对较高，河床冲刷深度不确定性相对较大，但是线位二与既有施工经验和实例更贴近，施工风险相对较小，可以采取应急预案措施保证结构安全，因此工程采用线位二。线位方案综合比较表见表 4-10。

表 4-10　　线位方案综合比较表

| 序号 | 项目 | 线位一 | 线位二 |
|---|---|---|---|
| 1 | 盾构机选型 | 基本相当 | 基本相当 |
| 2 | 隧道结构配筋量 | 基本相当 | 基本相当 |
| 3 | 管片接缝防水 | 两道防水 | 两道防水 |

续表

| 序号 | 项目 | 线位一 | 线位二 |
|---|---|---|---|
| 4 | 施工工期 | 基本相当 | 基本相当 |
| 5 | 高水压施工风险 | 较高 | 较低 |
| 6 | 工程造价 | –3650万元 | 0万元 |
| 7 | 运营维护影响 | 仅需监测 | 除监测外，应有可靠的应急预案措施 |
| 8 | 综合推荐意见 | | 推荐 |

注 “–”号表示线位一费用比线位二低。

由于 GIL 设备在隧道完成后进行安装，其安装空间有限、安装精度要求高，为实现有限空间的最大利用，为 GIL 设备安装创造有利条件，隧道贯通后进行调线调坡工作。

## 第三节 总体设计方案

### 一、系统要求及电气主接线

GIL 额定电压 1100kV，允许持续运行电压 1133kV，额定电流 6300A。

每回 GIL 两侧配置常规电流互感器、电压互感器、避雷器、感应电流快速释放装置。为降低 GIL 整体耐压试验难度，在 GIL 中间设置隔离单元。

### 二、管廊线位

苏通 GIL 综合管廊工程位于沈海高速苏通长江大桥上游约 1km，起于南岸（苏州）引接站，止于北岸（南通）引接站。

GIL 隧道线位路径自南端始发工作井向北走行，在苏通大桥展览馆东侧避让展览馆后下穿南岸长江大堤进入长江河道，下穿常熟港专用航道后在江中下穿既有–40m 深槽区向北走行，依次下穿长江主航道及营船港专用航道，再下穿北岸大堤抵达北岸工作井，盾构段总长度 5468.545m。

线路出南端始发工作井以 5.0%的大坡度下行 420m，后接 2.345 7%的坡度继续下坡 852.618m，后继续以 5.0%、0.5%的坡度下行，坡长分别为 360、300m 至隧道最低点（最低点位置隧道结构顶面标高–63.23m），然后分别以 0.5%、

3.1%、5%的纵坡上行到达北岸接收井。

## 三、引接站电气总平面布置

为保证线路从架空线至地下 GIL 管线的安全过渡，在 GIL 线路两端设地面引接站，引接站主要布置 GIL 与架空线路转接用设备，包括 GIL（含感应电流快速释放装置、电流互感器和电压互感器）、GIL 套管和避雷器。

考虑两回 GIL 引接设备相对独立，结合北岸 1000kV 线路走廊和地方规划，管廊工作井和地面建筑物布置在两回出线设备中间，两回线路采用对称布置方案，北岸地面引接站围墙内占地 136m × 74m。

南岸引接站东临苏通大桥，北侧设置有大桥展览馆，为保证隧道始发井盾构段施工不影响现有的大桥展览馆，结合地方规划要求架空线路走廊尽量靠近西侧道路的要求，将南岸管廊工作井和地面建筑物布置在引接站东侧，出线门架集中布置在引接站西侧，南岸地面引接站围墙内占地 149m × 65m。

## 四、管廊内电气设备布置和横断面

为充分利用圆形隧道空间，GIL 管廊内预留两回 500kV 电缆线路，设计方案考虑 GIL 布置在管廊上部区域，两回 GIL 采用垂直布置，分开布置在管廊两侧，中心间距按满足单轨单通道运输空间预留；500kV 电缆线路敷设在下层区域，分腔体布置，并在中间区域设置人员巡视通道。

按照特高压 GIL 设备外形尺寸，考虑安装维修，结合远景 500kV 电缆布置、管廊结构和通风等辅助设施要求，管廊断面最终确定外径 11.6m，内径 10.5m。

# 第五章 电 气 设 计

苏通GIL综合管廊工程电气设计与传统的输变电工程存在较大的区别，需要根据特高压GIL管廊隧道的结构特点，结合GIL设备特性、安装运输、运行需求等多方面因素进行全方位综合研究，形成苏通GIL综合管廊工程特有的电气设计方案。

苏通 GIL 综合管廊工程的电气设计由华东院负责，主要包含电气接线、主设备选择、绝缘配合、设备布置、系统及电气二次、系统通信、接地、配电系统、照明、电缆敷设及防火等内容。

## 第一节 电 气 一 次

### 一、建设规模及电气主接线

苏通GIL综合管廊工程在淮南—南京—上海1000kV特高压交流输变电工程大跨越位置建设两回1100kV GIL，额定电流6300A，GIL单回长度约5.7km；GIL布置在管廊内，穿越长江，两端与原特高压线路连接，分别引接至1000kV泰州变电站和1000kV苏州（东吴）变电站。

根据系统接入要求和研究成果，每回 GIL 两侧配置避雷器和感应电流快速释放装置；根据二次保护要求，GIL两侧配置常规电流互感器和电压互感器；感应电流快速释放装置、电流互感器和电压互感器均内置于GIL中。

电气接线图详见图5-1。

### 二、绝缘配合

（一）绝缘水平

从 GIL 雷电侵入波防护及限制故障清除过电压角度考虑，工程 GIL 两端均装设避雷器，避雷器额定电压为828kV，操作冲击残压和雷电冲击残压分别不大于1460kV和1620kV。

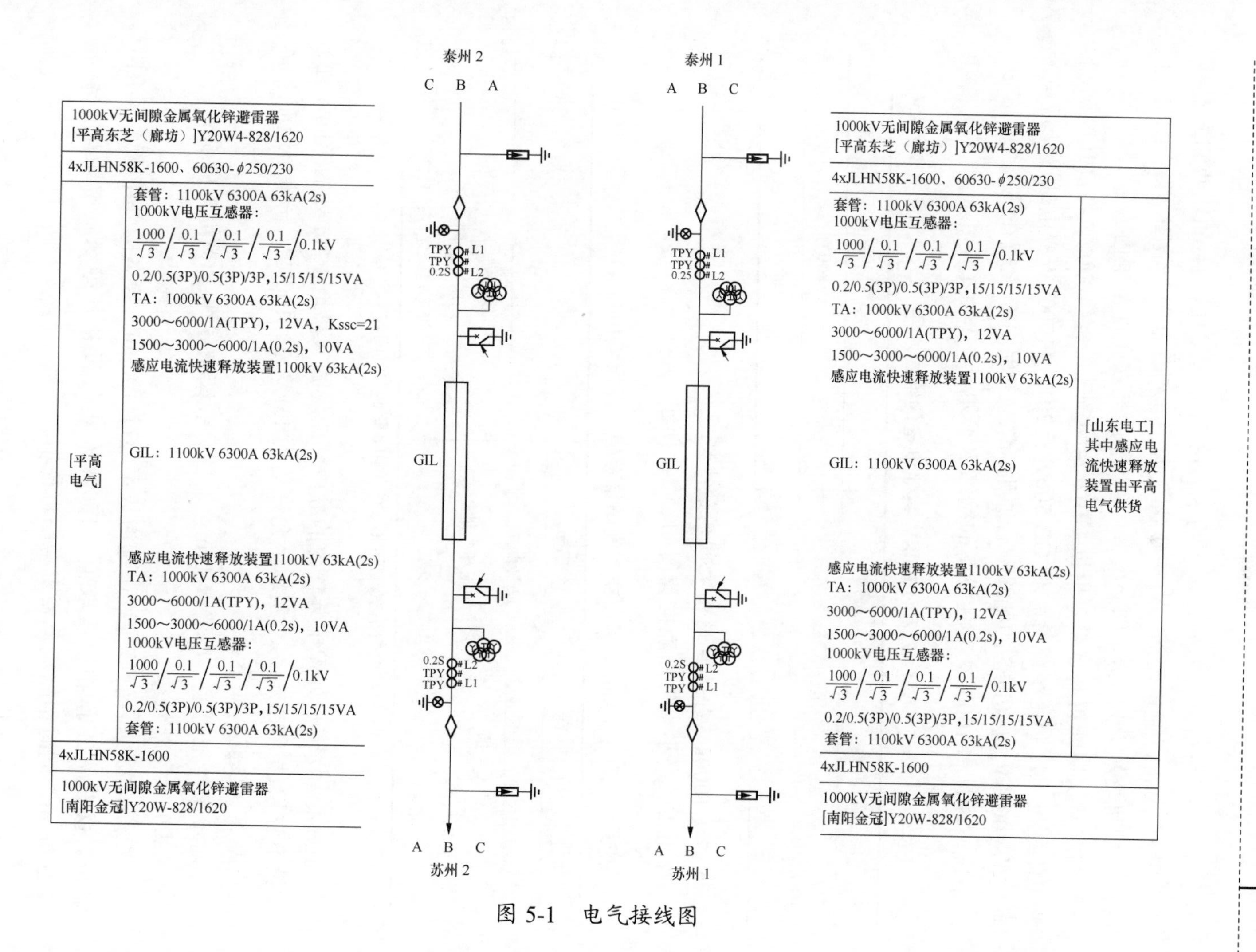

泰州 2
C B A
1000kV无间隙金属氧化锌避雷器
[平高东芝（廊坊）]Y20W4-828/1620
4xJLHN58K-1600、60630-$\phi$250/230
套管：1100kV 6300A 63kA(2s)
1000kV电压互感器：
$\frac{1000}{\sqrt{3}}/\frac{0.1}{\sqrt{3}}/\frac{0.1}{\sqrt{3}}/\frac{0.1}{\sqrt{3}}/0.1kV$
0.2/0.5(3P)/0.5(3P)/3P,15/15/15/15VA
TA：1000kV 6300A 63kA(2s)
3000～6000/1A(TPY)，12VA，Kssc=21
1500～3000～6000/1A(0.2s)，10VA
感应电流快速释放装置1100kV 63kA(2s)
[平高电气]
GIL：1100kV 6300A 63kA(2s)
感应电流快速释放装置1100kV 63kA(2s)
TA：1000kV 6300A 63kA(2s)
3000～6000/1A(TPY)，12VA
1500～3000～6000/1A(0.2s)，10VA
1000kV电压互感器：
$\frac{1000}{\sqrt{3}}/\frac{0.1}{\sqrt{3}}/\frac{0.1}{\sqrt{3}}/\frac{0.1}{\sqrt{3}}/0.1kV$
0.2/0.5(3P)/0.5(3P)/3P,15/15/15/15VA
套管：1100kV 6300A 63kA(2s)
4xJLHN58K-1600
1000kV无间隙金属氧化锌避雷器
[南阳金冠]Y20W-828/1620
TPY L1
TPY
0.2S L2
GIL
0.2S L2
TPY
TPY L1
A B C
苏州 2
泰州 1
A B C
TPY L1
TPY
0.25 L2
GIL
0.2S L2
TPY
TPY L1
A B C
苏州 1
1000kV无间隙金属氧化锌避雷器
[平高东芝（廊坊）]Y20W4-828/1620
4xJLHN58K-1600、60630-$\phi$250/230
套管：1100kV 6300A 63kA(2s)
1000kV电压互感器：
$\frac{1000}{\sqrt{3}}/\frac{0.1}{\sqrt{3}}/\frac{0.1}{\sqrt{3}}/\frac{0.1}{\sqrt{3}}/0.1kV$
0.2/0.5(3P)/0.5(3P)/3P,15/15/15/15VA
TA：1000kV 6300A 63kA(2s)
3000～6000/1A(TPY)，12VA
1500～3000～6000/1A(0.2s)，10VA
感应电流快速释放装置1100kV 63kA(2s)
GIL：1100kV 6300A 63kA(2s)
[山东电工]
其中感应电流快速释放装置由平高电气供货
感应电流快速释放装置1100kV 63kA(2s)
TA：1000kV 6300A 63kA(2s)
3000～6000/1A(TPY)，12VA
1500～3000～6000/1A(0.2s)，10VA
1000kV电压互感器：
$\frac{1000}{\sqrt{3}}/\frac{0.1}{\sqrt{3}}/\frac{0.1}{\sqrt{3}}/\frac{0.1}{\sqrt{3}}/0.1kV$
0.2/0.5(3P)/0.5(3P)/3P,15/15/15/15VA
套管：1100kV 6300A 63kA(2s)
4xJLHN58K-1600
1000kV无间隙金属氧化锌避雷器
[南阳金冠]Y20W-828/1620


图 5-1 电气接线图

泰州—东吴（苏州）接入约 5.7km 特高压 GIL，且 GIL 两侧配置额定电压为 828kV 避雷器后，对于线路合闸、单相重合闸及故障清除操作过电压，GIL 两端最大为 1.6（标幺值），避雷器能耗在允许范围内。

结合避雷器配置和参数，根据 GB/T 24842—2018《1000kV 特高压交流输变电工程过电压和绝缘配合》和 GB 50697—2011《1000kV 变电站设计规范》确定的 1000kV 电气设备的绝缘配合原则，考虑工程 GIL 设置在线路中间的实际情况，GIL 和 1000kV 其他设备的绝缘水平如表 5-1 所示。

**表 5-1　GIL 和 1000kV 其他设备的绝缘水平**　（kV）

|  |  |
|---|---|
| 1min 工频耐受电压（方均根值） | 1150 |
| 操作冲击耐受电压（峰值） | 1800 |
| 雷电冲击耐受电压（峰值） | 2400 |

（二）1000kV 导体至地面之间的最小距离

1000kV 最小空气间隙推荐值如表 5-2 所示。

**表 5-2　1000kV 最小空气间隙推荐值（海拔≤1000m）**　（m）

| $A_1$ | | $A_2$ |
|---|---|---|
| $A_1'$ | $A_1''$ | |
| 四分裂导线—地<br>管形母线—地<br>6.80 | 均压环—地<br>7.5 | 四分裂导线之间：9.2<br>均压环之间：10.1<br>管形母线之间：11.3 |

注　$A_1$（$A_1'$、$A_1''$）—相对地最小空气间隙；$A_2$—相间最小空气间隙。

1000kV 交流户外配电装置内的静电感应场强（离地 1.5m 处的空间场强）一般不应超过 10kV/m，个别地区允许达到 15kV/m。1000kV 导体至地面之间最小距离（*C* 值）如下。

对单根管形母线：*C* 值取 17m；对四分裂架空导线：*C* 值取 19.5m。

（三）设备外绝缘

苏通 GIL 综合管廊工程站址海拔不超过 1000m，设备的外绝缘水平不需修正。按最高工作相电压取值，1000kV 电气设备外绝缘爬电距离不小于 32 200mm，同时根据规范要求考虑直径增大系数。

## 三、主要设备选择

（一）1000kV 电气设备的一般技术条件

（1）标称电压：1000kV。

（2）额定频率：50Hz。

（3）设备额定电流：≥回路持续工作电流。

（4）导体长期允许载流量：≥导体回路持续工作电流。

（5）短路电流水平：按 63kA 考虑。

（6）高度：≤1000m。

（7）环境温度。

1）最高气温：40℃。

2）最低气温：−15℃（管廊外）/5℃（管廊内）。

3）最大日温差：25K（管廊外）/10K（管廊内）。

（8）风速：百年一遇离地 10m 高 10min 平均最大风速 32m/s，设备厂家应依照设备实际安装高度对风速进行折算；管廊内取 12m/s。

（9）覆冰厚度：10mm。

（10）地震烈度：7 度，按 8 度设防。

（11）污秽等级：*d* 级。

（12）电晕及无线电干扰允许水平。在 1.1 倍工作电压下，户外晴天无可见电晕，无线电干扰电压不应大于 500μV。

（二）系统对电气参数要求

1. 额定电流

根据 1000kV 泰州—苏州（东吴）特高压交流线路的输电能力要求，GIL 的额定电流能力按 6300A 考虑。

2. 短路电流

本期工程通过 GIL 的单相、三相短路电流均小于 13kA。即使远期苏州（东吴）变电站 1000kV 侧短路电流水平上升到 63kA，由于 GIL 至苏州（东吴）变电站之间存在 65km 架空线，可将通过 GIL 的单相短路电流、三相短路电流限制在 31.5kA 以内。

3. 额定电压

工程线路空载运行时以线路首末端电压均不超过 1100kV 为限制条件，计算得到 GIL 最高运行电压为 1114kV；线路空充时，以线路首端电压不超过

1100kV 为限制条件，计算得到特高压 GIL 最高运行电压为 1133kV。因此，GIL 的额定电压取 1100kV，设备允许的长期运行电压按不低于 1133kV 考虑。

4. 潜供电流和恢复电压

泰州—苏州（东吴）特高压同塔双回输电线路接入 5.7km 特高压 GIL 以后，在双回线路输送潮流 10 000MW、单回线路（$N-1$）输送潮流 7000MW 条件下，潜供电流最大 34A，恢复电压最大 74kV，不影响单相重合闸功能的使用。

5. 工频过电压

泰州—苏州（东吴）特高压同塔双回输电线路长约 340km，采用 5.7km 特高压双回路 GIL 跨越长江。340km 架空长线中的 5.7km GIL 对甩负荷工频过电压影响很小，GIL 两端工频过电压最大 1.35（标幺值）。在工程高压电抗器及小电抗配置下，泰州—苏州（东吴）特高压同塔双回输电线路接入 5.7km GIL，非全相运行时断开相电压低于 95kV，不会出现工频谐振现象。

6. 操作过电压

工程 GIL 两侧均配置额定电压为 828kV 避雷器后，泰州—苏州（东吴）特高压同塔双回输电线路接入 5.7km GIL，且 GIL 两侧配置额定电压为 828kV 避雷器后，对于线路合闸、单相重合闸及故障清除操作过电压，GIL 两端最大 1.6（标幺值），避雷器能耗在允许范围内。

7. 感应电压和感应电流

对于与同塔双回架空线路混架的条件下，GIL 内部单相故障，线路保护切除故障线路后，由于同塔双回架空线路的耦合作用，在故障相仍可能存在感应引起的故障电流。因此，在 GIL 两侧设置感应电流快速释放装置，在线路保护切除 GIL 内部故障后，尽快关合 GIL 两侧释放装置，以彻底消除故障点电流。

1100kV GIL 快速释放装置切感应电流能力详见表 5-3。

**表 5-3　感应电流快速释放装置切感应能力计算（有效值）**

| 输送容量 | 容性电压（kV） | 容性电流（A） | 感性电压（kV） | 感性电流（A） |
|---|---|---|---|---|
| 1100kV，空载 | 77.4 | 34 | 2.8 | 54 |
| 1050kV，3.4kA，6000MW | 87.9 | 38 | 18.8 | 354 |
| 1050kV，3.4kA，10 500MW | 97.6 | 43 | 37.7 | 757 |

（三）1100kV GIL

1. 绝缘介质

结合现有研究成果和设备制造能力，同时考虑工程安全可靠实施，苏通GIL综合管廊工程采用纯$SF_6$气体绝缘GIL产品。

2. 额定参数

苏通GIL综合管廊工程1100kV GIL额定参数如表5-4所示。

表5-4　　GIL 额定参数表

| 参数名称 | 数值 |
|---|---|
| 额定电压 | 1100kV |
| 允许持续运行电压 | 1133kV |
| 额定电流 | 6300A |
| 1min工频耐受电压 | 1150kV |
| 操作冲击耐受电压 | 1800kV |
| 雷电冲击耐受电压 | 2400kV |
| 额定短时耐受电流 | 63kA |
| 额定短路持续时间 | 2s |
| 额定峰值耐受电流 | 170kA |

（四）避雷器

苏通GIL综合管廊工程GIL两端采用敞开式避雷器，额定电压828kV，持续运行电压提高至1150/1.732＝664kV，电压分布不均匀系数为1.10。

（五）电流互感器和电压互感器

根据系统和二次保护需求，考虑故障定位，苏通GIL综合管廊工程在GIL两侧同时装设电流互感器和电压互感器。

1. 电流互感器

采用电磁式电流互感器，装设在GIL内，参数如下。

（1）额定电流：6300A。

（2）额定变比和保护级：0.2S级：1500～3000～6000/1A；TPY级：3000～6000/1A。

2. 电压互感器

采用电磁式电压互感器，装设在GIL内，参数如下。

（1）额定一次电压：1000/ $\sqrt{3}$ kV。

（2）电压比：1000/ $\sqrt{3}$ /0.1/ $\sqrt{3}$ /0.1/ $\sqrt{3}$ /0.1/ $\sqrt{3}$ /0.1kV。

（3）二次绕组额定容量及准确级次：

1）主 1 号绕组：10VA/0.2 级。

2）主 2、3 号绕组：10VA/0.5（3P）、0.5（3P）级。

3）剩余电压绕组：10VA/3P 级。

（六）感应电流快速释放装置

在 GIL 与同塔双回架空线路混合架设的条件下，当 GIL 内部单相故障，线路保护切除故障线路后，由于同塔双回架空线路的耦合作用，在故障相仍可能存在感应引起的故障电流。因此，在 GIL 两侧配置感应电流快速释放装置，线路保护切除 GIL 内部故障后，尽快关合 GIL 两侧释放装置，彻底消除故障点电流。

因此，每回 GIL 两侧考虑配置感应电流快速释放装置（容性感应电流/电压 50A/180kV，感性感应电流/电压 800A/40kV），感应电流快速释放装置安装在 GIL 内部。

## 四、管廊内电气布置

（一）管廊隧道断面及电气设备布置设计

根据系统整体方案研究，考虑远景发展，苏通 GIL 综合管廊工程管廊内在本期工程建设两回 1100kV GIL 管线，同时预留系统过江通道，预留通道按布置两回 500kV 电缆设计。

1. 特高压 GIL 外形尺寸

特高压 GIL 主要结构和参数如表 5-5 所示。

**表 5-5　　特高压 GIL 主要结构和参数表**

| 序号 | 参数名称 | 单位 | 参数值 |
|---|---|---|---|
| 1 | 标准直线单元母线长度 | m | ≤18 |
| 2 | 标准直线单元母线吊装长度 | m | ≤18.6 |
| 3 | 壳体连接方式 | — | 法兰连接 |
| 4 | 壳体外径 | mm | ≤900 |
| 5 | 波纹管法兰外径 | mm | ≤1400 |
| 6 | 单位长度发热功率（6300A） | W/m | ≤250 |
| 7 | 标准气室长度 | m | 108 |

2. 管廊断面及布置

为充分利用圆形隧道的空间且便于运输，两回特高压 GIL 管线采用垂直布置，常见的布置方式主要有 GLI 分开布置在隧道两侧和集中布置在隧道中央，如图 5-2 所示。

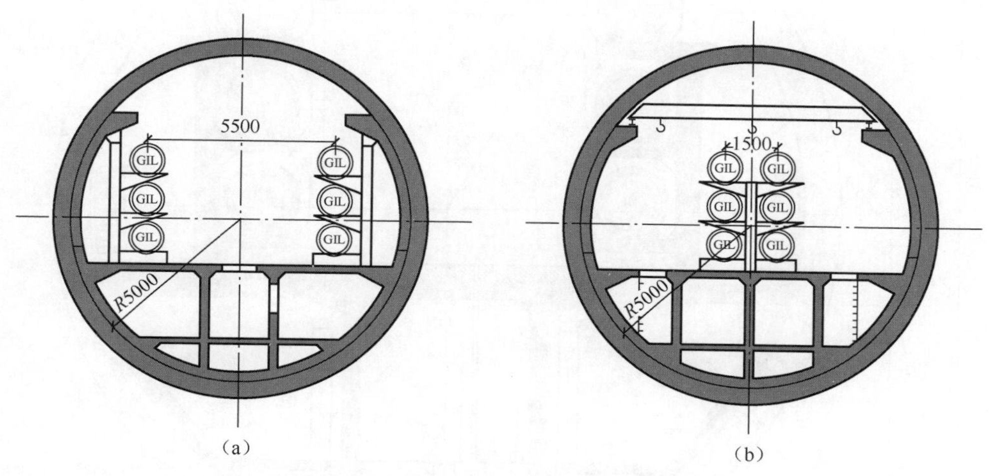


图 5-2 GIL 布置方案对比示意图

（a）方案一；（b）方案二

由于 1100kV GIL 单个单元的尺寸较大，运输需求和成本较高，方案一相较方案二可以共用中间运输和检修通道，考虑到 GIL 运输安装和检修维护的便捷性，两回 GIL 垂直布置，分开布置在管廊两侧，中心间距按满足单通道预留。

为充分利用圆形隧道空间，GIL 管廊内预留两回 500kV 电缆线路，设计方案考虑 GIL 布置在管廊上部区域，500kV 电缆线路敷设在下层区域，分腔体布置，并在中间区域设置人员巡视通道。

按照特高压 GIL 设备外形尺寸，考虑安装维修，结合远景 500kV 电缆布置、管廊结构和通风等辅助设施要求，管廊外径 11.6m、内径 10.5m。管廊内 GIL 及其他设备布置如图 5-3 所示。

整个隧道主要分隔成 4 个腔体，其中上部设置 1 个大上腔体，下部则分隔成 3 个小腔体。

上腔体布置两回 1000kV GIL 线路，GIL 设备采用两侧对称布置，中间通道作为运输和检修通道，顶部设置自动运行维护机器人装置、灯具等辅助设施，贴近管廊壁侧设置隧道动力和辅助系统电缆桥架，每间隔 100m 在靠近管廊壁

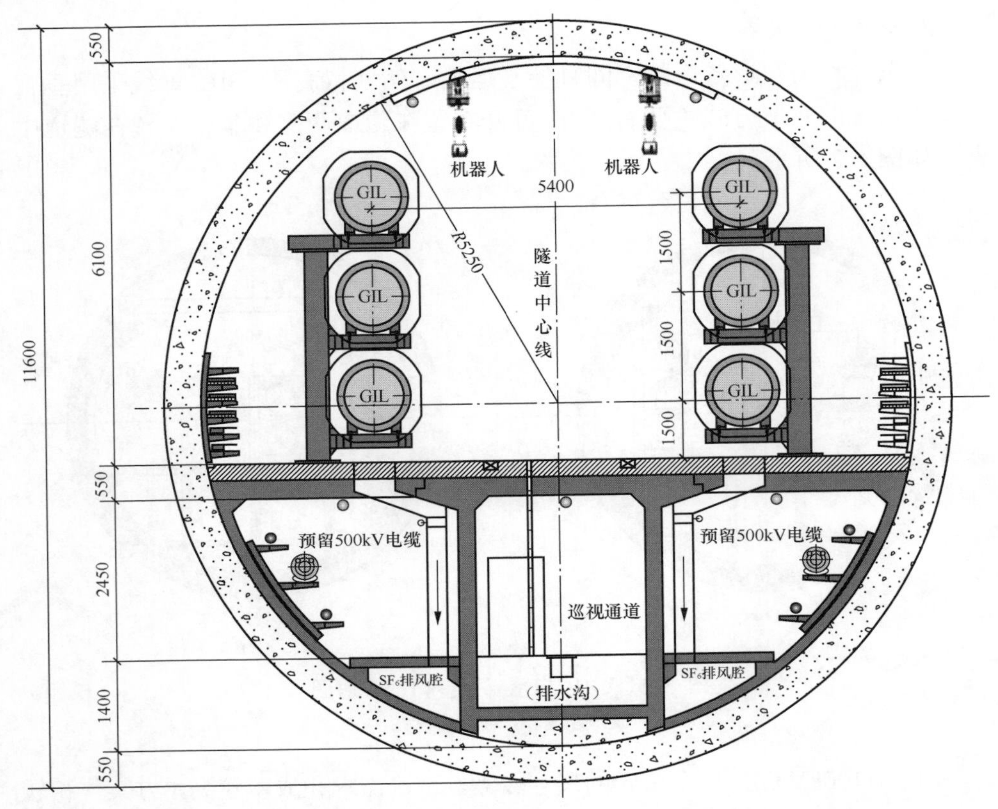


图 5-3 管廊内 GIL 及其他设备布置图

侧左右各设置 1 个上下联通的电缆通道，每间隔 500m 在隧道两侧和中间各设 1 个上下联通的人员通行通道。

下腔左侧和右侧腔体分别用于远景两回 500kV 电缆线路，为充分利用空间，在预留 500kV 电缆腔底部设置便于通行的平板，底部隔出的空间作为 GIL 泄漏 $SF_6$ 气体排风腔使用，每间隔 100m 在 GIL 管线下方设置 2 根直通 $SF_6$ 排风腔的风管，作为排除 $SF_6$ 泄漏气体的辅助手段；中间腔体作为隧道动力和辅控系统的屏柜布置区和巡视区，屏柜单独布置于中间腔西侧，东侧则作为巡视通道。

(二) GIL 布置尺寸确定

1. GIL 相间距离和离地距离

根据特高压 GIL 设备研发成果，GIL 对接法兰、波纹管法兰外径约 1080mm 和 1400mm，考虑安装空间，GIL 相间距离取值不小于 1500mm，最低一相距离地面不小于 980mm，波纹管采用错位三角布置方案。

2. 两回 GIL 间距

工作井内 GIL 安装主要通过地面房间的行车进行，中间区域根据需要设置平台，自下而上安装。

苏通 GIL 综合管廊工程 GIL 管线长，安装对接面多，工期紧、精度要求高，隧道内操作空间小，对机具使用限制条件多。为提高 GIL 安装效率，防止 GIL 被碰撞损坏，应尽可能减少管廊内的人工安装调整工作量。管廊内采用特制运输车作为管线运输和就位的专用工具，运输车采用轨道液压车，保证了 GIL 设备的就位精度。GIL 运输车将 GIL 管线就位后，采用专用的安装小车完成 GIL 母线对接工作，实行就位安装分离设计，分开作业。GIL 水平段通过地面引接站房间内行车下放至轨道运输车，进行 GIL 运输与管线预就位，然后通过安装小车进行管道精准对接，全程实现自动化机器操作。

两回 GIL 中间空间尺寸按单通道运输安装设计，轨道车可以有效限制运输车的运输宽度需求。根据运输机具厂家研发结果，按标准段 3 根 GIL 管线垂直一起运输，考虑运输机具、GIL 管线外形尺寸以及运输过程中可能存在的晃动，中间运输断面校验尺寸为 4000mm × 4800mm（宽 × 高），如图 5-4 所示。

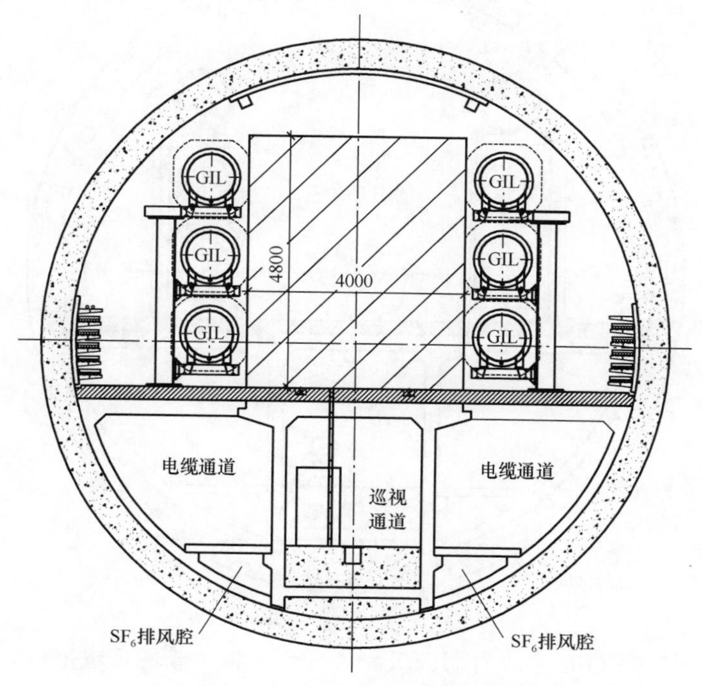


图 5-4 管廊断面运输尺寸校验图

根据上述校验，单通道方式下，考虑 GIL 波纹管，两回 GIL 水平中心距不应小于 5400mm。

根据运输安装课题研究成果，GIL 管廊内侧区域普通区域预留了不小于 400mm 的空间，对于特殊伸缩节区域可以采用特殊液压扳手，但空间不小于 260mm，从而保证人员和安装扳手的顺利操作。管廊内安装尺寸如图 5-5 和图 5-6 所示。

图 5-6 中，管廊内侧区域最上层 GIL 安装净空约为 585mm，伸缩节区域约为 330mm；考虑到管廊存在弧形线位部分，局部 GIL 管线距离管廊内壁比图 5-6 更近。根据实际产品尺寸和三维布置核实，在水平弧线段通过优化伸缩节布置方案最小区域可以满足 290mm 的理论设计值。因此，两回 GIL 管线中心距取 5400mm（该取值同时满足运输宽度不小于 4000mm 的要求），同时，GIL 安装地面距离管廊顶为 6100mm。

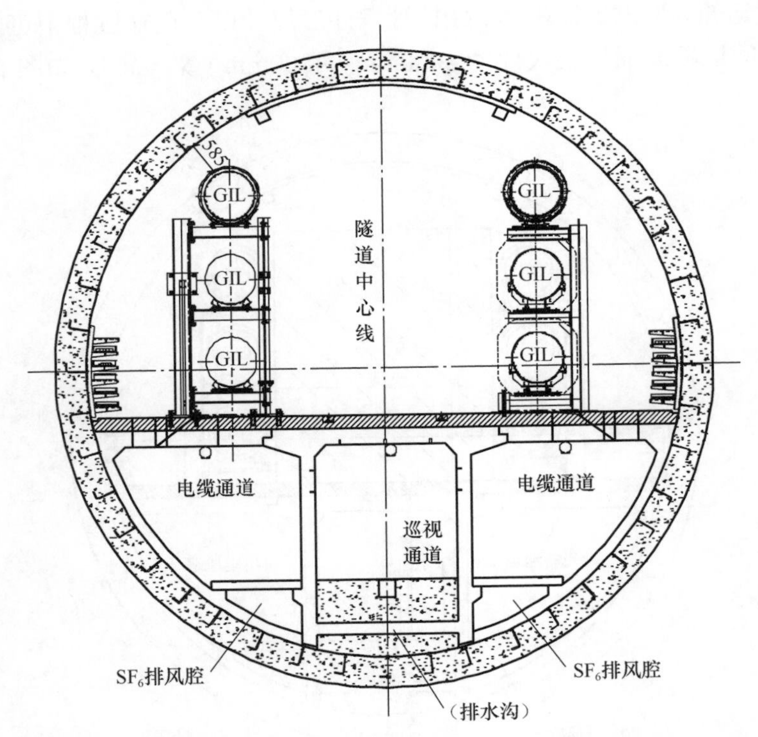


图 5-5 GIL 管廊内侧区域安装尺寸校验（普通区域校核）

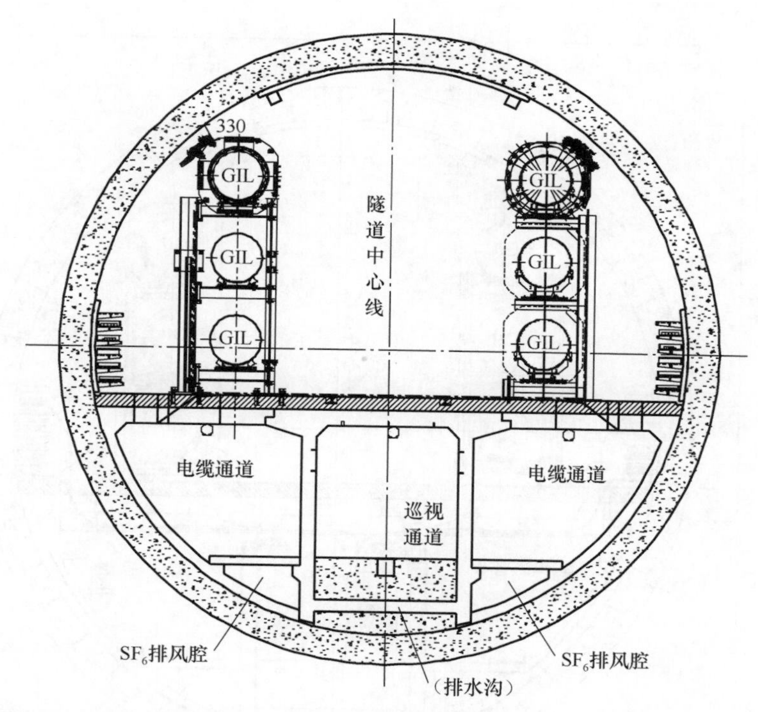


图 5-6　GIL 管廊内侧区域安装尺寸校验图（伸缩节区域校核）

3. 巡视通道尺寸

管廊巡视通道布置在 GIL 腔和远景电缆腔体的中间，下层腔体中间设置楼梯与上层 GIL 腔体连通，管廊动力配电箱、检修箱和其他二次箱体均考虑布置在楼梯纵向位置上，错位布置。

巡视通道为预制口子件，根据盾构厂家调研，考虑到口子件的高度和管片运输车尺寸，最终巡视通道宽度为 2.45m。

根据上部电缆引接吊架和电缆敷设转弯半径要求，动力配电箱上部需要约 900mm 的空间通道，因此，巡视通道的高度最终确定为 2450mm，如图 5-7 所示。

4. 远景 500kV 电缆通道布置尺寸

根据通风设计方案，预留电缆通道通过控制电缆载流量或采用辅助冷却系统满足隧道内温度和风速要求，电缆未安装前暂按巡视通道设置，同时布置 $SF_6$ 泄漏排放用的下吸风管，预留电缆及其接头布置在管廊内壁侧，下吸风管布置在巡视通道侧，如图 5-8 所示。远景电缆腔体考虑设置防火隔断，断面如图 5-9 所示。

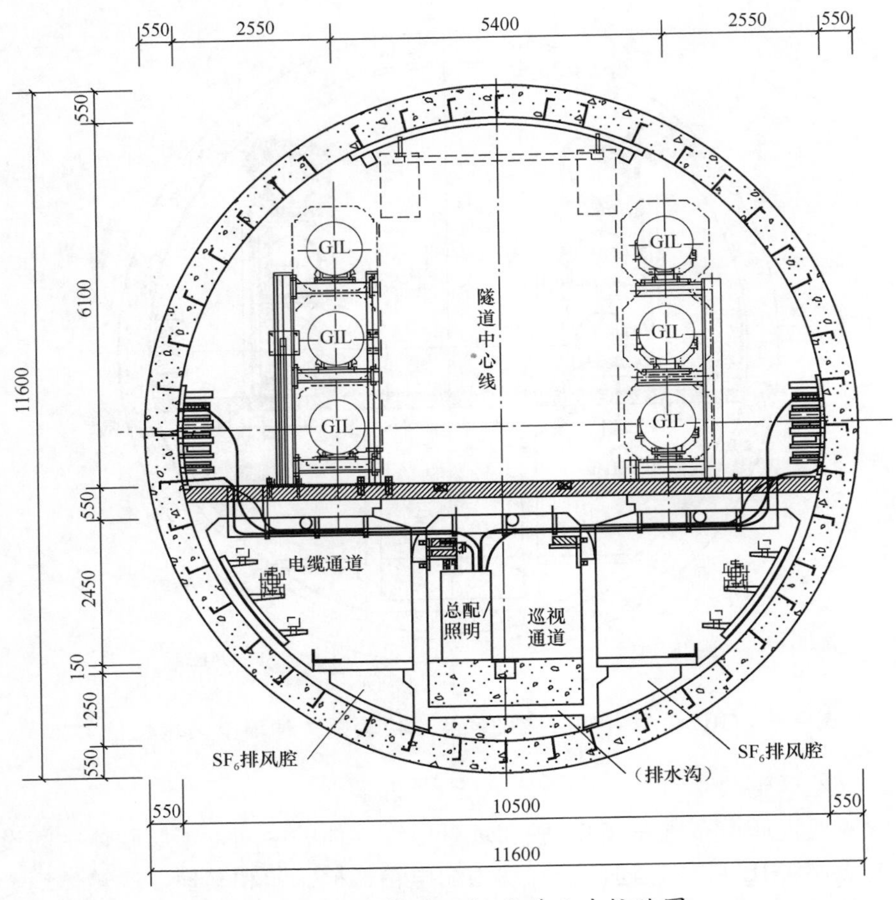


图 5-7 GIL 管廊巡视通道尺寸校验图

布置空间可以满足履带机和施工人员作业空间，以及运行巡视的相关要求。后期 500kV 电缆工程建设时，应详细论证技术方案，确定电缆敷设方式，采用合理的电缆敷设专用机具。

综上所述，管廊横断面内径确定为 10.5m。

## 五、配电系统

### （一）站用电源

考虑电压降和隧道空间限制，工程采用双端供电方式，两端地面引接站各为一个供电电源点，负责其中一段 GIL 管廊内的负荷供电，管廊内部不设置降压变压器。

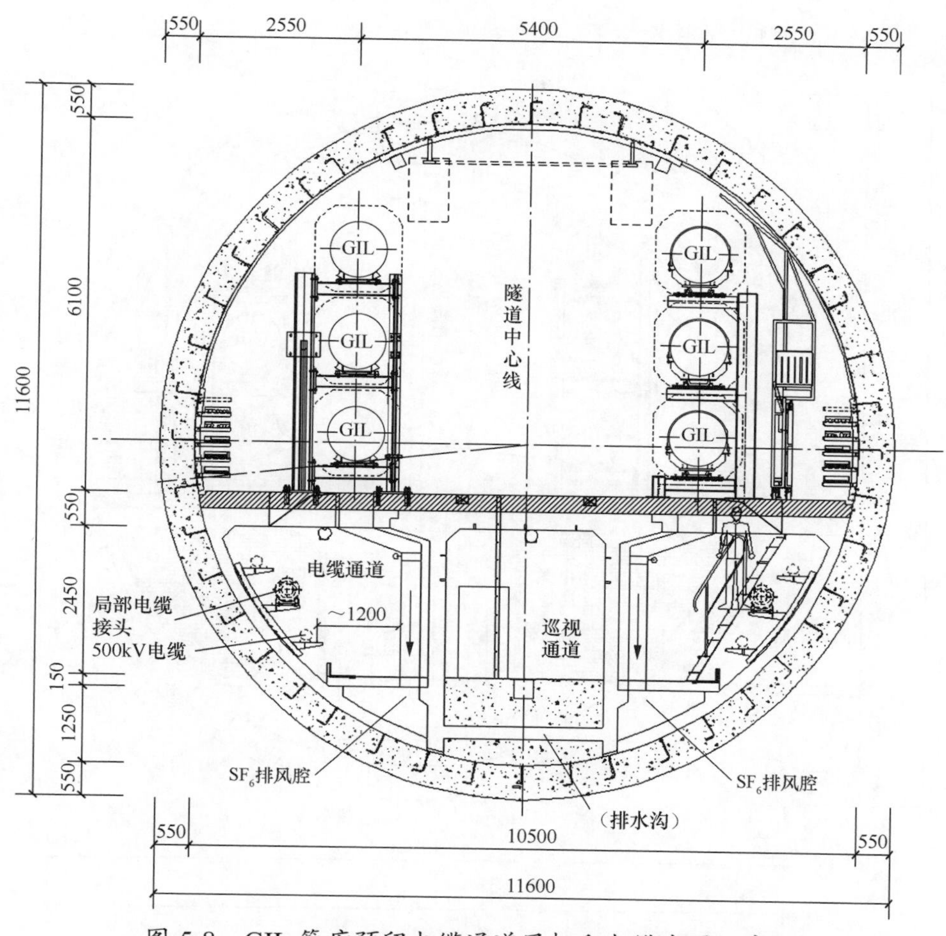


图 5-8　GIL 管廊预留电缆通道风机和电缆布置示意图

南岸引接站就近引接两回 35kV 站外电源。一回由站外 220kV 金桥变电站引接，电缆长度约为 1.6km，另一回由站外 220kV 周泾变电站引接，电缆长度约为 7.6km，架空线长度约为 2.3km。

北岸引接站就近引接 1 回 20kV 和 1 回 10kV 站外电源。20kV 电源由站外 220kV 海亚变电站引接，电缆长度约为 2.65km；10kV 电源由站外 110kV 通达变电站引接，电缆长度约为 7.86km。

（二）站用电系统

380V 站用电母线分为 2 段工作母线，站外电源通过电缆引入，经开关柜和站用变压器降压后分别接入两段 380V 工作母线。

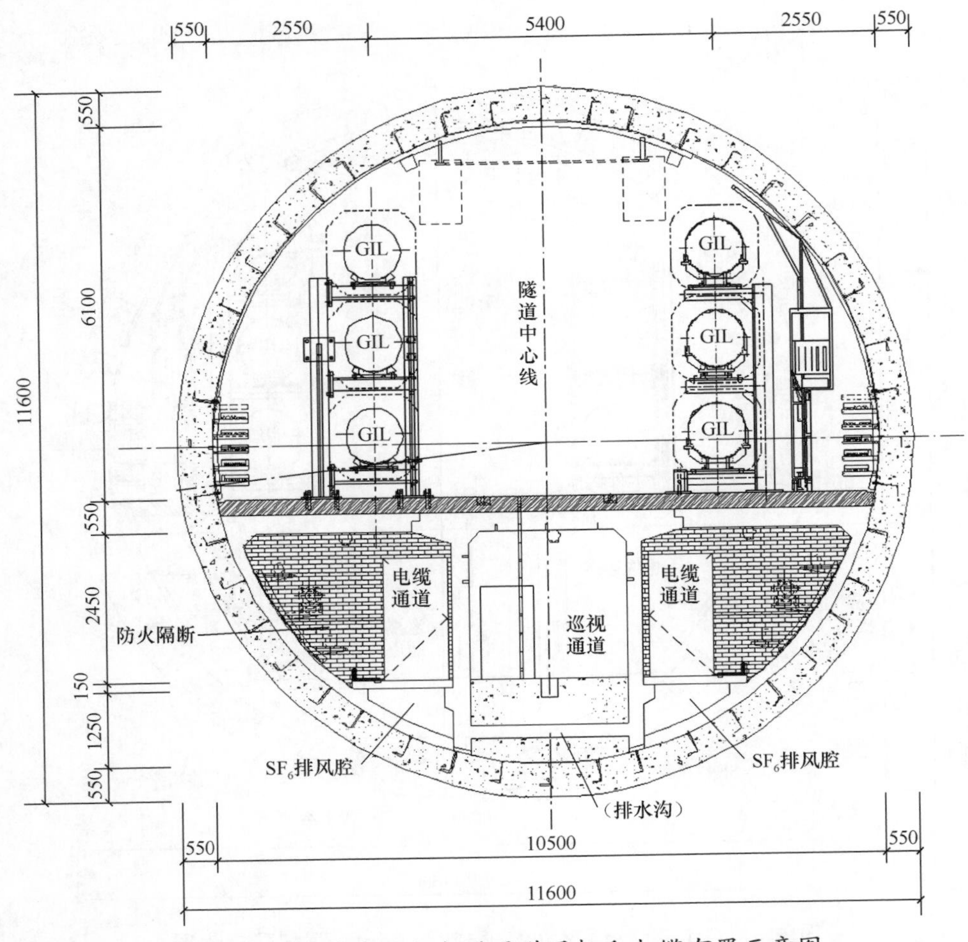


图 5-9　GIL 管廊预留电缆通道风机和电缆布置示意图

380V 工作母线采用单母线分段接线方式。每台变压器各带一段母线，同时带电分列运行。任何一回工作电源故障失电时，分段开关投入，由一台变压器带全部负荷。重要回路双回路供电，全容量备用。

站用电低压系统采用“T-N”系统，中性点直接接地，系统额定电压 380/220V。

由于管廊内负荷较为分散，为节省电缆数量，降低投资，根据负荷分布和压降情况在管廊内设置配电分屏或动力电源箱，站用电负荷根据管廊内不同区域就近取电。所有的风机、水泵、照明等重要负荷均由两段工作母线分别供电，在负荷侧自动投切。

### （三）站用变压器参数选择

经统计，站用电负荷约1822.5kVA，考虑远景设备的不确定性，站用变压器容量选择为2500kVA。

35kV变压器采用无励磁调压变压器，调压范围35（−2～+2）×2.5%/0.4kV；20kV变压器采用无励磁调压变压器，调压范围20（−2～+2）×2.5%/0.4kV；10kV变压器采用无励磁调压变压器，调压范围10（−2～+2）×2.5%/0.4kV。

### （四）配电屏回路配置及电缆选择

与一般变电站相比，苏通GIL综合管廊工程用电设备多且布置分散，并且由于GIL管廊较长，末端用电设备压降较为显著且末端单相短路电流小，整定保护困难。考虑到管廊内空间较为紧张，不适宜再增设降压变压器。因此，需要合理分配配电回路并适当增加电缆截面以减小压降。

以管廊纵向长度中心为分界点，南段由南岸引接站站用电系统供电，北段由北岸引接站站用电系统供电。南段和北段分别设置6个配电集中区域，配电区域间隔约500m布置，第一个配电区域距离管廊物理中心分界点250m，风机配电箱、照明配电箱、UPS电源柜、EPS电源柜和检修箱等集中布置。

全站电缆按照满足远端局部照明回路压降不超过10%，其余负荷回路压降均不超过5%的原则选择。同时末端风机、水泵回路增设接地故障保护，灵敏度要求也可满足。管廊内无须再设置降压变压器。

### （五）站用电设备布置

#### 1. 引接站设备布置

工程采用交、直流一体化电源系统，可以实现对全站的直流、交流、UPS、事故照明逆变电源等进行一体化设计、一体化配置、一体化监控。全站交流电源系统集中布置在站用电室，蓄电池、直流电源系统布置在二楼计算机室。

变压器采用户内干式设备，与低压开关柜一起布置在地面一层站用电室。南、北岸引接站高压开关柜各4面，布置在高压开关柜室，经电缆引接至站用变压器高压侧，站用变压器低压侧通过母线桥引接至低压开关柜，低压开关柜各15面。

#### 2. 隧道设备布置

GIL隧道全长约5468.545m，为便于标记和辨识，根据供电和屏柜布置情况，苏通GIL综合管廊工程考虑将整段隧道分成12个分区，隧道内屏柜集中布置在下腔中间巡视通道，按照分区原则，在每个分区中段位置设置12个屏柜集中区，全管廊内共设置了56面检修屏、24面分动力屏、12面总动力屏、

12 面故障定位屏、4 面通信屏、4 面 EPS 屏、8 面 UPS 屏和 24 面监控屏，所有屏柜安装方向一致，尺寸统一为 1500mm × 800mm × 600mm（高 × 宽 × 深），门轴方向要求面对柜前门，前门轴在右，把手在左，门的型式要求前门玻璃门，单开，后门可双开。

（六）检修设施及应急照明

1. 检修设施

管廊内在下腔中间巡视通道每隔 100m 设置 1 面检修电源箱，上腔则在 GIL 管线下方位置左右交替设置 63A 插座箱。

2. 应急照明

应急照明采用 EPS 切换电源柜供电。

根据应急照明灯的设置原则，每 30m 范围内共设置 5 盏灯。其中，上部 GIL 腔体设置 2 盏 36W 照明灯，下部 2 个电缆腔体和 1 个巡视腔体各设置 1 盏 12W 照明灯。每 200m 范围设置 1 只事故照明配电箱，实现 30 盏事故照明灯供电。每 1.5km 范围内配置 1 面 EPS 电源柜，容量 7.5kVA，用于 6 只事故照明配电箱的供电。

靠近北岸引接站 2.75km 范围内的 EPS 电源柜，直流电源进线由北岸引接站接入、交流电源进线由隧道内就近的一次动力电源箱接入；靠近南岸引接站 2.75km 范围内的 EPS 电源柜，直流电源进线由南岸引接站接入、交流电源进线由隧道内就近的一次动力电源箱接入。

## 六、防雷接地

（一）防雷

南岸引接站不设独立避雷针，全站共设置 4 根挂点高度为 58m 的避雷线和 1 根 70m 高构架避雷针，联合构成对户外电气设备、户外建筑及引线的直击雷保护。由于各建筑物均在避雷针/避雷线的保护范围内，故建筑物屋顶不设置避雷带。

北岸引接站不设独立避雷针，全站共 4 根挂点高度为 58m 的避雷线，构成对户外电气设备、户外建筑及引线的直击雷保护。由于各建筑物均在避雷线的保护范围内，故建筑物屋顶不设置避雷带。

（二）接地

南、北岸引接站围墙内 1m 范围设置水平主地网，竖井及管廊内通过 4 根铜排（上腔和下腔的铜排每隔 20m 与管廊内结构钢筋互联一次，管廊内钢筋要求全部可靠焊接连接）将两端地网连接起来，组成整个工程的主接地网。管廊内部接地干线和结构钢筋组成等电位的“法拉第笼”，基本处于等电位状态。

GIL 本体及套管处设置三相短接线，然后一点接入主地网，本体及支撑件多点接地，就近接入主地网。其他设备及金属构件均需接地，就近接入主地网。

1. 电阻率取值

工程管廊段接地利用管片内主钢筋作为自然接地装置，管片作为位于江底的混凝土结构，电阻率可以考虑为布置在湿土中的管片混凝土，考虑到工程的重要性，电阻率取值为 200Ω・m，且土壤考虑单层结构。

南、北岸引接站土壤采用分层建模的方法，电阻率按岩土实际测量结果取值。

2. 系统短路电流

按最严重短路方式计算站内发生接地短路时的地电位、接触电势和跨步电势值，根据系统资料，最大单相短路电流不超过 31.5kA，接地故障电流持续时间取 0.35s。

3. 接地装置材料选择

在每个引接站 1000kV 配电装置及工作井区域敷设方格网，埋深 −0.8m，北引接站接地网总面积约为 9648$m^2$，南引接站接地网总面积约为 9261$m^2$。

接地材料采用铜材，接地引下线考虑通过 100%接地短路电流，主接地网按通过 75%接地短路电流计算。参照常规特高压变电站和电缆隧道设计规范，1000kV 设备接地选用 50mm×4mm 铜排，水平接地体截面选用 120$mm^2$ 铜绞线，垂直接地体采用 2.5m，$\phi$14 铜覆钢棒，管廊内接地干线电缆腔采用 50mm×5mm 铜排，GIL 上腔采用 40mm×4mm 铜排。

4. 接触电势及跨步电势计算

GB/T 50065—2011《交流电气装置的接地设计规范》中接地网的计算方法通常只适用于常规的等间距地网和有规律的不等间距地网的计算，对于单独引接站地网的设计具有一定的指导意义，但苏通 GIL 综合管廊工程的接地网设计应将两岸引接站和管廊作为一个整体接地网考虑，对于这种特殊形状的接地网，采用 GB/T 50065—2011《交流电气装置的接地设计规范》中的计算方法会出现较大的偏差。

为得到更贴近实际的接地网计算结果，工程采用 CDEGS 仿真建模方法。

（1）南岸引接站短路分析。考虑南岸引接站发生短路时，南岸地网、过江隧道段、北岸地网组成的整体地网参与模拟计算。

CDEGS 软件计算所得接地系统阻抗、短路点地电位升（GPR）、接触电势最大值、跨步电势最大值如表 5-6 所示。

表 5-6 CDEGS 仿真结果表（南岸短路、考虑整体地网）

| | |
|---|---|
| 接地系统阻抗 | $0.060\,908\,44\angle 39.599\,17$ |
| 短路点地电位升（GPR） | 959.308 0V |
| 接触电势最大值 | 293.644V |
| 跨步电势最大值 | 68.306V |

在考虑整体地网的情况下，南岸引接站发生短路时，南岸引接站内区域接触电势允许值、跨步电势允许值均大于 CDEGS 算得的接触电势最大值、跨步电势最大值，详见表 5-7。因此，整体地网的设计方案在南岸引接站发生短路情况下满足安全要求。

表 5-7 接地设计控制条件校验表（南岸短路、考虑整体地网） （V）

| 参数 | CDEGS 计算值 | 允许值 | | 是否满足 |
|---|---|---|---|---|
| | | 地面未铺碎石 | 地面铺 0.2m 碎石 | |
| 接触电势 | 293.644 | 305.32 | 1468.95 | 满足 |
| 跨步电势 | 68.306 | 340.26 | 5131.69 | 满足 |

（2）北岸引接站短路分析。考虑北岸引接站发生短路时，南岸地网、过江隧道段、北岸地网组成的整体地网参与建模计算。

CDEGS 软件计算所得整体地网阻抗、短路点地电位升（GPR）、接触电势最大值、跨步电势最大值如表 5-8 所示。

表 5-8 CDEGS 仿真结果表（北岸短路、考虑整体地网）

| | |
|---|---|
| 整体地网阻抗 | $0.062\,847\,98\angle 42.914\,78$ |
| 短路点地电位升（GPR） | 989.855 7V |
| 接触电势最大值 | 430.213V |
| 跨步电势最大值 | 139.735V |

北岸引接站发生短路时，北岸引接站内区域允许接触电势、允许跨步电势值均大于 CDEGS 算得的接触电势最大值、跨步电势最大值，详见表 5-9。因

此，整体地网的设计方案在北岸引接站发生短路情况下满足安全要求。

表 5-9　接地设计控制条件校验表（北岸短路、考虑整体地网）（V）

| 参数 | CDEGS 计算最大值 | 允许值 | | 是否满足 |
|---|---|---|---|---|
| | | 地面未铺碎石 | 地面铺 0.2m 碎石 | |
| 接触电势 | 430.213 | 581.47 | 1519.67 | 满足 |
| 跨步电势 | 139.735 | 1477.33 | 5340.89 | 满足 |

（3）过江隧道段短路。隧道段发生短路区别于两岸引接站发生短路的情况，工程设计取 $S_f=1$，$I_k=31.5$kA，即短路电流全部注入地网。选取短路点为过江隧道的中心点。仿真结果见表 5-10。

表 5-10　CDEGS 仿真结果表（过江隧道段短路、考虑整体地网）

| 接地系统阻抗 | $0.029\angle 46.07$ |
|---|---|
| 短路点地电位升（GPR） | 919.44V |

当隧道中的设备发生短路时，两岸引接站允许接触电势、允许跨步电势值均大于 CDEGS 算得的接触电势最大值、跨步电势最大值，详见表 5-11。因此，整体地网的设计方案在过江隧道中发生短路情况下满足安全要求。

表 5-11　接地设计控制条件校验表（过江隧道短路、考虑整体地网）（V）

| 参数 | CDEGS 计算最大值 | | 允许值 | | 是否满足 |
|---|---|---|---|---|---|
| | | | 地面未铺碎石 | 地面铺 0.2m 碎石 | |
| 接触电势 | 北岸 | 178.605 | 581.47 | 1519.67 | 满足 |
| | 南岸 | 70.171 | 305.32 | 1468.95 | 满足 |
| 跨步电势 | 北岸 | 30.346 | 1477.33 | 5340.89 | 满足 |
| | 南岸 | 10.336 | 340.26 | 5131.69 | 满足 |

5. 主要结论

根据上述分析，各种工况下接地电阻和地电位计算结果如表 5-12 所示。

表 5-12 接地电阻和地电位计算结果

| 项目 | 短路类型 | 计算结果 |
|---|---|---|
| 接地电阻（Ω） | 北岸短路 | 0.062 8 |
| | 南岸短路 | 0.060 9 |
| | 隧道内短路 | 0.029 |
| 地电位（V） | 北岸短路 | 959.308 0 |
| | 南岸短路 | 989.855 7 |
| | 隧道内短路 | 919.44 |

根据上述分析，各种情况下接地电阻和地电位计算结果如表 5-13 所示。

表 5-13 接地电阻和地电位计算结果验证 （V）

| 引接站 | 接触电势最大计算值 | 跨步电势最大值 | 接触电势允许值 | 跨步电势允许值 |
|---|---|---|---|---|
| 南岸 | 293.644 | 68.306 | 305.32 | 340.26 |
| 北岸 | 430.213 | 139.735 | 581.47 | 1477.33 |

根据表 5-13 数据分析结果，将管廊内和两岸引接站接地网作为一个整体考虑时，不论是接地电阻、地电位和接触跨步电势都可以满足规范要求，验证了设计方案的合理性。

管廊内部的接地干线和结构钢筋组成等电位的“法拉第笼”，基本处于等电位状态，接触电势和跨步电势满足要求。

从上述计算结果可以看出，各种工况下接地网的电位差均不超过 1000V，满足低压设备的安全运行要求。

另外，在两岸引接站经常维护、操作、检修的通道处敷设 0.2m 厚度的高电阻率碎石层，提高接触电势和跨步电势的允许值，同时采取以下措施防止高电位引出及低电位引入。

（1）采用铜绞线与二次电缆屏蔽层并联敷设。铜绞线至少在两端就近接地。铜绞线较长时，应多点接地。二次电缆屏蔽层两端应就近与铜绞线连接。铜绞线截面应满足热稳定要求。

（2）对通向变电站外的金属管道在所内、外交界处改用绝缘段。

（3）对通信设备等在接入变电站时采取一定的隔离高电压的保护措施。

## 七、隧道照明

（一）照度标准

参考电缆隧道设计标准，灯具配光应适合管廊内狭长照明区域的特点，并满足照度要求。管廊及管廊内内照明照度需满足：上腔主通道平均照度≥75lx；上腔电缆通道平均照度≥15lx；下腔巡视通道≥45lx；下腔电缆通道≥15lx。

（二）照明光源及灯具

管廊内的照明灯具选用防潮、防锈型，采用 LED 光源，GIL 腔体为可调光 LED 灯。灯具反射器经氧化处理，能有效地防止眩光；隧道照明灯具的截光保护角度为±70°，灯具安装后无论是对机车驾驶员或养护人员均不产生直接眩光。

灯具透光罩采用聚碳酸酯材料，透光性好。

各腔体内正常照明灯具由 380/220V 站用电屏供电，应急照明灯具由 EPS 专用电源屏供电，为提高人员通行安全，隧道内疏散标志自带蓄电池采用防爆型，电池持续工作时间不小于 120min。

所有灯具的功率因数按不低于 0.9 控制。

（三）照明灯具布置

管廊内的正常照明、应急照明灯具分别安装在上层和下层腔体顶部，上层 GIL 腔体内左右均匀布置，灯具间隔 5m，每隔 5 盏正常照明灯具布置 1 盏应急照明灯具；下层电缆腔体和巡视通道居中布置，灯具间隔 5m，每隔 5 盏正常照明灯具布置 1 盏应急照明灯具。

管廊内的正常照明、应急照明 LED 灯分别安装在上层和下层腔体顶部，上层 GIL 腔体内左右均匀布置，灯具 36W 间隔 5m，每隔 5 盏正常照明灯具布置 1 盏应急照明灯具，管廊壁侧间隔 12m 两侧布置 1 盏壁灯；下层电缆腔体和巡视通道居中布置，灯具 12W 间隔 5.33m，每隔 5 盏正常照明灯具布置 1 盏应急照明灯具。其中，电缆腔本期仅设置应急照明灯具，巡视通道局部屏柜灯具集中区考虑适当加密。

全管廊分 24 个区，每个区设置 2 个照明箱，每个照明箱约给南北两侧各约 125m 范围内灯具供电，每个照明箱的照明控制回路有 3 路，上腔左侧一路控制、上腔右侧一路控制和下腔一路控制。管廊内灯具全部通过南瑞的综合控制系统电脑后台实现远程控制。

疏散标志间隔 20m 布置，保证紧急情况下人员向两侧引接站撤离。

管廊内正常（应急）照明灯具布置如图 5-10 所示。

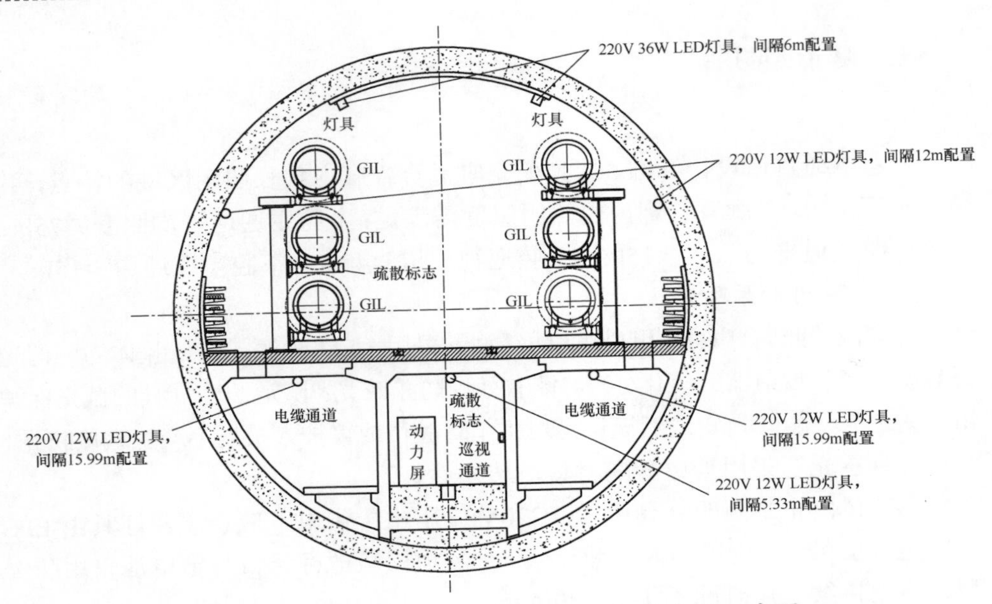


图 5-10 管廊内正常（应急）照明灯具布置示意图

参照典型隧道照明 LED 等配光曲线、照度计算结果表明，工作面照度比较均匀，GIL 腔体中间检修通道平均照度约为 84lx、下腔电缆腔体平均照度约为 41lx，下腔中间巡视通道平均照度约为 45lx，效果图如图 5-11～图 5-13 所示。

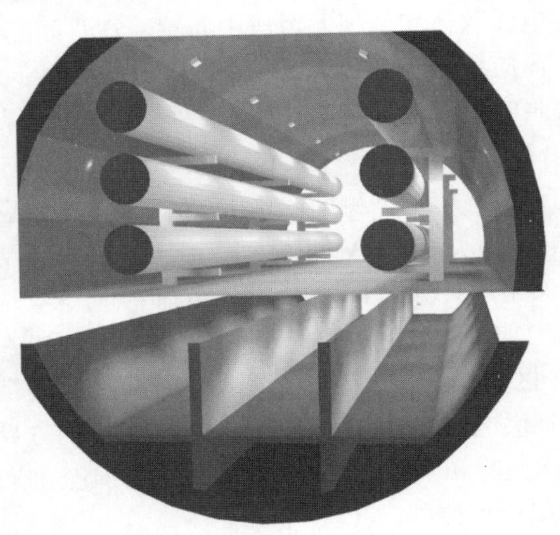

图 5-11 隧道照明效果图（一）

图 5-12 隧道照明效果图（二）

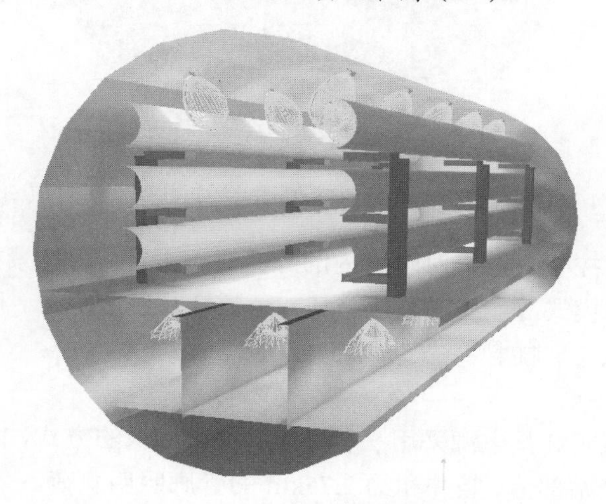

图 5-13 隧道照明效果图（三）

（四）照明控制

全管廊供电共划分为 12 个区域，每个区设置 2 个照明箱，每个照明箱向南北两侧各约 125m 范围内灯具供电，每个照明箱设 3 路照明控制回路，上腔左侧一路控制、上腔右侧一路控制和下腔一路控制。管廊内灯具全部通过综合控制系统电脑后台实现远程控制。

上下层腔体均为常规 LED 灯具，正常无人巡检时，仅应急照明灯具开启；

运行人员或机器人巡检时，巡检区域内灯具全部开启；当巡检人员或机器人离开后，灯具恢复至原先设定的正常工作状态。

仅应急照明灯具开启时的效果如图 5-14 所示。

图 5-14 管廊内照明效果 3D 视图（仅应急照明灯具开启）

通过综合监控平台系统对隧道内的灯具进行分组、分场景模式控制，设定节能模式、检修模式等，实现节能降耗，延长灯具使用寿命。同时，可以了解灯具工作运行状态、能耗状态、线路故障状态反馈等。

（五）照明供电

管廊正常照明灯具电源采用三相供电、单相接入的方式，两端电源系统分别考虑地面引接站部分、竖井和约 2.75km 的管廊照明负荷。管廊内每隔 250m 设置照明配电箱，配电箱两路电源接入，末端切换，实现双电源供电。

引接站和管廊内设置专用的 EPS 照明切换屏，为应急照明供电。

## 八、电缆敷设及防火

（一）隧道电缆敷设设计方案

根据隧道内下腔中间巡视通道的动力屏柜布置位置，综合考虑电缆的数量和长度，对管廊内的电缆通道进行规划，如图 5-15 所示。

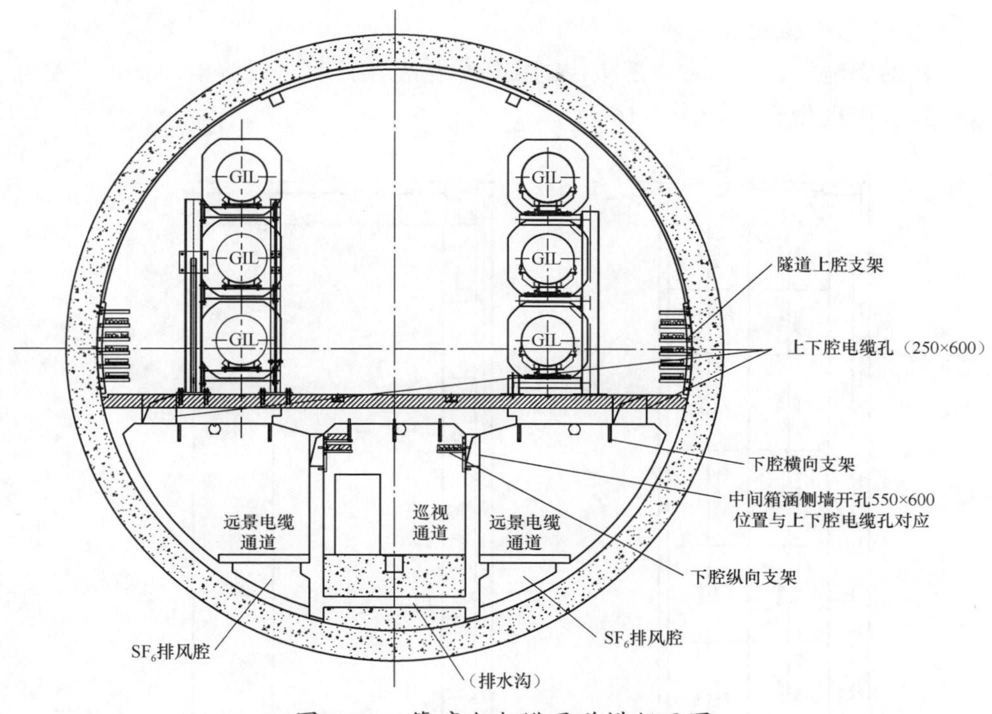


图 5-15　管廊内电缆通道横断面图

（1）上腔主电缆通道设计。隧道上腔在两侧各设置 2 排主支架，作为管廊内配电线路和控制通信线路的主通道，每排通道电缆支架层数在不同区域采用差异化设计方案，分别按照 4～6 层设计。

隧道下腔中间巡视通道两侧上方各设置一路电缆通道。

（2）隧道分支线槽通道设计。管廊内分支走线采用线槽方案，可以实现线槽紧贴管廊壁布置，紧贴顶板布置，对接方便，T 接处采用格兰头方便 T 接，安装完成后整体协调美观，可以根据辅助设备的布置情况提前设置干线。设计选用小型规格铝合金材质线槽。根据防火要求，线槽采用防火型材料。

（二）工作井内电缆敷设方案

工作井是 GIL 布置由隧道转成地面架空的主要转换建筑。为配合 GIL 安装，工作井的布置较常规户内变电站差异较大，井内设置了大量的辅助设施，如通风系统、行吊系统等。因此，工作井内的电缆敷设通道需要在有限的空间内进行详细设计优化。由于工作井与隧道直接连接，且槽盒使用量较少，工作井内统一采用防火型槽盒的敷设方案。

（三）电缆柜敷设方案

在站用电室、风机室、消防控制室等电缆密集区域，设置电缆柜，方便电缆敷设。电缆柜设计如图 5-16 所示。

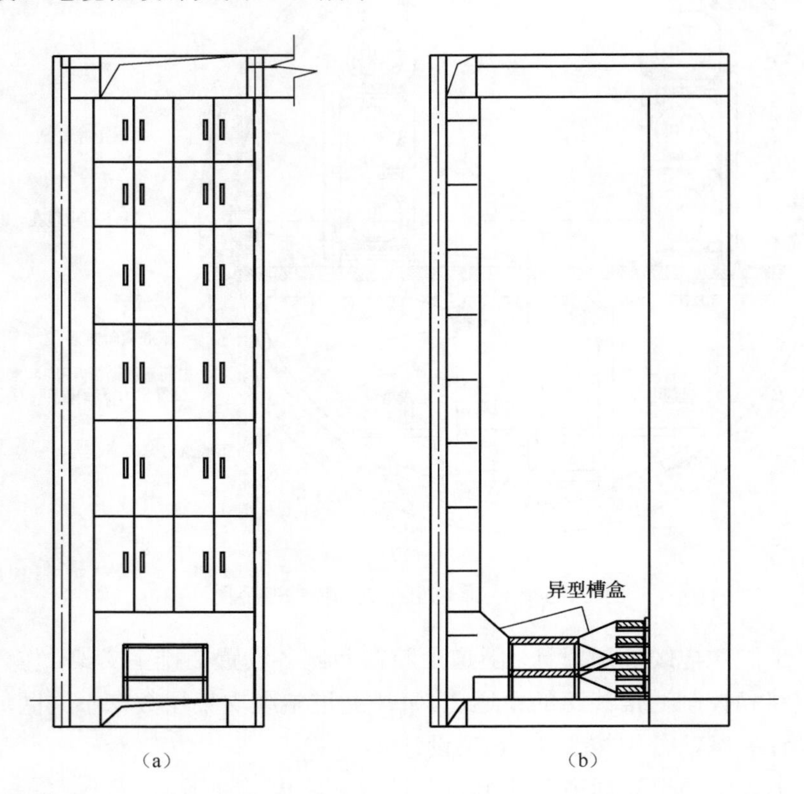


图 5-16　电缆柜设计示意图

（a）正视图；（b）侧视图

（四）电缆防火设计

本工程按 GB 50229—2019《火力发电厂与变电站设计防火标准》、DLGJ 154—2000《电缆防火措施设计和施工验收标准》、DL/T 5707—2014《电力工程电缆防火封堵施工工艺导则》设计电缆防火和封堵，防火封堵材料要求满足 GB 23864—2009《防火封堵材料》规范要求。

（1）动力电缆和控制电缆均采用阻燃电缆，隧道内采用 A 级阻燃电缆。

（2）户外电缆沟进入引接站辅助建筑物室内的入口处、电缆沟与电缆竖井连接处均需用阻火包、防火隔板、软质防火堵料封堵。

（3）对 LCP 柜、控制屏、保护屏、配电屏、端子箱、检修箱等底部开孔处和户外电缆沟开孔埋管处等应采用防火堵料进行封堵，防火隔离采用防火隔断。

（4）电缆贯穿隔墙、楼板的孔洞均应采用电缆防火封堵材料进行封堵。

（5）电缆保护管在电缆穿管敷设完毕后，保护管两端应用防火堵料封堵。

（6）隧道内电缆全封闭，无裸露，动力、控制电缆敷设在单独的专用防火不锈钢槽盒内。

（7）竖井中约每隔 7m 设置阻火隔层，耐火时限按 3h 考虑。

（8）所有封堵材料的耐火极限不应低于 1h，穿防火墙区域孔洞封堵耐火时限不小于 3h。防火隔墙和穿墙埋管两侧的电缆各 1.5m 范围内涂刷防火漆，厚度不小于 1mm。

（9）在电缆竖井及静电地板下敷设电缆处同时敷设感温探测电缆。

（10）在电缆沟、隧道及架空桥架中设置防火墙或阻火段，主要部位包括公用电缆沟、隧道及架空桥架主通道的分支处；多段配电装置对应的电缆沟、隧道分段处；长距离电缆沟、隧道及架空桥架相隔约 60m 处，或隧道通风区段处，厂、站外相隔约 200m 处；电缆沟、隧道及架空桥架至控制室或配电装置的入口、厂区围墙处。

（11）电缆中间接头处在两侧电缆各约 3m 区段和该范围并列的其他电缆上缠绕自黏性防火包带。

## 第二节　系统及电气二次

### 一、系统继电保护及安全自动装置

#### （一）1000kV 线路保护

泰州—东吴（苏州）1000kV 线路全线由 2 段架空线路与 1 段 GIL 线路组成，形成架空—GIL 混合线路，线路阻抗不均匀。全线任一处发生故障时，需判断是架空线路段发生故障还是 GIL 段发生故障。对线路保护的要求，一方面应对 GIL 段内的故障要尽快检测出，以便对故障部分 GIL 进行抢修使其尽快恢复运行；另一方面为了不致使 GIL 故障段扩大化，线路重合闸应被闭锁，不能让线路带有受损的 GIL 段进行重合，造成 GIL 再一次带电冲击。

本工程线路保护配置采用“大差动＋小差动”的方式。

1. 全线大差动保护

将泰州—苏州（东吴）全线路（包含两个架空段与一个 GIL 段）作为完整线路考虑，在泰州特高压变电站与苏州（东吴）特高压变电站按每回完整线路配置运用成熟的常规线路继电保护，每回线路配置 2 套保护。每套线路保护以分相电流差动保护作为全线速动的主保护，再配以三段式距离和零序电流保护作为后备保护。完整段线路保护的通道为双复用 2Mb/s 光纤通道。

全线的线路保护在泰州 1000kV 变电站一期工程及东吴（苏州）1000kV 变电站一期工程中配置。其中，第一套线路保护采用北京四方的 CSC103B＋CSC125A 型产品，第二套线路保护采用长园深瑞的 PRS753S＋PRS725S 型产品。

2. GIL 段小差动保护

在 GIL 段的两侧（北岸引接站、南岸引接站）按每回 GIL 线路配置 2 套线路保护装置，采用电流差动保护，作为完整线路保护的附加保护或辅助保护。差动保护采用双专用光纤芯通道。

同时，为了使 GIL 段发生故障时，能迅速跳开泰州特高压站与苏州（东吴）特高压站的断路器，在北岸引接站、南岸引接站、泰州特高压变电站、苏州（东吴）特高压变电站均配置远方信号传输装置。泰州特高压变电站、苏州（东吴）特高压变电站的远方信号传输装置，用于接收 GIL 段的远方信号传输装置信号，跳开泰州、苏州（东吴）特高压变电站相关断路器并闭锁重合闸；远方信号传输装置之间通信采用双复用 2Mb/s 光纤通道。

以第一回线路为例，差动保护及信号远传装置的配置情况如表 5-14 所示。

**表 5-14　　差动保护及信号远传装置的配置情况表**

| 站点 | 第一套保护配置 | 第二套保护配置 |
| --- | --- | --- |
| 泰州特高压变电站 | 北京四方<br>CSY-102AX 远方信号传输装置<br>JFZ-500J 操作接口装置 | 许继电气<br>WGQ-871F-G 远方信号传输装置<br>ZFZ-811/D 继电器操作箱 |
| 北引接站 | 北京四方<br>CSC-103AU-G 线路保护装置<br>CSY-102AX 远方信号传输装置 | 许继电气<br>WXH-803A-G 线路保护装置<br>WGQ-871F-G 远方信号传输装置 |
| 南引接站 | 北京四方<br>CSC-103AU-G 线路保护装置<br>CSY-102AX 远方信号传输装置 | 许继电气<br>WXH-803A-G 线路保护装置<br>WGQ-871F-G 远方信号传输装置 |
| 苏州（东吴）特高压变电站 | 北京四方<br>CSY-102AX 远方信号传输装置<br>JFZ-500J 操作接口装置 | 许继电气<br>WGQ-871F-G 远方信号传输装置<br>ZFZ-811/D 继电器操作箱 |

两回线路的保护配置，以及站间保护通道配置情况均相同。

3. 大差动与小差动的配合

当“大差动”动作、“小差动”不动作时，判断为架空段线路发生故障，此时为提高输电系统的可靠性，需进行重合闸。如果重合成功，则为瞬时性故障，恢复送电；如果重合不成功，则为永久性故障，断路器三相跳开，并闭锁重合闸。

当“大差动”与“小差动”均动作时，判断为 GIL 段发生故障，此时为保护 GIL 设备，不致使 GIL 故障段扩大化，断路器应三相跳开，并闭锁重合闸。

（二）故障测距装置

在泰州特高压变电站一期工程及苏州（东吴）特高压变电站一期工程中，已配置有泰州—苏州（东吴）全线路的故障测距装置，采用南瑞集团有限公司的 WFL2012 输电线路故障测距系统，该系统为基于双端行波测量原理的故障测距系统，采用复用 2Mb/s 光纤通道。

对架空—GIL 混合线路，采用双端故障测距时，由于全线路增加了两个连接端点（北岸、南岸引接站），在连接端点处会影响反射波与折射波的传输，对双端故障测距有影响。

本工程拆除了原泰州—苏州（东吴）全线路的故障测距系统，改为在两个架空段上配置故障测距，即在泰州—北岸引接站之间以及南岸引接站—苏州（东吴）之间配置故障测距系统。

泰州特高压变电站、北岸引接站，以及南岸引接站、苏州（东吴）特高压变电站，均配置 1 套故障测距装置，采用中电普瑞公司 WFL2012 输电线路故障测距系统。

两个架空段的故障测距通道采用复用 2Mb/s 光纤通道。

GIL 段的故障定位采用放电故障定位系统。

（三）故障录波装置

按照常规变电站的二次系统设计要求，北岸与南岸引接站各配置 1 面故障录波器柜，用于记录 GIL 段故障后的电压、电流波形、以及引接站中控制保护设备的动作信息。

故障录波采用山大电力的 WDGL-VI-G 微机电力故障录波监测装置。

（四）感应电流快速释放装置自动控制

1100kV GIL 内部的绝缘子发生沿面闪络或内部放电故障时，绝缘子上放电通道的绝缘不可恢复。虽然故障回路三相跳开，但由于同塔双回架空线路之间存在耦合作用，使故障回路上仍存在感应电压和感应电流，而线路两端位于泰州站和苏州（东吴）特高压变电站的出线快速接地开关不能自动合闸，因此绝缘子上的故障电流短时间内无法熄灭。为此，在每回 GIL 两端均配置感应电流快速释放装置，采用快速接地开关原理，在放电故障时自动合上，旁路感应电流，使故障电流熄灭。

感应电流快速释放装置的功能及控制需求如表 5-15 所示。

**表 5-15　感应电流快速释放装置的功能及控制需求表**

| 序号 | 功能 | 控制需求 | 二次设备配置 |
| --- | --- | --- | --- |
| 1 | GIL 故障情况下，感应电流快速释放装置快速接地，熄灭电弧，释放感应电流 | 故障情况下，需自动合闸，由自动控制装置迅速动作实现 | 自动控制装置 |
| 2 | GIL 正常检修状态下，感应电流快速释放装置作为安全接地之用 | 正常检修时，遥控或手动操作合闸接地，需要经过闭锁 | 测控装置 |

根据计算分析结果，故障情况下，在继电保护装置动作跳开两侧变电站的断路器后，由自动控制装置动作实现感应电流快速释放装置的迅速合闸，该自动装置安装在南、北岸引接站内。

继电保护装置动作后，感应电流快速释放装置合闸时，为避免感应电流快速释放装置带电误合闸，感应电流快速释放装置自动控制装置需开入线路两端泰州、苏州（东吴）特高压变电站 4 台断路器的位置信息。因此考虑在两端特高压站内配置辅助控制装置，该装置接入线路相关断路器的原始辅助接点，与引接站的感应电流快速释放装置自动控制装置通信，传输断路器位置信息。通信通道采用复用 2Mb/s 光纤通道。

为确保感应电流快速释放装置合闸的可靠性，其对应的自动控制装置采用双重化配置方案。

自动控制装置采用南瑞继保公司产品。以第一回线为例，具体配置情况如表 5-16 所示。

**表 5-16　自动控制装置配置表**

| 站点 | 第一套装置 | 第二套装置 |
| --- | --- | --- |
| 泰州站 | 辅助控制装置 PCS-925L-B<br>操作继电器箱 CJX-02 | 辅助控制装置 PCS-925L-B<br>操作继电器箱 CJX-02 |
| 北引接站 | 自动控制装置 PCS-925L-A | 自动控制装置 PCS-925L-A |
| 南引接站 | 自动控制装置 PCS-925L-A | 自动控制装置 PCS-925L-A |

续表

| 站点 | 第一套装置 | 第二套装置 |
| --- | --- | --- |
| 苏州（东吴）站 | 辅助控制装置 PCS-925L-B<br>操作继电器箱 CJX-02 | 辅助控制装置 PCS-925L-B<br>操作继电器箱 CJX-02 |

第二回线的感应电流快速释放装置自动控制装置的配置方案，与第一回线配置方案相同。

（五）保护信息管理子站

在苏州（东吴）特高压变电站，增加 1 套保护信息管理子站，接入延伸的 GIL 监控网络Ⅱ区，接收 GIL 引接站内相关的 1000kV 系统保护及故障信息。

保护子站采用南京南瑞继保电气有限公司的 PCS-9798A 型装置。

## 二、系统调度自动化

（一）远动设备及调度数据网

（1）南、北岸引接站及综合管廊由国家电网有限公司国家电力调度控制中心（简称国调中心）、国家电网有限公司华东分部调度控制中心（简称华东调控分中心）和国网江苏省电力有限公司电力调度控制中心（简称江苏省调控中心）负责调度，分别将有关的远动信息传送到国调中心、华东调控分中心和江苏省调控中心。

（2）调度数据网利用苏州（东吴）特高压变电站内既有的双平面调度数据网设备。在苏州（东吴）特高压变电站配置 GIL 监控专用的 2 台Ⅰ区数据通信网关机、2 台Ⅱ区数据通信网关机、1 台Ⅲ/Ⅳ区数据通信网关机。网关机接入延伸后的 GIL 监控网络，对下通过监控网络直采各类信息，对上通过网口接入苏州（东吴）特高压变电站既有的双平面调度数据网，实现与各级调控中心的通信。

（二）监控系统安全防护设备

整个 GIL 监控网络（包含延伸部分）的安全防护设备配置，如表 5-17 所示。

**表 5-17　安全防护设备配置表**

| 序号 | 防护对象 | 安全防护设备 |
| --- | --- | --- |
| 1 | Ⅰ区与Ⅱ区之间 | 防火墙 |
| 2 | Ⅱ区与Ⅲ区之间 | 正反向隔离装置 |

续表

| 序号 | 防护对象 | 安全防护设备 |
| --- | --- | --- |
| 3 | Ⅲ区内部的无线通信 | 防火墙 |
| 4 | 网络延伸部分 | 纵向加密认证装置 |
| 5 | 接入双平面调度数据网 | 利用苏州（东吴）站现有调度数据网的纵向加密认证装置 |

（三）时间同步系统

南、北岸引接站各配置1套全站统一的双时钟源时间同步系统，对时主机双重化配置，每套主机均支持GPS与北斗对时。

时间同步系统采用山东科汇公司的TSS-100时间同步装置。

（四）站外电源进线及站用变电能计量

南、北岸引接站站外电源进线设置为关口计量点，按单表配置关口电能表。每台站用变的低压侧设置为考核计量点，按单表配置考核电能表。

南、北岸引接站各配置1面电能计量屏，包括电能表与电能量远方终端。

电能表接入电能计量终端后，电能计量终端接入各站Ⅱ网络；电能计量信息经由监控系统Ⅱ区网络传输。

## 三、电气二次部分

（一）一体化监控系统

1. 网络结构

南、北岸引接站及综合管廊的一体化监控，以1000kV变电站计算机监控为基础，同时纳入管廊设备的监测控制，包括常规电气设备监控以及综合监测两部分。其中，常规电气设备为1000、35、20、10kV电气设备和站用变压器等，综合监测指引接站视频、门禁、安防，管廊视频、门禁、安防、环境监测、风机水泵监控、人员管理、广播及逃生指挥等。

引接站及综合管廊均按照无人值班进行设计，运维人员主要部署在苏州（东吴）特高压站。

本工程将引接站与管廊作为一个整体考虑，南、北岸引接站的站控层网络通过管廊内专用光纤互联、并将管廊内监控监测设备接入互联之后的网络，构成本地的计算机监控系统。同时，将互联之后的监控网络“延伸”至苏州（东吴）特高压变电站，并在苏州（东吴）特高压站配置GIL监控系统相关的设备，运维人员在苏州（东吴）特高压变电站进行日常监盘操作。引接站、管廊以及苏州（东吴）特高压变电站内与 GIL 监控相关的设备组成了一个大监控系统，虽然在空间上，这些设备分布在不同的地理位置，但是从结构上看，仍然与变电站的站内监控系统局域网相同。

一体化监控系统网络结构采用星形网络与环网相结合的方式。GIL 监控系统网络单线图如图 5-17 所示。

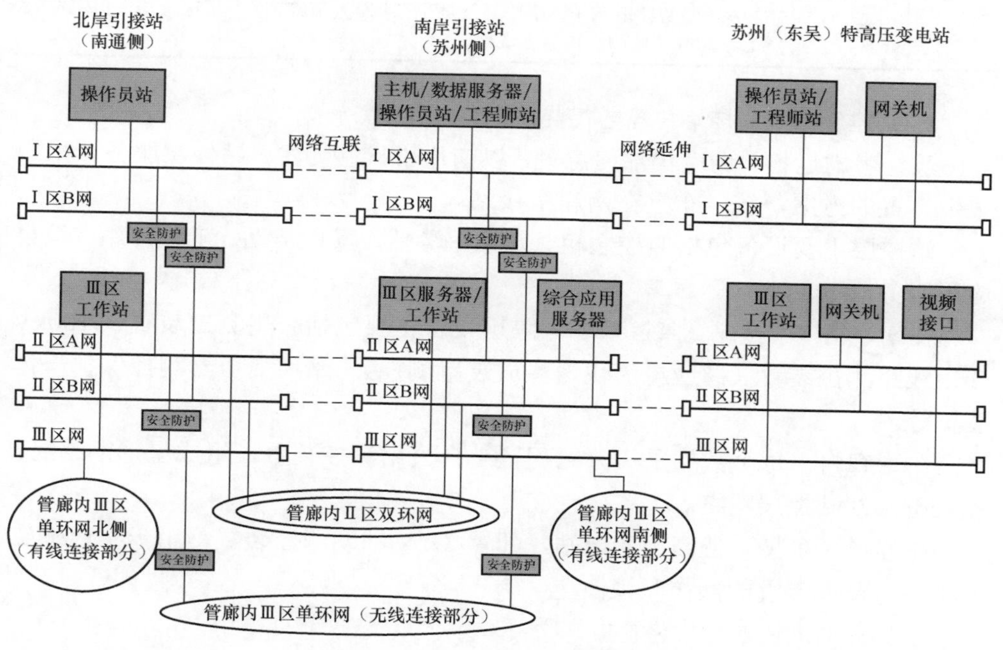


图 5-17　GIL 监控系统网络单线图

引接站部分采用星形双网结构（站控层、间隔层）。其中，根据接入的设备及子系统的应用需求，Ⅰ区网络与Ⅱ区网络均为星形双网结构，Ⅲ区站控层为星形单网结构。共分为 5 个网段，分别为Ⅰ区 A 网、Ⅰ区 B 网、Ⅱ区 A 网、Ⅱ区 B 网，Ⅲ区网。

管廊内划分多个环网，包括双环网和单环网。其中，管廊内Ⅱ区采用双环网，与引接站站控层Ⅱ区的星形双网相匹配；管廊内Ⅲ区采用多个单环网，分为无线接入的单环网和有线接入的单环网。

此方案同时还能满足运行单位将引接站及管廊相关运维人员部署在苏州（东吴）特高压变电站的需求。

接入一体化监控系统各分区的子系统（或业务单元），如表 5-18 所示。

表 5-18　　一体化监控系统各分区子系统表

| 序号 | 安全分区 | 子系统（或业务单元） |
| --- | --- | --- |
| 1 | Ⅰ区 | 测控、继电保护、自动控制装置 |
| 2 | Ⅱ区 | 故障录波、故障测距、电能计量、一体化电源、环境监测、风机监控、水泵监控、火灾报警、GIL 本体监测（$SF_6$ 密度）、GIL 放电故障定位 |
| 3 | Ⅲ区 | 视频、安防警卫（门禁）、广播及逃生指挥、人员管理（电子巡查与人员定位）、隧道结构健康监测、机器人巡检 |

2. 站控层以及引接站常规电气监控设备配置

综合考虑运检、调度等部门意见，以南岸引接站为主，站控层服务器采用集中布置的方案，统一布置在南岸引接站。

站控层主要设备包括监控主机、数据服务器、操作员站、工程师站、综合应用服务器等。

在南、北岸引接站，监控系统间隔层设备主要包括公用测控装置、1100kV GIL 线路测控装置（感应电流快速释放装置测控）、站用变压器测控保护一体装置等。

在管廊内，每个数据采集分区配置 1 台公用测控装置，组成星形网络后，接入引接站站控层网络。

在苏州（东吴）特高压变电站，配置 GIL 辅助测控装置，用于实现感应电流快速释放装置的操作联锁。

3. 感应电流快速释放装置操作联锁

GIL 正常检修状态下，感应电流快速释放装置作为安全接地用。在遥控或手动操作感应电流快速释放装置合闸接地时，需要经过闭锁，以防止误操作。

通常，变电站的隔离开关及接地开关防误操作闭锁，采用“逻辑闭锁＋电气闭锁”的方式，其中的逻辑闭锁包含完整的闭锁条件，而电气闭锁仅考虑本间隔的闭锁条件。

考虑本工程的特殊性，引接站内 GIL 感应电流快速释放装置的闭锁，仍然考虑采用“逻辑闭锁＋电气闭锁”的方式，其中逻辑闭锁包含完整的闭锁条件，而电气闭锁，由于 GIL 感应电流快速释放装置与特高压变电站内线路隔离开关之间无法采用原始接点通过电缆连接实现电气互相联锁，因此，仅考虑采用线路电压状态接点来完成电气闭锁。

对于 GIL 感应电流快速释放装置的“逻辑闭锁”部分，因其包含完整的闭锁条件，需要与特高压站的出线隔离开关进行闭锁，所以需要采用一种方式，将南岸引接站与苏州（东吴）特高压变电站相关闭锁设备的接点状态（位置信息）传输到对侧站点，以完成互相联锁。

引接站与苏州（东吴）特高压变电站的接点传输，利用引接站与苏州（东吴）特高压变电站之间的监控系统延伸网络。在引接站内，配置有感应电流快速释放装置测控装置；在苏州（东吴）特高压变电站内，配置感应电流快速释放装置辅助测控装置，该辅助测控装置接入延伸到特高压站的GIL系统监控网络，可以与引接站的感应电流快速释放装置测控装置通信，传递GOOSE信息。

苏州（东吴）特高压变电站内的辅助测控装置，以电缆方式接入线路隔离开关的位置状态（辅助接点），转换成GOOSE信息后，经监控系统延伸网络传输至引接站感应电流快速释放装置测控装置，参与感应电流快速释放装置的逻辑闭锁。

此外，引接站感应电流快速释放装置的测控装置，以电缆方式接入其对应的位置状态（辅助接点），转换成GOOSE信息后，可以经监控系统延伸网络传递给苏州（东吴）特高压变电站内的辅助测控装置，并由辅助测控装置将该位置信息（GOOSE）转换为无源硬接点输出，该接点以电缆方式接入东吴（苏州）特高压变电站线路隔离开关的相关测控装置中，参与线路隔离开关的逻辑闭锁。

采用上述方案，实现了不同站点之间开关辅助接点的远程传输受控对象互相之间的闭锁。位置辅助接点的传递过程如图5-18所示。

实现接点的互相传递后，可实现如下功能：

（1）在引接站内，对于GIL的检修操作，感应电流快速释放装置的操作闭锁采用“逻辑闭锁+电气闭锁”，如图5-19所示。

（2）在苏州（东吴）特高压变电站内，线路隔离开关1DS2与2DS1的闭锁逻辑中，需考虑加入南、北岸引接站感应电流快速释放装置的状态信息，如图5-20所示。

（二）交直流一体化电源系统

南、北岸引接站及管廊配置交直流一体化电源系统，通过系统自带的一体化电源监控装置，与一体化计算机监控系统Ⅱ区通信。一体化电源系统的供货厂家为山东鲁能智能技术有限公司。

1. 直流电源

引接站直流系统采用“两电三充”方案，集中辐射式结构，无直流分电屏，直流电源电压为220V。

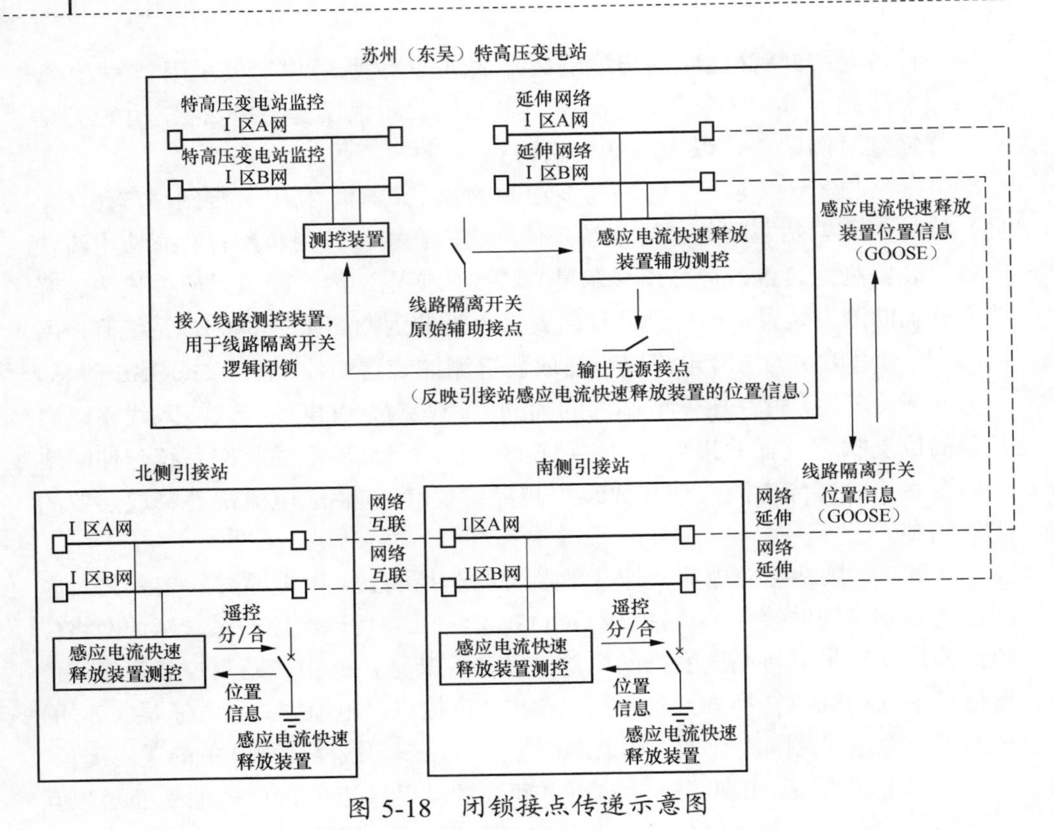


图 5-18 闭锁接点传递示意图

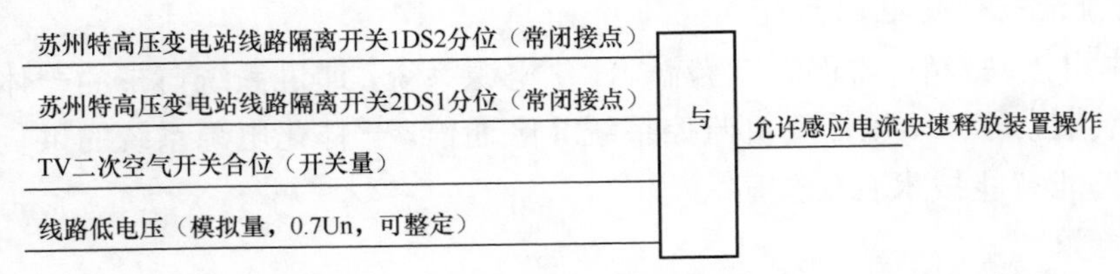


图 5-19 感应电流快速释放装置操作联锁示意图

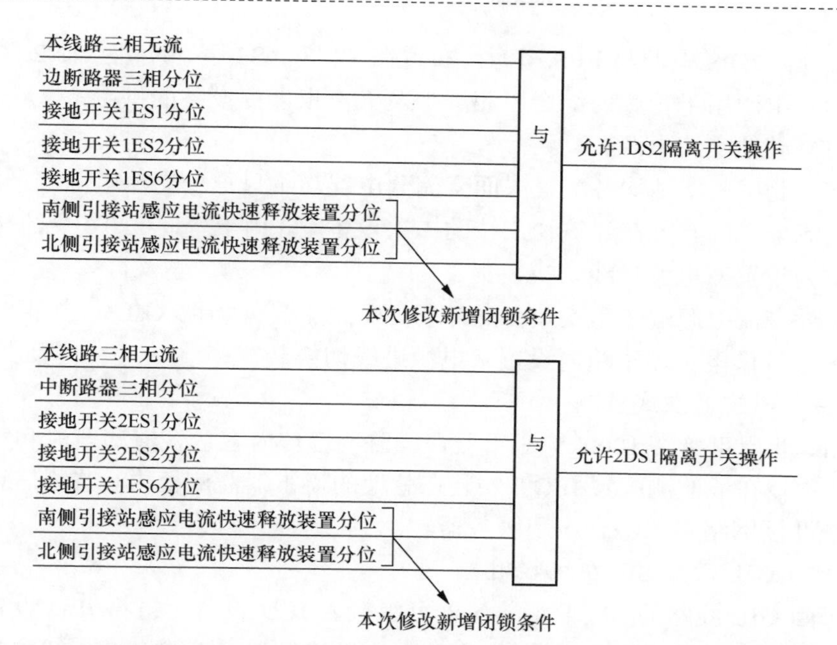


图 5-20 苏州特高压变电站线路隔离开关 1DS2 与 2DS1 的闭锁逻辑修改

南、北岸引接站，每站的直流电源系统包括 2 套蓄电池组与 7 面直流屏，具体配置如下：

配置 2 套阀控式密封铅酸蓄电池组，每组蓄电池的容量为 600Ah。

配置 3 面高频开关电源充电屏，每面屏的充电电流为 100A（20A 模块 × 5）。

配置 2 面直流联络屏、2 面直流馈线屏。

设置专用的直流蓄电池室，每组蓄电池均布置在一间独立的蓄电池室内。

2. UPS 电源及 EPS 电源（事故照明电源）

（1）南岸引接站。

配置 2 套 UPS 电源，每套电源组 1 面屏，每套主机容量 7.5kVA。

配置 1 套 EPS 电源（事故照明电源），组 1 面屏，主机容量 3kVA。

（2）北岸引接站。

配置 2 套 UPS 电源，每套电源组 1 面屏，每套主机容量 3kVA。

配置 1 套 EPS 电源（事故照明电源），组 1 面屏，主机容量 3kVA。

（3）管廊内。

配置 4 套 UPS 电源，每套电源包括 1 面主机屏与馈线屏，每套容量 10kVA。

配置 4 套 EPS 电源（事故照明电源），每套电源组 1 面屏，每套容量 7.5kVA。

管廊内 UPS 电源与 EPS 电源，布置在 S2 区、S4 区、N4 区、N2 区。

UPS 电源用于管廊内综合监测屏柜及火灾报警等设备的供电。

（4）其他交流电源。

南、北岸引接站均各配置 1 面交流分电屏与 1 只户外交流电源端子箱。

交流分电屏布置在建筑物三楼的二次设备室，用于普通 220V 交流电源供电。屏内设置双电源进线切换装置。

户外交流电源端子箱安装在户外场地，用于户外场地 GIL 汇控柜、避雷器监测柜等供电。端子箱内设置双电源进线切换装置。

（三）避雷器在线监测

南、北岸引接站 1000kV 避雷器在线监测远传内容包含泄漏电流和放电次数。避雷器在线监测配置 IED，安装在就地的避雷器监测柜内。监测信息经监控系统Ⅱ区网络接入综合应用服务器。

（四）GIL 设备 $SF_6$ 在线监测

每回 GIL 线路的 $SF_6$ 监测传感器分组接入 IED 设备，再将 IED 设备统一组网连接到子系统的内部交换机；内部交换机提供 1 个百兆多模光纤接口接入监控系统Ⅱ区 A 网交换机。

两回 GIL 线路的 $SF_6$ 监测子系统均不配置独立的后台，相关监测信息接入监控系统Ⅱ区综合应用服务器。

（五）火灾报警系统

火灾报警的设计范围包括南岸引接站、北岸引接站、管廊。

本工程火灾自动报警系统采用控制中心报警系统。

南岸引接站及管廊共设置 1 个消防控制室，布置在南岸引接站综合楼一楼；南岸引接站、管廊各配置 1 套火灾报警主机（含联动控制器），安装在消防控制室。

北岸引接站设置 1 个消防控制室，布置在北岸引接站综合楼一楼。北岸引接站配置 1 套火灾报警主机（含联动控制器），安装在消防控制室。

南岸引接站的消防控制室，作为系统主消防控制室。

火灾报警系统主要包括火灾探测器、手动报警按钮、声光报警器、消防应急广播、消防电话、图形显示装置、火灾报警主机（含联动控制器）等。

火灾报警主机通过智能接口设备接入一体化监控系统。

引接站内火灾探测器包括点式感烟探测器、线型感温探测器，引接站内高度超过 12m 的空间场所，配置管路吸气式感烟探测器（VESDA）。

管廊内火灾探测器包括式感烟探测器、线型感温探测器。

火灾报警系统为乙供设备。

## 四、辅助控制与综合监测

（一）GIL放电故障定位

1000kV泰州—苏州线路为“架空+GIL”混合线路，线路阻抗分布不均匀，因此全线的故障测距方案为在“泰州—北岸引接站”与“南岸引接站—苏州”的两个架空段上配置常规的双端行波测距装置，在GIL段配置单独的放电故障定位子系统，包括超声波法、接地电流法、陡行波法定位系统。

超声波法：通过布置在GIL外壳上的超声波传感器监测电弧故障时产生的超声脉冲，先通过幅值法进行定位，再结合时差法对超声波声源位置进行精确定位，从而实现故障检测定位。超声波法故障定位系统由武汉南瑞有限责任公司供货。

接地电流法：GIL线路击穿放电时，外壳接地引下线和故障点附近接地引下线中流过很大的故障短路电流，故障点后远离故障点的接地引下线流过的短路电流很小，故障跳闸后所有接地引下线流过的电流近似为零，利用该故障特征判断放电故障位置。接地电流法故障定位系统由北京科锐公司供货。

陡行波法定位系统：特高压GIL固体绝缘击穿时，暂态电压的半波陡变时间低于130ns，并在击穿点和出线套管之间来回传播，形成典型的行波过程。通过暂态行波首次到达GIL两端测点的时间，及暂态电压的行波特征，结合行波传播速度，可计算得到故障点的准确位置。通过解体验证结果分析该系统的定位误差低于5m。陡行波法定位系统由清华四川能源互联网研究院供货。

（二）综合监测

1. 环境监控系统

采用系统管理软件对管廊内环境参数进行监测和报警，通过区域控制单元将气体含量（管廊内包括氧气、一氧化碳、甲烷、硫化氢、六氟化硫5种气体）、温湿度和集水井水位等上传到监控后台，同时对管廊和引接站的通风设备、排水泵和照明设备等进行状态监测和控制，设备控制可采用自动控制、远方遥控或就地手动等控制方式。

管廊内部测温采用测温光纤，在管廊上腔布置2根测温光纤，下腔布置1根测温光纤。在南岸引接站配置1台光纤测温主机。

2. 视频监控系统

管廊内部：管廊上部通道通常设置球型摄像机，下部巡视通道屏柜集中区域设置球型摄像机，主要用于监视设备运行状态、设备运行环境及人员巡检情况。

摄像机由分区综合监控柜提供 AC220V 电源，视频信号通过光纤传输至分区综合监控柜内交换机。由于数据量大，为不影响视频数据的传输，视频监控系统按 2 个分区光纤环网分别接入南岸和北岸引接站的硬盘录像机。视频信号所占带宽不能影响监控信号传输的实时性。并且在引接站部署流媒体服务器，满足大容量视频数据实时调阅的需求。

引接站：摄像机按常规变电站设计，在围墙四周、站大门、建筑物主要出入口及重要设备房间设置网络摄像机，用于监视引接站的周界、引接站内设备运行状态，以及人员出入情况。

视频监控数据在网络硬盘录像机 NVR 内存储。在引接站和苏州（东吴）特高压站可随时调取网络摄像机的实时视频信号，并投放到显示大屏上。监控中心监控工作站可按顺序或指定区间显示现场图像画面。当某区间出现报警情况，显示大屏自动显示相应位置的视频画面。

3. 安全防范系统

（1）红外防入侵系统。在管廊内上下腔通道、管廊出入口、引接站各建筑物主要出入口处设置红外双鉴探测装置 1 套，在南、北岸引接站大门上方设置 2 对红外对射探测装置。报警信号通过区域控制单元送入监控中心后台，监控画面相应位置闪烁，并产生语音报警信号。

（2）门禁系统。在管廊出入口、引接站辅助建筑物出入口设置门禁系统，包括门禁控制器、读卡器、手动开关等。对引接站和管廊出入口等处实施出入管理，强化管廊安全防范功能。

（3）电子围栏。在南、北岸引接站围墙四周设置 1 套电子围栏系统，报警信号直接接入报警主机并上传监控后台，监控画面相应位置闪烁，并触发围墙声光报警器。

4. 人员无线定位系统

在管廊内设置无线 AP 设备，每个集中供电区域（屏柜集中区）设置 3 处无线接入交换机，无线 AP 通过网线就近接入，用于对讲通话的无线和人员定位信号覆盖。巡检人员携带定位卡或智能手机（预装专业 APP）进入管廊，可在控制中心显示大屏上查看工作人员的位置，并可结合应急通信与调度系统实现无线对讲通话功能。

5. 应急广播系统

管廊内：管廊上部和下部巡视通道分别设置大功率扬声器，通过网线接分区广播主机，主机经过交换机和光纤环网接入监控后台。

引接站：站内辅助建筑设置扬声器，通过专用线分别接入站内广播主机。

（三）隧道结构健康监测系统

在隧道沿线布设监测设备，对隧道在运营期的结构行为及影响进行监测和数据分析，对隧道的健康状况以及使用寿命进行评估，得出隧道的安全程度指导运营，同时给出实时的安全报警以合理配置隧道养护资源，降低成本、保证隧道的运营状态健康和安全。

隧道结构健康监测系统前端采集设备主要包括各类传感器，共包括 13 个监测断面，每个断面配置 1 个监测通信箱；南、北岸引接站各配置 1 套健康监测后台服务器。两岸引接站的服务器与隧道内 13 处监测箱组成一个光纤环网。

南岸引接站的健康监测后台服务器，接入一体化监控系统的Ⅲ区。

综合监控系统（一体化监控系统安全Ⅲ区）通过页面嵌入的方式（web 方式）访问隧道结构健康监测平台的二维子系统。

隧道结构健康监测系统由同济检测技术有限公司供货。

（四）巡检机器人系统

在隧道内配备轨道式巡检机器人，实现对 GIL 设备及隧道设施的定期巡检，对相关信息进行连续、动态采集。

巡检机器人是一个独立的子系统，其内部采用无线通信的方式，与机器人后台进行信息交互；后台系统经过防火墙隔离后，接入一体化监控系统的安全Ⅲ区，与监控后台进行双向信息交互，信息交互内容包括检测数据和机器人本体状态数据。

## 第三节 系 统 通 信

### 一、业务及通道需求模型

（一）线路保护通道

（1）泰州—东吴 GIL 及架空混合线路段：作为完整的一回线路，按每回线路配置常规线路继电保护，变电站两侧各配置相应的线路保护，每回线路配置2套线路保护。每套线路保护以分相电流差动保护作为全线速动的主保护，再配以三段式距离和零序电流保护作为后备保护。均采用复用 2Mb/s 通道，每套保护采用 A、B 口通道方式。

（2）南、北岸引接站 GIL 独立段：每回线路配置 2 套光纤电流差动保护，通道采用双专用光纤芯，由 2 根独立光缆承载，每根光缆 8 芯。

（3）东吴、泰州特高压站配置就地判别线路保护装置，分别接受南、北岸引接站的 GIL 线路远跳信号，经就地判别后跳闸和闭锁重合闸，通道采用双复用 2Mb/s 通道，共 4 个复用 2Mb/s 通道。

（4）感应电流快放装置系统通道：每回线路配置 2 套，每套组织泰州、北岸引接站、南岸引接站及东吴站之间的直达通道，共 5 个通道，其中南、北岸引接站采用专用纤芯，其他站点之间采用复用 2Mb/s 通道。

（5）故障测距通道：原泰州—东吴线路故障测距通道调整为泰州—北岸引接站之间、南岸引接站—东吴特高压站之间故障测距通道，每回线路 1 个直达通道，采用复用 2Mb/s 方式。

（二）监控系统（自动化）通道

南、北岸引接站按照无人值班的要求进行设计，考虑在有人值班的苏州（东吴）特高压变电站对无人值班的引接站电气设备及管廊隧道辅助设施的运行状态进行监视和控制，同时需要将相关信息上传各级调控中心。对监控系统而言，将南、北两岸引接站以及隧道作为一个整体考虑，按照一体化监控的要求，配置计算机监控系统与综合监测系统，范围覆盖整个 GIL 输电系统，监控及监测对象包括电气设备与辅助设施。同时南、北岸引接站及管廊配置的消防系统要求通过 FE 专线通道延伸至苏州（东吴）特高压变电站。

南、北岸引接站的站控层网络通过专用光纤互联之后，构成本地的计算机监控系统。同时，将互联之后的监控网络“延伸”至苏州（东吴）特高压变电站，并在苏州（东吴）特高压变电站配置 GIL 监控系统相关的设备，运维人员在苏州（东吴）特高压变电站进行日常的监盘操作。在苏州（东吴）特高压变电站配置引接站及管廊监控系统专用的数据通信网关机，接入延伸之后的监控网络，同时，该网关机对上的通信接口接入调度数据网，实现与调控中心之间的通信。

（三）通信业务网通道

1. 电话交换网中继通道

本工程在南、北岸引接站各配置 1 套电话交换设备，作为引接站的调度电话放号及管廊内的有线巡检电话的放号，设备采用哈里斯 CCS512，2 个公共子框，64 线容量模拟用户线，配置有 RCU 板、数字调度接口板及 2M 接口板，设备通过东吴局及车坊变 2 点采用 2Mb/s 中继方式接入调度电话交换网。

本工程在南、北岸引接站各配置 2 套 IAD 设备，作为引接站内行政内线电话的放号及行政内线中继号，通过本地数据通信网设备接入江苏电力 IMS 行政交换网。

2. 综合数据网通道

本工程南岸引接站内网配置 2 台华为路由器 NE20E-S2E，通过苏州（东吴）特高压变电站和全福变两个接入点，采用口字形连接方式通过东吴地区综合数据通信网接入国网数据通信网络；配置 2 台华为 48 口信息内网交换机 S5720-56C-EI 作为站内业务接入交换机。

本工程北岸引接站内网配置 2 台华为路由器 NE20E-S2E，通过东洲站和新丰变两个接入点，采用口字形连接方式通过南通地区综合数据通信网接入国网数据通信网络；配置 2 台华为 48 口信息内网交换机 S5720-56C-EI 作为站内业务接入交换机。

## 二、光缆及光网络架构

GIL 段作为淮南—南京—上海 1000kV 特高压交流输变电工程泰州站—东吴站线路的一部分，特高压架空线路敷设的 2 根 36 芯 OPGW 光缆至南、北岸引接站站内构架引下，采用 OPGW 光缆余缆箱方式，在余缆箱内采用终端盒熔接后，采用 1 根 36 芯非金属光缆沿引接站内电缆沟光缆走线槽盒敷设至始发井综合楼的通信机房。管廊内光缆有 3 个敷设通道，GIL 上腔体的两侧多层缆线槽盒，各为一路光缆敷设通道；巡检通道的一侧吊顶槽盒，为第 3 个光缆敷设通道。

南、北岸引接站作为独立通信站点接入国网一通道、二通道、华东网通道、省网通道及相应地区网通道。

工程投运后，将南、北岸引接站环入构成了国网区域双通道环网，进一步提高了国网华东区域通信电路的可靠性和灵活性。

## 三、专用有线通信系统

苏通 GIL 综合管廊工程通信不仅考虑作为一段特高压电力线的 GIL 应满足电力线运行调度自身的通信信息需求，还需考虑特有的隧道空间下运行检修人员的综合通信需求和施工期间人员的临时通信需求。

南、北岸引接站及管廊内的电话作为一个整体交换网络来部署。管廊内日常巡检以机器人为主，检修时相关专业人员下至管廊内进行相应的巡视和操作，现场发现故障应能够及时向相关引接站侧或者两侧特高压站调度值班人员进行汇报，因此管廊内部署了调度电话。在GIL调试期间，管廊内人员对外的通话则以常规内线行政电话为主，因此管廊内电话具备拨打行政电话的功能。管廊内、引接站日常电话使用具备快速短号拨号功能。为了满足巡检人员的日常巡检，调度电话具备录音功能，同时引接站两侧具备至管廊内相应位置的电话进行快速定位拨号和一定调度指挥功能，南、北岸引接站配置了相应调度台。

管廊内每隔100m随检修箱设置1路运行检修内线电话，同时通过并线方式接至隧道上腔体的应急通信电话，上下两个腔体采用平行布置的方式，满足管廊内运行人员的日常通信需求和逃生应急通信需求。

## 四、综合无线通信系统

为了便于控制室管理人员进行调度通信，以及内部工作人员进行通信联络，专网无线通信系统在综合管廊中是不可缺少的通信调度系统。本工程为在隧道内维修、抢救、巡逻等人员以及南、北岸引接站区域与控制管理人员之间灵活的通信联络建立了专用无线通信系统。调度无线通信系统提供隧道内部各工作面之间移动通信手段，覆盖隧道内、隧道出入口、隧道管理区域、工作井区域、事故救援工作区域及重要设备机房等区域。隧道工作范围内作业人员配置手持台，管理用房的调度用基地台能选呼、全呼、组呼内部专用无线手持台。系统采用双向异频半双工方式通信；手持台之间可相互通话，采用异频单工方式通信。所有专用无线通信子系统的射频信号，合并到一根泄漏电缆中，以节省隧道的空间资源。

苏通GIL综合管廊工程在南岸引接站配置1套消防用350M集群直放站，含天馈线系统；并配置1套400M 2信道专用调度无线基地台，含天馈线系统，通过光纤直放站实现对整个管廊内和南、北岸引接站的所有区域进行无线信号覆盖。各个区域消防350M无线信号和专用调度无线信号在光纤直放站远端机再通过耦合进入POI接入平台，然后通过泄漏电缆实现对管廊内无线信号的覆盖，泄漏电缆按上下两层覆盖。综合无线对讲系统的覆盖范围为管廊内上下2个腔体，南、北岸引接站的站内以及业主项目部的指挥中心。

综合无线通信系统配置了电话网关，接 2 路内线电话作为中继，系统具备外线二次拨号呼叫的功能，外线电话具备二次自动转接拨号具体对讲机的功能。

苏通 GIL 综合管廊工程进行综合无线系统覆盖的区域包括南、北岸引接站始发井生产综合楼地下 3 层、地上 2 层以及引接站地面构架及 GIL 场地，地下约 22m 深；管廊全长，包括 GIL 上腔体以及电缆、逃生通道及预留通道下腔体。

## 五、通信机房及监控系统

南、北岸引接站主要完成特高压架空线路方式与 GIL 方式的转换和引下功能，是淮南—南京—上海 1000kV 特高压交流输变电工程重要的一个特殊线路段，也是泰州—东吴长距离线路段的中继功能，其两个引接站作为独立通信站，设置独立通信机房和通信蓄电池室。南岸引接站通信机房通信总屏位为 39 面，本期布置 29 面，北岸引接站通信机房总屏位为 44 面，本期布置 29 面，通信屏位总体设计余量为 30%。两个引接站均设置 2 套独立通信电源及 4 组通信蓄电池组。

南、北岸引接站通信机房及通信蓄电池室为无人值班设计，为实现对引接站的远程监控，在南、北岸引接站各配置 1 套通信监控子站，按照属地化接入的方式分别通过通信数据网接入至所属地区通信监控主站系统。

通信监控子站监控采集的信息主要为通信电源及其蓄电池组的告警监测信息、主要通信设备屏的告警干接点信息，通信设备屏所属区域的温湿度数据，而计算机室总体的门禁、烟感、水浸、温湿度等信息均纳入站内综合监控系统。通信设备屏所属区域的视频监控均纳入站内综合监控系统，通信主站系统通过调用指定的摄像头来实现对引接站通信设备屏所属区域的视频监控。

# 第六章　隧道及引接站设计

苏通 GIL 综合管廊工程隧道设计需要克服隧道断面大、水文地质条件复杂、渗透系数大、高水压等困难。引接站是隧道内 GIL 引出至架空线路连接的转换节点，其设计需要兼顾考虑隧道与外界衔接的功能需求，也是工程设计中的重要环节。

苏通 GIL 综合管廊工程隧道和引接站工作井的结构设计由铁四院负责完成，隧道和引接站的建筑、暖通、消防和水工设计（含引接站辅助建筑的结构设计）由华东院负责完成。本章内容主要包括隧道设计、引接站设计、通风设计、水工与消防设计等内容。

## 第一节　隧　道　设　计

### 一、盾构隧道结构设计

#### （一）管片结构设计

越江段隧道主要穿越地层主要为$⑤_1$粉细砂、$⑤_2$细砂、$⑥_1$中粗砂，局部切入$④_1$粉质黏土混粉土、$④_2$粉土层，最大覆土厚度约 49.0m，最大水压约 0.8MPa。粉细砂及中粗砂地层均为强透水层，河床中含水层厚度大，含水量极丰富。因此，隧道具有断面大、水文地质条件复杂、渗透系数大、高水压等显著特点。

1. 单、双层衬砌选用

衬砌是直接支承地层，保持规定的隧道净空，防止渗漏，同时又能承受施工、运营阶段荷载的结构。一般是由管片拼装的一次衬砌和必要时在其内部浇筑混凝土二次衬砌所组成。一次衬砌一般作为承重的主要结构，二次衬砌主要是为了补强、防水、防侵蚀等因素而修筑的。

国内外大型盾构隧道均采用单层或双层衬砌结构。实践证明，采用具有一定接头刚度的单层柔性衬砌是成功的、合理的。圆形隧道的变形、接缝张开量及混凝土衬砌裂缝开展、防水效果等，均控制在预期的要求内，完全满足隧道的设计要求。并且，采用单层衬砌，具有施工工艺单一、工程实施周期短、投资省等优点。

鉴于上述情况，经综合技术、经济比较论证，本工程圆形隧道采用单层衬砌加局部非封闭内衬。

2. 管片结构型式

管片的结构型式包括管片的材料和管片的形状两方面。

按材料分类，目前制作管片的种类有混凝土、铸铁、钢材、复合材料等。自1818年提出运用盾构法修建隧道以来，盾构的施工技术取得了巨大的发展。混凝土管片具有一定的强度，加工制作比较容易、耐腐蚀、造价低，从20世纪60年代以来，盾构隧道衬砌结构逐渐发展为拼装式钢筋混凝土管片为主。

从工程投资、管片加工、结构耐久性以及运营维护出发，混凝土管片具有较大的优越性，苏通GIL综合管廊工程采用混凝土管片。

按形状分类，大致将管片分为平板形、箱形、特殊的异形结构等多种形式。在相等厚度的条件下，箱形管片具有重量轻、材料省的优点，但抗弯刚度及抗压条件均不及平板形管片，在盾构千斤顶顶力作用下容易开裂。平板形管片具有较大的抗弯、抗压刚度，尤其在大直径水底盾构隧道工程中，高水压条件下，采用平板型管片，其抗浮、结构刚度均具有较大的优越性。根据国内外实际应用的情况，平板形管片状况良好。

苏通GIL综合管廊工程隧道最大覆土厚度约49.0m，最大水压约0.8MPa，隧道覆土变化较大，结构受力不均衡，因此，要求管片具有较大的抗弯刚度和良好的抗压、抗渗能力。综合以上分析，隧道衬砌管片型式采用C60钢筋混凝土平板形管片，抗渗等级为P12。

3. 衬砌环类型

隧道的线路是由直线段与曲线段所组成，为了满足盾构隧道在曲线上偏转及纠偏的需要，应设计楔形衬砌环。采用较多的类型有3种。

（1）楔形衬砌环与直线衬砌环的组合。盾构隧道在曲线上是以若干段折线（最短折线长度为一环衬砌环宽）来拟合设计的光滑曲线。设计和施工是采用楔形衬砌环与直线衬砌环的优选及组合进行线路拟合的。根据线路偏转方向及施工纠偏的需要，设计左转弯、右转弯楔形衬砌环及直线衬砌环3种类型。设计时根据线路条件进行全线衬砌环的排版，以使隧道设计拟合误差控制在允许范围之内。由于采用的衬砌环类型不完全确定，所以给管片供给带来一定的难度，另外在曲线上还要采用楔形贴片。这种衬砌环类型中每种楔形环位置是固定的，灵活性小。

（2）左右楔形衬砌环。这种管片组合形式采用两种类型的楔形衬砌环，设计和施工是采用楔形衬砌环与楔形衬砌环的优选及组合进行线路拟合的。根据线路偏转方向及施工纠偏的需要，设计左转弯、右转弯楔形衬砌环，在直线段通过左转弯和右转弯衬砌环一一对应组合形成直线。盾构推进时，依据排版图及当前施工误差，确定下一环衬砌类型。由于采用的衬砌环类型不完全确定，所以给管片供应带来一定难度，另外在竖曲线上还要采用楔形贴片。

（3）通用型管片。通用管片为只采用一种类型的楔形管片环，盾构掘进时根据盾构机内环向千斤顶的传感器的信息和线路线形设计的要求，根据曲线拟合确定下一环衬砌绕管片中心线转动的角度，以达到设计线路和纠偏的目的，使线路的偏移量在规范规定的范围内。该类管片衬砌环在欧洲普遍流行。由于只需一种管片类型，可节省钢模数量，管片拼装自动化程度高，适应自动化作业，易于纠偏，不会因管片类型供给不到位造成工程进度问题。

苏通 GIL 综合管廊工程采用通用楔形环管片，原因如下：

1）可以通过管片不同的旋转角度实现平、竖曲线的拟合，可最大程度地减小曲线拟合误差的积累。

2）隧道需要承受最大水压约 0.8MPa，通过管片的精确定位，能提高管片的拼装质量，减少接缝张开量，从而防水效果更佳。

3）盾构衬砌拼装机通过计算机软件辅助管片拼装，可实现管片拼装的自动化，同时缩短了管片拼装时间，提高了管片拼装速度及功效。

4）由于只采用一种楔形管片环拟合线路，不需要设计直线环或专用的转弯环，减少了钢模数量。

4. 衬砌环的宽度、厚度及分块

（1）衬砌环宽度。钢筋混凝土管片在整个机械系统配备合理协调的情况下，随着设计、施工经验的成熟，衬砌环宽加大后，使同等长度隧道内环缝数量减少，漏水环节减少，有利于提高隧道的纵向刚度，加快施工进度，降低造价。同时选择环宽时应考虑千斤顶行程能力、线路曲线以及施工技术水平等方面。

根据国内外已建盾构隧道的情况，小直径的地铁隧道一般采用 1.0～1.5m 的环宽较多。大直径的隧道采用 2.0m 较多，如武汉长江隧道、南京长江隧道、杭州钱江隧道、上海长江隧道、杭州庆春路隧道、荷兰“绿色心脏”隧道等。

随着盾构机施工技术的发展，目前已能够施工较大环宽的管片衬砌。考虑国内、外的成熟经验，结合苏通 GIL 综合管廊工程的线路、工程地质、水文地质以及施工机械、施工技术等实际情况，工程设计管片宽度取环宽 2.0m。

（2）管片厚度。在管片环宽确定为 2.0m，内径为 10.5m 的前提下，选定江中段覆土厚度较大的两个断面（分别对应钻孔 K7，C2）进行试算，考察不同管片厚度下内力与变形变化，其结果见表 6-1。

**表 6-1　确定管片厚度的结构内力和变形分析**

| 计算断面 | 管片厚度（m） | 最大变形量（mm） | 管片内侧 | | 管片外侧 | |
|---|---|---|---|---|---|---|
| | | | 最大弯矩（kN·m/环） | 对应轴力（kN/环） | 最大弯矩（kN·m/环） | 对应轴力（kN/环） |
| K7 钻孔 | 0.45 | 11.5 | 795.86 | 6244.84 | 648.284 | 7575.16 |
| | 0.48 | 10.21 | 845.052 | 5918.18 | 658.424 | 7551.6 |
| | 0.50 | 9.41 | 897.988 | 5888.4 | 692.51 | 7412.94 |
| | 0.55 | 7.84 | 1034.982 | 5814.86 | 773.214 | 7380.2 |
| C2 钻孔 | 0.45 | 22.73 | 1231.074 | 5252.72 | −678.47 | 6955.24 |
| | 0.48 | 20.57 | 1383.252 | 5180.84 | −811.772 | 6931.18 |
| | 0.5 | 19.72 | 1487.694 | 5132.12 | −905.658 | 6977.54 |
| | 0.55 | 18.67 | 1756.586 | 5008.2 | −1176.03 | 6942.74 |

由表 6-1 可以看出，随着管片厚度的增加，管片环的最大变形量减小、弯矩增大。

如果管片的厚度设计得过小，则导致盾构隧道的变形量很大，对施工中的拼装和竣工后的使用都有影响，同时对结构的防水也有影响。如果管片的厚度设计得过大，则导致盾构隧道最大正弯矩的增加、相应轴力减小，偏心距增大，对结构的受力不利。此外，隧道开挖断面增大，总体上来说会增加工程造价。

根据工程类比，并考虑苏通 GIL 综合管廊工程水压大，需设置多道防水的要求，工程选择管片的厚度为 0.55m。

（3）衬砌环分块。类比国内外类似直径盾构工程，同时考虑到盾构机械的拼装能力，外径 11.6m 的盾构隧道，衬砌环分块一般为 8～9 块，对应的衬砌环分块形式为“7+1”分块或“8+1”分块，如图 6-1 和图 6-2 所示。

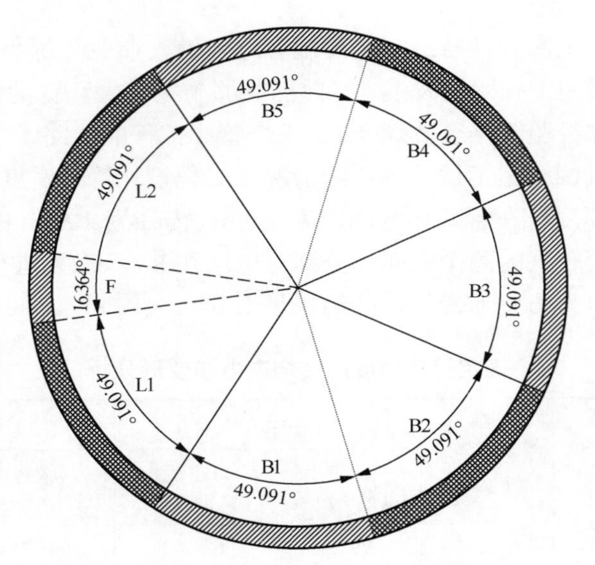


图 6-1 “7+1” 分块示意图

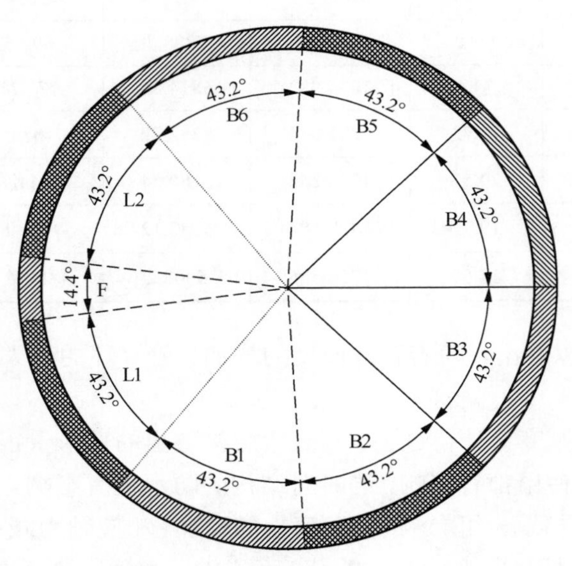


图 6-2 “8+1” 分块示意图

结合国内盾构法隧道管片设计经验，综合考虑结构受力、管片运输、拼装等因素，衬砌环采用“7+1”的分块方式。

“7+1”分块采用较少的分块数量，可以加快盾构拼装施工速度，有效减少衬砌环接缝数量，从而减少防水材料使用量，降低漏水概率。而对于分块数量少引起单块管片长度略有增大、进而增加管片制作裂缝控制难度的问题，可以通过掺加聚丙烯纤维，提高管片的抗裂性、抗渗性来解决。

（4）楔形量的设置。通用楔形环考虑为双面楔形，根据本工程的线路情况、盾构机设计的能力，考虑管片模具今后的适用性，按最小平曲线半径计算，并考虑盾构施工纠偏的需要，楔形量取 36mm。

（5）封顶块的接头角度和插入角度。对于隧道的高水压条件，封顶块（F 块）应采用轴向插入方式，以提高管片接头抗剪能力。同时在 2m 环宽的条件下，考虑施工机械的实际条件，封顶块拼装采用先径向搭接 2/3 后纵向插入的方式。

5. 环、纵缝构造及接头连接方式

盾构隧道常用的螺栓连接主要有直螺栓、弯螺栓、斜螺栓 3 种，如图 6-3 所示。考虑到弯螺栓刚度小，较易变形，螺栓较长，材料消耗较大，且在螺栓预紧力、高水土压力和地震作用下对端头混凝土产生较大的挤压作用，易造成混凝土破坏，对结构的长期安全不利。直螺栓抵抗弯矩的能力较大，但是对管片的削弱也较大，并且施工中螺栓的安装工序较斜螺栓复杂。斜螺栓在结构上加强了构件的联结，防止接头两边错动，可有效地承担接头处的剪力和弯矩，且螺栓较短，材料消耗小。

经综合分析，苏通 GIL 综合管廊工程隧道管片接缝连接采用斜螺栓，螺栓中心距管片内侧面 270mm。通过管片静力工况与地震工况下结构分析计算，在最不利工况条件下，考虑接缝弹性密封垫预紧力的作用，块与块之间每块设置 3 颗 M36 环向螺栓（布置于 3 个手孔内，每个手孔内各 1 颗，整环共 24 颗），环与环之间每环均匀布置 22 颗 M40 纵向螺栓，螺栓机械等级为 10.9 级。

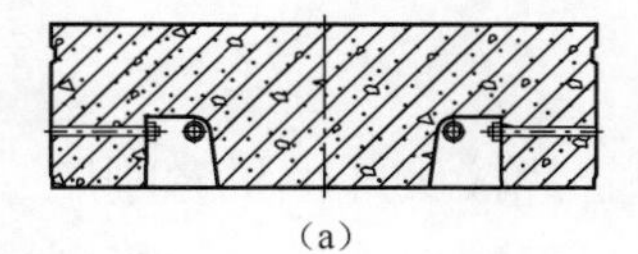
(a)

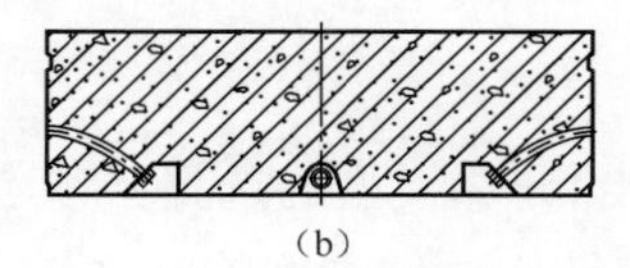
(b)

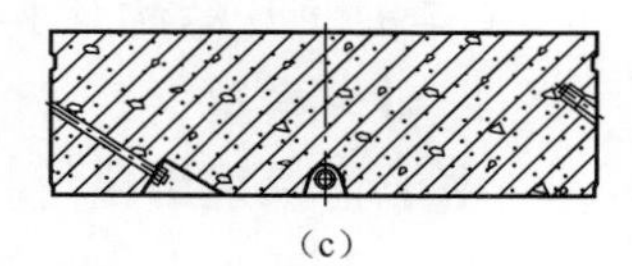
(c)

图 6-3 螺栓连接方式示意图

（a）直螺栓连接型式图；（b）弯螺栓连接型式图；（c）斜螺栓连接型式图

为有效抑制管片间错台的发生，本隧道在管片环缝上设置凹凸榫槽。

国内以往在盾构隧道环与环间设置的凹凸榫形式一般为全周贯通分布的同心圆环块或同圆心布置的不连续矩形块。该形式的弊端在于凹凸榫最多只能产生两个点接触或面接触，在管片衬砌环间产生剪切错动时，会形成很大的集

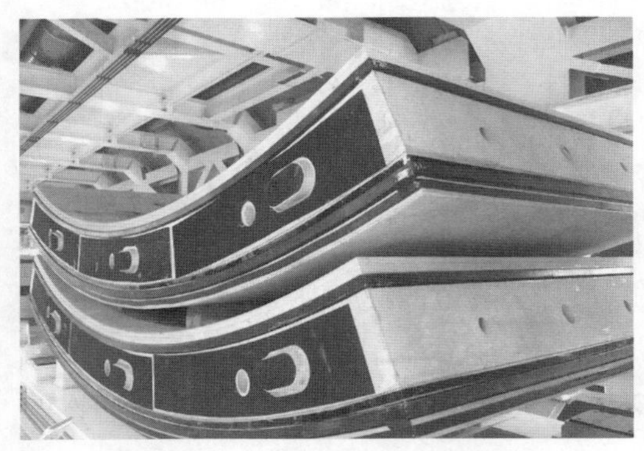

图 6-4 标准块管片立面图
（分布式圆端形凹凸榫）

中荷载和局部应力，造成局部混凝土破坏，进而失去抗剪能力。

基于上述原因，苏通 GIL 综合管廊工程隧道在环与环之间设置分布式圆端形凹凸榫，如图 6-4 所示。分布式圆端形凹凸榫优点在于当管片环间发生错动变形时，所设置的全部凹凸榫能够同时发挥作用和提供抗剪力，从而大幅度提高抗剪能力，抑制错台变形。

6. 构造要求

管片主筋保护层厚度：迎土侧 50mm，背土侧 40mm。

结构裂缝要求：管片 0.2mm。

7. 构件精度要求

为保证盾构装配式衬砌良好的受力性能，达到结构的设计意图，提供符合结构计算假定的工作条件，管片的制作和组装精度必须达到以下精度。

（1）单块管片制作的允许误差：宽度±0.5mm；弧、弦长±1.0mm；外半径 0～2mm；内半径±1mm；环向螺栓孔孔径及孔位±1.0mm。

（2）整环拼装的允许误差：相邻环的环面间隙≤1.0mm；纵缝相邻块块间间隙为+1mm；对应的环向螺栓孔不同轴度小于 1mm。

（3）推进时轴线误差≤100mm（包括施工误差、测量误差、不均匀沉降、结构变形及线路轴线拟合误差等）。

（二）管片结构计算

1. 计算模型

由于管片采用错缝拼装，计算模型的选择必须考虑管片接头部位抗弯刚度的下降、环间螺栓等对隧道结构总体刚度的补强作用，根据国内外常用的模型和计算方法，选择梁—弹簧模型法和匀质圆环法两种模型进行分析。设计采用其包络值作为依据。

（1）梁—弹簧模型。对盾构隧道管片衬砌结构的截面内力计算，多以经验性为主的简化计算法为主。而接头的梁—弹簧模型（见图 6-5）计算考虑了环向和纵向接头的位置和刚度，以及错缝时的环间相互咬合效应等，采用精确计算法对盾构隧道管片结构进行内力及变形分析。

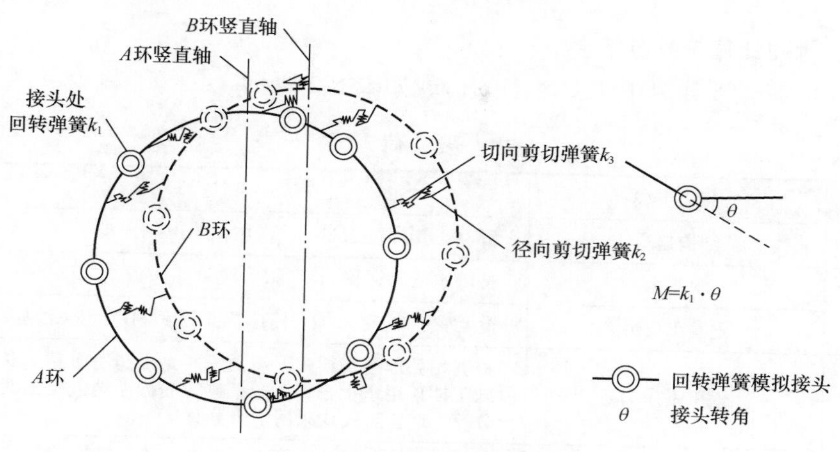


图 6-5 梁—弹簧模型图

（2）匀质圆环模型。本计算方法把衬砌结构按匀质圆环计算，地基抗力使用地基弹簧来模拟土体的抗力。计算过程中考虑环向接头的存在，圆环整体的弯曲刚度降低，取圆环抗弯刚度为$\eta EI$（$\eta$为小于 1 的弯曲刚性有效率），考虑错缝拼装后整体补强效果，进行弯矩的重分配，如图 6-6 所示。

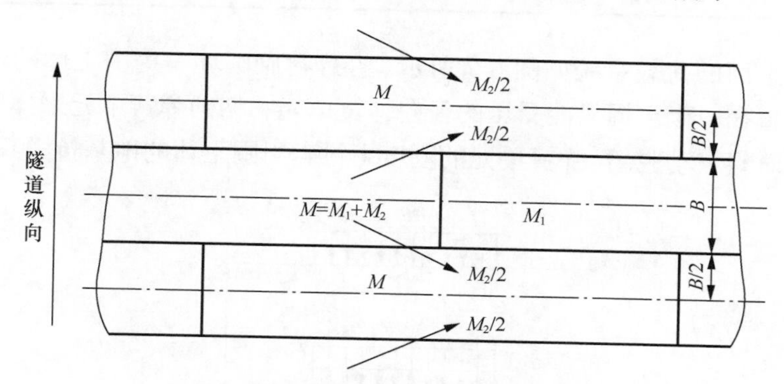


图 6-6 错缝拼装弯矩分配示意图

接头处内力：$M_j=(1-\xi)\times M \quad N_j=N$

管片上内力：$M_S=(1+\xi)\times M \quad N_S=N$

式中 $\xi$——弯矩调整系数；

$M$、$N$——分别为均质圆环计算弯矩和轴力；

$M_j$、$N_j$——分别为调整后的接头弯矩和轴力；

$M_S$、$N_S$——分别为调整后管片本体弯矩和轴力。

2. 衬砌计算荷载与组合

（1）荷载。计算中主要考虑的荷载如表 6-2 所示。

表 6-2　　主要荷载

| 序号 | 荷载类型 | 备注 |
|---|---|---|
| 1 | 结构自重 | 混凝土管片按 26kN/m³ 考虑 |
| 2 | 水压力 | 按静水压力计算 |
| 3 | 垂直土压力 | 覆土厚度≤1*D*，取 1*D* 计算；覆土厚度＞1*D*，按太沙基公式折减 |
| 4 | 水平土压力 | 根据相关地勘资料，淤泥质粉质黏土和粉质黏土混粉土地段施工期采用水土合算，粉细砂、粉砂层地段施工期采用水土分算；运营阶段均采用水土分算 |
| 5 | 地层反力 | |
| 6 | 施工荷载（千斤顶顶力、不均匀注浆压力等） | |
| 7 | 结构内部荷载（管线荷载等） | |
| 8 | 地震荷载 | |
| 9 | 其他偶然荷载 | 如人防荷载、爆炸荷载、沉船荷载（取 20kPa），抛锚荷载等 |

计算采用的荷载系统如图 6-7 所示。管片衬砌圆环与周围土体的相互作用均通过设置在衬砌全周只能受压的径向弹簧单元和切向弹簧单元来体现，这些单元受拉时将自动脱离，弹簧单元的刚度由衬砌周围土体的地基抗力系数决定。

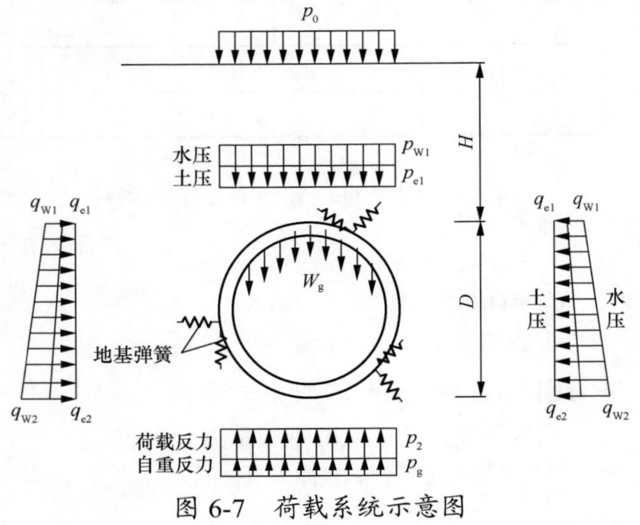


图 6-7　荷载系统示意图

（2）结构荷载组合表。结构设计时，分别按施工阶段、正常运营阶段可能出现的最不利荷载进行组合，对强度、刚度和裂缝宽度分别进行验算。特殊荷载阶段每次仅对一种特殊荷载进行组合，同时考虑材料强度综合调整系数，不进行裂缝宽度验算。

衬砌结构计算所采用的荷载系数组合如表 6-3 所示，设计中取其最不利组合作为设计依据。

**表 6-3　荷载系数组合表**

| 序号 | 荷载类型<br>作用效应组合 | 永久荷载 | 可变荷载 | | 偶然荷载 |
|---|---|---|---|---|---|
| | | | 基本可变荷载 | 施工荷载 | |
| 1 | 基本组合（强度计算） | 1.35 | 1.4 | / | / |
| 2 | 标准组合（裂缝验算） | 1.0 | 1.0 | / | / |
| 3 | 偶然组合 | 1.2 | / | / | 1.3 |
| 4 | 施工阶段效应组合 | 1.0 | / | 1.0 | / |

3. 计算断面的选取

由于盾构所穿越的地层物理力学性质不同，地面（含河床线）起伏较大。在结构计算时根据隧道所处地层特点、上覆土变化、水压力不同等特征选取不同的断面进行计算，经比较，具有代表性的断面分布如表 6-4 所示。

**表 6-4　计算断面分布表**

| 截面编号 | 里程 | 覆土厚度（m） | 特征 | 对应钻孔 | 隧道所在地层 |
|---|---|---|---|---|---|
| 计算断面 1 | DK0+263 | 22.37 | 下穿江南大堤 | C8 | 淤泥质粉质黏土、粉质黏土 |
| 计算断面 2 | DK1+434 | 37.4 | 江中大覆土厚度 | K7 | 粉土、粉细砂 |
| 计算断面 3 | DK1+635 | 36.56 | 江中大覆土厚度（全砂质地层） | C5 | 粉细砂 |
| 计算断面 4 | DK1+969 | 26.86 | 江中深槽处 | K6 | 细砂、中粗砂 |
| 计算断面 5 | DK4+285 | 33.0 | 江中大覆土厚度（全粉质黏土） | C2 | 粉质黏土<br>混粉土 |
| 计算断面 6 | DK5+200 | 26.84 | 下穿江北大堤 | J104 | 粉质黏土混粉土、粉砂 |

4. 管片内力计算

对上述断面计算结果如表 6-5 所示，断面 1 计算结果如图 6-8 所示。

表 6-5　　管片内力计算结果

| 序号 | 计算工况 | 管片内侧 | | 管片外侧 | |
|---|---|---|---|---|---|
| | | 最大弯矩（kN·m/环） | 对应轴力（kN/环） | 最大弯矩（kN·m/环） | 对应轴力（kN/环） |
| 计算断面 1 | 施工期 | 945.152 | 3796.58 | 709.696 | 4718.6 |
| | 运营期 | 560.638 | 4424.82 | 455.286 | 5162.48 |
| 计算断面 2 | 施工期 | 1034.982 | 5814.86 | 773.214 | 7380.2 |
| | 运营期 | 485.29 | 6521.74 | 444.548 | 7193.04 |
| 计算断面 3 | 施工期 | 574.366 | 7450.9 | 534.17 | 7428.04 |
| | 运营期 | 566.696 | 7415.82 | 529.542 | 8176.68 |
| 计算断面 4 | 施工期 | 594.256 | 8553.12 | 558.818 | 9346.66 |
| | 运营期 | 594.256 | 8553.12 | 558.818 | 9346.66 |
| 计算断面 5 | 施工期 | 1756.586 | 5008.2 | 1176.032 | 6942.74 |
| | 运营期 | 601.9 | 5759.8 | 498.628 | 6513.66 |
| 计算断面 6 | 施工期 | 790.608 | 4756.74 | 582.14 | 5622.02 |
| | 运营期 | 667.94 | 4537.62 | 522.444 | 5352.58 |

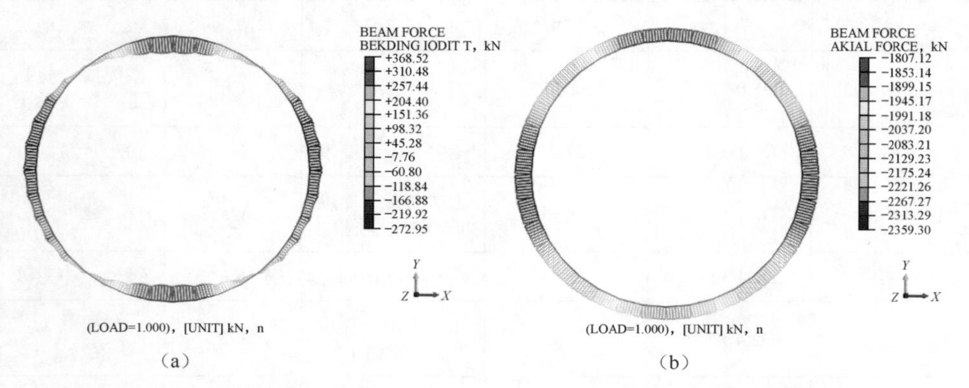


图 6-8　断面 1 内力图（未考虑 1.3 弯矩增大系数）(一)

(a) 施工期弯矩（kN·m/m）；(b) 施工期轴力（kN/m）

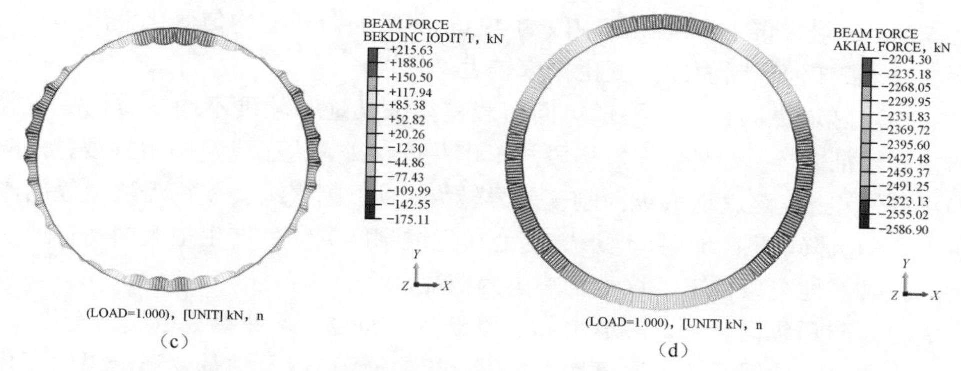


（c）　　　　（d）

图 6-8　断面 1 内力图（未考虑 1.3 弯矩增大系数）（二）

（c）运营期弯矩（kN·m/m）；（d）运营期轴力（kN/m）

根据管片内力计算结果，本工程盾构段推荐采用 4 种配筋型式，见表 6-6。

**表 6-6　　管片配筋表**

| 类型 | 管片外侧配筋 | 管片内侧配筋 | 适用范围 |
|---|---|---|---|
| A | 4D22+11D18 | 4D22+10D20 | 江中砂层、两岸浅覆土段 |
| B | 4D25+11D20 | 4D25+10D22 | 下穿江南大堤、江北大堤 |
| C | 4D28+11D22 | 4D28+10D25 | 江中粉质黏土地层、深槽处 |

注　表中 D 表示Ⅲ级钢。

5. 施工荷载验算

根据盾构外径和地层条件，计算出盾构机总的装配推力约为 14 000t，如果千斤顶按 22 组（每组 2 个千斤顶）均匀分布，撑靴的尺寸设计为 1100mm×500mm（一组千斤顶的撑靴），则计算得到管片局部承压安全系数 $K=4.7$，能够满足施工需要。

6. 盾构隧道段纵向设计

（1）隧道纵断面概况。苏通 GIL 综合管廊工程隧道纵断面设计有以下几个方面的特点：

1）隧道穿越地层渗透性变化较大，江南岸上段隧道穿越地层主要为淤泥质粉质黏土和粉质黏土混粉土（弱透水性），而江中段及江北岸上段穿越地层主要为粉砂、粉细砂层（强透水性好）。在结构受力上差异大。

2）隧道全线上覆土厚度变化较大，隧道最小覆土厚度为江南始发工作井处 5.85m，最大覆土厚度在江中段约 49.0m，纵向荷载不均匀变化大。

3）长江河床断面冲淤变化幅度较大。

（2）隧道纵向设计。隧道纵向荷载差异大及地基软硬不均是盾构隧道段的主要特征之一。此外，在盾构段与工作井连接处，为了满足防水需要，采取局部刚性连接，这就造成纵向刚度差异较大。以上因素都会使得沿隧道纵向产生不均匀沉降，并在地层、地形突变处和隧道刚度突变处产生很大的变形或应力，尤其在地震条件下，这种影响更为明显。

（3）隧道纵向计算。隧道顶部的覆土荷载和地质条件沿隧道线路变化大，由于纵向穿越地层及覆土厚度均不相同，隧道所受荷载及地基变形沿纵向变化不一，因此，需要根据隧道纵断面形态和河床最大冲刷线的变化情况，对盾构隧道进行纵向分析。

1）计算模型。计算建立弹性铰—梁—地基模型，即衬砌环用梁单元模拟，环间接头用旋转弹簧模拟，地基用土层弹簧模拟，用该模型求解不但可以得到整个隧道的纵向受力性能，借以评价隧道纵向的特性。

2）河床冲淤引起的纵向变形计算。河床冲刷或淤积造成隧道上方覆土厚度的变化均会引起隧道的不均匀变形。故对隧道段进行纵向计算。

冲刷条件下隧道的纵向内力及变形均大于淤积。淤积下内力数值较小，内力特征点位置与之相同。冲淤条件下隧道纵向弯矩最大值约 7493kN・m，最大剪力值约 2863kN，最大变形值约 2.5mm。经验算，冲刷及淤积不会对结构造成破坏。

3）纵向位移控制措施。设计中主要采用的措施包括：① 管片之间采用螺栓连接，并设置环面剪切销，使隧道环缝具有一定的刚度，控制隧道纵向变形。② 在盾构进始发和到达处，采用三轴搅拌桩加固土体，既确保盾构进始发到达安全，又可减少圆形隧道与工作井之间的差异沉降。③ 在盾构施工中，采取同步注浆与衬砌壁后二次注浆，确保衬砌与周边土体之间无空隙。

### （三）盾构始发及到达

盾构始发及到达是盾构隧道设计、施工中的关键节点及工序，工序复杂，工程风险相对较大，盾构始发及到达施工容易引发地表变形过大、透水涌砂等事故，直接影响周围建筑物的安全和整个施工过程的安全。

泥水盾构端头加固的目的在于改良端头土体，保持洞门破除期间土体的稳定，控制端头区地层变形，隔断加固区内外水力联系，建立泥水舱压力。在设计阶段结合周边环境条件及工程水文地质条件确定合理的进出洞设计方案是盾构进出洞成功与否的关键影响因素之一，对降低进出洞风险乃至整个工程风险具有重要意义。

1. 盾构始发设计

苏通 GIL 综合管廊工程南岸始发井所处地层由上至下分别为$③_1$淤泥质粉质黏土、$③_2$粉砂、$③_3$淤泥质粉质黏土、$③_4$粉质黏土与粉土互层、$③_5$淤泥质粉质黏土。为了确保盾构安全始发，始发端头设计采用高压旋喷+冻结法+搅拌桩加固。

始发端头采用搅拌桩沿盾构掘进方向对地层进行全断面加固，整个全断面加固区沿线路方向长度 18m，加固宽度为隧道两侧各 5m，加固深度为拱顶上 5m 至隧道底部下 5m。靠近工作井 2m 范围内布置竖向冻结管 2 排，加固体与工作井侧墙交界面布设一排咬合旋喷桩，以进一步封堵加固体与工作井间缝隙，阻断可能的地下水流通路径。

加固长度能保证盾构机在刀盘推出加固区之前建立泥水平衡，保证开挖面稳定。同时将加固体视为厚板，按照弹性力学理论公式计算，在承受外部水土压力的情况下，加固体的强度及稳定性安全系数均大于 1.5，可保证安全始发。

在始发过程中，为防止泥水从洞门圈与盾构壳体形成环形的建筑空隙大量窜入盾构工作井内，影响盾构机开挖面泥水压力、开挖面土体的稳定及盾构内施工，必须在始发前在洞门处设置性能良好的密封装置。根据类似大直径盾构经验，本设计采用双层折叶式（翻板）密封装置，双层翻板之间可以压注油脂，形成的防水箱体具有受力好、密封好、操作简单、刚度大、安全可靠的优点。

加固土体及始发临时防水装置达到设计要求，盾构机组装调试到位后，凿除洞门范围内的工作井围护墙，盾构机前推至掌子面建立泥水平衡后开始掘进。

始发前，应进行现场抽水试验，检验端头加固区内降水井的降水能力。盾尾脱出加固区距离不小于 10 环且已拼装管片无渗漏，方可停止降水，否则不得停止降水并应进行二次注浆止水。外包洞门完成前，需保证端头加固区域内的降水井可正常运转，以作为应急处理措施。

2. 盾构接收设计

苏通 GIL 综合管廊工程北岸接收井所处底层由上至下分别为$①_1$粉细砂、

①$_2$粉土夹粉质黏土、①$_{2-1}$粉质黏土夹粉砂、①$_3$粉砂，盾构所在地层为①$_2$粉土夹粉质黏土、①$_{2-1}$粉质黏土夹粉砂。接收端头设计采用高压旋喷+冻结法+搅拌桩加固，并外包800mm厚素混凝土地下连续墙。

加固区采用搅拌桩沿盾构掘进方向对地层进行全断面加固，整个全断面加固区沿线路方向长度18m，加固宽度为隧道两侧各5m，加固深度为拱顶上5m至隧道底部下5m，并外包800mm厚素混凝土地下连续墙。加固体与工作井侧墙交界面布设一排咬合旋喷桩，与搅拌桩同深，靠近工作井2m范围内布置竖向冻结管2排，以进一步封堵加固体与工作井间缝隙，阻断可能的地下水路径。盾构接收前应在盾构端头范围内降水，降水应能保证水位降至洞口以下1m。

## 二、明挖隧道结构设计

### （一）始发井及施工通道结构设计

1. 概况

根据施工规划，始发工作井位于长江南岸（常熟侧），工作井西侧为常熟电厂，北侧为苏通大桥展览馆，东侧为空旷规划用地。南岸工作井的设计里程为DK0-032～DK0+000，工作井的平面外包尺寸为32m×22.8m（不含围护墙厚），施工场地整平标高为3.1m，底板埋深约为20.8m。

南岸工作井在施工期间为盾构机始发提供作业空间，同时为盾构掘进提供管片、箱涵、砂浆罐等施工物料的运输通道；在运营期间为GIL管廊提供物料运输和检修的进出通道、通风口和设备间，并预留足够空间进行逃生救援。工作井地上设置两层生产综合楼，以工作井侧墙作为其基础。

根据盾构机制造商提供的资料，设置58m的始发加深段即可满足盾构整体始发的长度要求，加深段宽度10.5m。

苏通GIL综合管廊工程盾构段长5468.545m，长距离盾构掘进时施工物料通过始发井垂直运输的能力往往成为制约盾构机快速掘进的瓶颈。设计考虑在盾构始发加深段后设置一直通地面的U型槽通道，既可释放盾构机快速掘进的能力，同时可减少物料的倒运与吊装，有利于节省投资，并提高施工安全性。U型槽施工通道宽度为10.5m，采用5%纵坡，长度约为220m。

始发井及施工通道的工程规模如表6-7所示，其中，施工通道U型槽段（含加深段）均为临时结构，运营期采用压实填土回填。

表 6-7　始发井及施工通道工程规模表

| 分项 | 分节 | 起始里程 | 终点里程 | 长度（m） |
| --- | --- | --- | --- | --- |
| 施工通道 U 型槽段 | S1～S6 | DK0-252.166 | DK0-066.500 | 185.666 |
| 施工通道加深段 | S7 | DK0-066.500 | DK0-032.000 | 34.5 |
| 南岸工作井 | | DK0-032.000 | DK0+000.000 | 32 |

2. 围护结构设计

（1）基坑安全等级。根据 JGJ 120—2012《建筑基坑支护技术规程》，综合考虑基坑周边环境和地质条件的复杂程度、基坑深度等因素，按表 6-8 评定基坑安全等级。

表 6-8　支护结构的安全等级

| 安全等级 | 破坏后果 |
| --- | --- |
| 一级 | 支护结构失效、土体过大变形对基坑周边环境或主体结构施工安全的影响很严重 |
| 二级 | 支护结构失效、土体过大变形对基坑周边环境或主体结构施工安全的影响严重 |
| 三级 | 支护结构失效、土体过大变形对基坑周边环境或主体结构施工安全的影响不严重 |

南岸工作井主要位于 0 填土、②粉质黏土、$③_1$淤泥质粉质黏土、$③_2$粉砂、$③_3$淤泥质粉质黏土、$③_4$粉质黏土与粉土互层、$③_5$淤泥质粉质黏土层中，主要为软弱土地层。工作井的基坑深度为 20.8m，为一级基坑。施工通道加深段基坑深度为 15.2～16.8m，为一级基坑，施工通道 U 型槽基坑深度 7～10.4m 段为二级基坑，施工通道 U 型槽基坑深度 0.8～7m 段三级基坑。

南岸工作井、施工通道加深段的环境保护等级为二级，围护结构最大侧移$\leqslant 0.3\%H$，且不超过 40mm，坑外地表最大沉降$\leqslant 0.25\%H$，且不超过 30mm；施工通道 U 型槽段基坑的环境保护等级为三级，围护结构最大侧移$\leqslant 0.7\%H$，坑外地表最大沉降$\leqslant 0.55\%H$。

（2）围护结构型式的选择。基坑的围护结构主要承受基坑开挖所产生的土压力和水压力，并将此压力传递到内支撑，是稳定基坑的一种技术措施。基坑围护形式的选择必须根据基坑开挖深度、地质情况、场地条件、环境条件以及施工条件，通过多方案比选确定，所采用的围护结构应安全可靠、技术可行、施工方便、经济合理。在充分借鉴国内外基坑围护形式成功经验的基础上，积极采用新技术、新工艺。国内地下工程常用的围护结构形式主要有地下连续墙、钻孔灌注桩、SMW 工法桩等，各种围护结构型式综合比较见表 6-9。

表 6-9　　围护结构型式比选表

| 比较项目 | 地下连续墙 | 钻孔灌注桩 | SMW 桩 |
|---|---|---|---|
| 对地层的适应性 | 适用于各种土层 | 适用于各种土层 | 适用于较软弱地层 |
| 围护结构效果 | 围护结构刚度大、变形小，对邻近建筑与地下管线影响小 | 围护结构刚度较大、变形较小，对邻近建筑与地下管线影响较小 | 围护结构刚度小、变形大，对邻近建筑与地下管线有较大影响 |
| 防水效果 | 防水效果好，地连墙接缝一般需加强止水措施 | 防水效果差，需配合连续式止水帷幕或桩间止水措施 | 防水效果好 |
| 与永久结构结合情况 | 可按单层墙考虑，可与内衬结合形成叠合墙或复合墙 | 与主体结构共同受力，侧墙宜按复合墙考虑 | 临时支护，不能作为永久结构的一部分 |
| 适用深度 | 可适用深度较大的基坑 | 可适用深度较大的基坑 | 基坑深度一般不宜大于 10m |
| 施工对环境的影响 | 施工时振动小，噪声低，施工泥浆对环境造成一定污染 | 施工时振动小，噪声低，施工泥浆对环境造成一定污染 | 施工噪声低，对周边环境影响小 |
| 施工机械 | 需要大型成槽机械 | 需要大型钻机 | 需要大型搅拌桩机械 |
| 施工速度 | 施工工艺复杂 | 施工工艺复杂 | 施工方便工期短 |
| 造价 | 高 | 较高 | 低 |

地下连续墙技术有施工振动小，噪声低，墙体刚度大，防渗性能好，地质适应性强等特点，在城市深大基坑及地质复杂的工程中得到广泛应用。地下连续墙技术具有如下优点：可减小工程施工时对环境的影响；墙体刚度大、整体性好，因而结构和地基变形较小，既可适用于超深基坑围护结构，也可兼作主体结构侧墙或作为主体结构侧墙的一部分；耐久性好，抗渗性能亦较好等。因此，在上海、南京、武汉较多的越江隧道盾构工作井中都采用地下连续墙作为围护结构。

（3）围护结构方案。南岸工作井基坑深度 20.8m，采用 1.0m 厚地下连续墙作为围护结构，逆作法施工，地连墙与主体结构侧墙形成叠合墙结构共同受力，并同时作为工作井上方地面建筑的基础，地连墙按永久结构设计，地连墙接缝采用型钢接头。

施工通道加深段基坑深度为15.2～16.8m，考虑到其为临时结构，为节省工程造价，围护结构采用1.0m地连墙兼作主体结构侧墙。为加强止水，地连墙接缝采用型钢接头。

施工通道U型槽段基坑深度为0.7～10.4m，基坑深度≤3m段采用放坡开挖，基坑深度 3～4.5m 段采用重力式挡墙，其余区段围护结构采用$\phi$850@600mm SMW工法桩。

经过各断面围护结构计算，各节段围护结构方案汇总表如表6-10所示。

**表6-10　围护结构汇总表**

| 工程段 | 里程范围 | 基坑深度（m） | 围护型式 | 支撑布置 | 围护墙深度（m） |
|---|---|---|---|---|---|
| 施工通道U型槽段 | DK0-252.166～DK0-215.0 | 0.8～2.8 | 放坡开挖 | | |
| | DK0-215.0～DK0-185.0 | 2.8～4.3 | 重力式挡墙 | | 6.5 |
| | DK0-185～DK0-090.0 | 4.3～10.4 | $\phi$850@600mm SMW | 1～2道支撑 | 10～19 |
| 施工通道加深段 | DK0-090～DK0-032.0 | 15.4～16.8 | 1000mm地连墙 | 1道混凝土支撑+3道钢支撑 | 30 |
| 南岸工作井 | DK0-032～DK0+000 | 20.8 | 1000mm地连墙 | 4道混凝土支撑 | 36.5 |

3. 主体结构设计

（1）南岸工作井结构方案。南岸工作井的结构型式为地下矩形空间箱型结构，底板埋深约20.8m。盾构始发处井壁开孔，开洞直径为12.5m。为确保支撑凿除后工作井整体安全稳定，工作井采用逆做法，主体结构内衬与环框梁随基坑开挖施做。

沿工作井深度方向设置 4 层框架梁（兼围护结构围檩），顶框架梁断面1000mm×2000mm，第 2 道框架设在盾构开洞上方，根据长宽方向跨度不同分别采用 1600×3600mm、1600×3000mm 断面，第 3、4 道框架梁断面1200mm×1400mm，底板厚1500mm，侧墙厚度为1200mm。框架内力分析时，内衬墙与地下连续墙按叠合墙考虑，地下连续墙作为内部结构的一部分参与工作井结构的整体受力分析。运营期工作井内部布置 4 层，各层结构采用梁柱体系。

（2）施工通道结构方案。施工通道设计里程范围为 DK0-252.166～DK0-32，共 220.166m，按临时结构设计。其中，加深段长度 34.5m，结构净宽度为 10.5m，利用围护地连墙作为施工期临时主体结构侧墙，为提高连续墙纵向整体性与接缝防水能力，连续墙接头采用型钢接头。由于加深段结构为一矩形空腔，考虑地连墙参与抗浮后仍不满足抗浮安全系数不小于 1.05 的要求，通过采取加深地连墙与施做抗拔桩的经济性比较，采用抗拔桩进行抗浮。

施工通道 U 型槽段长度为 185.666m，结构净宽度为 10.5m，采用 U 型槽结构，抗浮不满足要求断面利用底板下抗拔桩抗浮。

施工通道段为临时结构，待盾构贯通后采用压实黏性土回填。

（二）接收井结构设计

1. 概况

根据施工规划，接收工作井位于长江北岸（南通侧），北岸工作井位于江苏韩通赢吉重工有限公司东侧规划的“航母世界”旅游文化项目用地中，为人工吹填地基。北岸工作井的设计里程为 DK5+468.545～DK5+498.545，工作井的平面外包尺寸为 30m×23.5m（不含围护墙厚），底板埋深约为 28.8m。

北岸工作井在施工期间为盾构机接收提供作业空间，在运营期间为 GIL 管廊通道，提供检修的进出通道、通风口和设备间，并预留足够空间进行逃生救援。工作井地上设置两层生产综合楼，以工作井侧墙作为其基础。

2. 围护结构设计

（1）基坑安全等级。北岸工作井主要位于$①_1$粉细砂、$①_2$粉砂混粉土、$①_{2-1}$粉质黏土夹粉土、$①_3$粉砂、$④_1$粉质黏土混粉土、$⑤_1$粉细砂层中。工作井的基坑深度为 28.8m，为一级基坑。工作井环境保护等级为二级，围护结构最大侧移≤0.3%H，且不超过 40mm，坑外地表最大沉降≤0.25%H，且不超过 30mm。

（2）围护结构方案。北岸工作井基坑深度 28.8m，采用 1.2m 厚地下连续墙作为围护结构，逆作法施工，地连墙与主体结构侧墙形成叠合墙结构共同受力，并同时作为工作井上方地面建筑的基础，地连墙按永久结构设计，地连墙接缝采用型钢接头。

3. 主体结构设计

北岸工作井的结构型式为地下矩形空间箱型结构，底板埋深约 29m。盾构接收处井壁开孔，开洞直径为 12.5m。为确保支撑凿除后工作井整体安全稳定，工作井采用逆做法，主体结构内衬与环框梁随基坑开挖施做。

沿工作井深度方向设置 5 层框架梁（兼围护结构围檩），顶框架梁断面 1000mm×2400mm，第 2 道框架梁断面为 1200mm×2200mm，第 3 道框架设在盾构开洞上方，根据长宽方向跨度不同，分别采用 1600mm×3600mm、1600mm×3000mm 断面，第 4、5 道框架梁断面 1200mm×1600mm，底板厚 1500mm，侧墙厚度为 1200mm。框架内力分析时，内衬墙与地下连续墙按叠合墙考虑，地下连续墙作为内部结构的一部分参与工作井结构的整体受力分析。运营期工作井内部布置 5 层，各层结构采用梁柱体系。

## 三、内部结构设计

### （一）隧道内部结构布置

隧道横断面采用圆形布置型式，分为上下两部分，管廊上部分布置两回 GIL 管廊，上腔中间区域设置用于安装运输车通行轨道，轨道采用 50kg/m 钢轨、无缝线路、整体道床，轨距为 2m。管廊下部分为 3 个腔室，两侧预留两回 500kV 电缆廊道，下层中间箱涵设置人员巡视通道。

为满足内部结构与盾构掘进同步施工的要求，内部结构采用“中间预制箱涵＋两侧现浇侧板”形式。中间箱涵顶板厚 0.3m，中墙厚 0.25m，箱涵总高度 4.25m，考虑隧底填充后巡视通道净高 2.45m，净宽 2.5m。箱涵两侧路面板采用现浇型式，厚 0.45m，现浇路面板与预制箱涵通过钢筋接驳器连接。预制箱涵随盾构掘进，同步拼装，箱涵间纵向通过 4 根螺栓连接。

### （二）非封闭内衬

单层管片衬砌结构刚度较小，在荷载变化幅度大时（如河床发生大幅冲淤变化）结构横向变形变化大，接缝张开量增大而导致渗漏。从防水及其对结构稳定性的角度分析，由于隧道位于强透水砂层，一旦接缝渗漏，渗水直接和外部联通，水量很大，漏水同时带走地层中的细颗粒，影响地层稳定。不同部位的防水密封垫失效将对结构稳定性产生不同的影响，主要包括隧道底部漏水的产生将使结构产生不均匀沉降；两侧的漏水将降低结构两侧的地层抗力，使隧道变形加大，内力大幅度增加，进而有可能使结构产生破坏；顶部的漏水除影响隧道的正常使用外，对结构安全影响较小。同时，顶部的漏水容易被发现，能得到及时的处理。因此，为加强结构的整体稳定性，设置内衬结构。

结合本工程建设条件，并参考国内其他越江隧道工程的研究与建设经验，利用圆形隧道侧向及底部富余空间设置非封闭内衬（底部与两侧拱腰内衬厚度 200mm），内衬、内部结构与管片间通过钢筋连接为叠合结构。既不增大隧道直径，又增加了结构的整体刚度，确保了隧道底部和两侧的防水效果以及结构的长久稳定。同时，内衬的设置也增强了结构在偶然荷载工况下的安全性。

内衬结构承担的荷载包括结构自重；较施工期变化的水土压力；陆域段，由于地下水位变化而相应引起的土压力变化；水域段，由于河床冲淤而引起的土压力变化及水压力变化；设备荷载；河床冲淤荷载；检修车辆荷载及其动力作用；人群荷载；人防荷载等。

按照规范对各构件承载力极限状态和正常使用极限状态的横断面进行验算，各断面尺寸合理，配筋情况满足规范要求，裂缝宽度满足控制标准。

（三）轨道设计

管廊上腔设置运输车轨道，运输车轨道采用 50kg/m 钢轨、无缝线路、整体道床。

1. 钢轨

钢轨采用 50kg/m、25m 定尺长、U71Mn 无螺栓孔钢轨。钢轨型式尺寸及技术条件符合当时的 TB/T 2344—2012《43kg/m～75kg/m 钢轨订货技术条件》的规定。

2. 扣件

采用弹条Ⅰ型分开式扣件，铺设标准为 1600 对/km；扣件主要设计参数：采用 TB/T 1495—2020《弹条Ⅰ型扣件》的 B 型弹条，轨距调整量 −8～+4mm，调高量为 20mm。

3. 道床

采用扣件直接式整体道床。轨道结构高度为 250mm，道床宽度为 2.7m，道床沿纵向每隔 6m 设置伸缩缝，道床伸缩缝设置在两扣件中间，伸缩缝宽 20mm，中间以沥青木板填充、顶面 30mm 高度用沥青麻筋封顶。道床混凝土为 C35 混凝土，道床内布设 3 层钢筋网，道床下结构层应预留钢筋套筒或预留伸出钢筋便于与道床连接牢固。道床下基础的工后沉降量不得大于

15mm。

为保证道床的平顺性、地坪的平整度及美观性，轮缘槽内嵌入橡胶压条填充块，仅预留轮缘槽空间，当需要进行扣件更换或调整时，可将橡胶压条取出，再进行维修操作。轮缘槽内橡胶压条填充块应采用长橡胶条供货，以保证橡胶压条安装后的密贴、稳固和平顺。

4. 轨道结构高度

轨道结构高度250mm，轨道横断面图如图6-9所示。

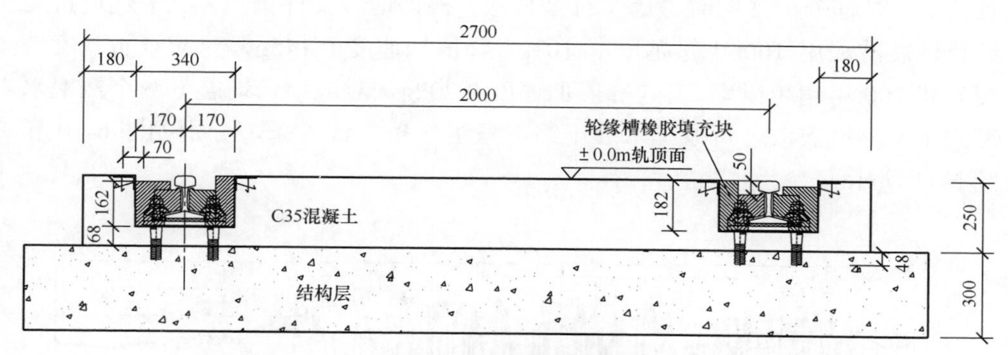


图6-9 轨道横断面图

## 四、抗震设计

根据工程场地地震安全性评价报告，本区域抗震设防烈度为Ⅶ度，隧道设计地震动参数按100年基准期、超越概率10%进行设计，按100年基准期、超越概率2%进行验算。

（一）抗震基本要求及抗震设防类别

依据中华人民共和国住房和城乡建设部2011年1月28日下发的《市政公用设施抗震设防专项论证技术要点（地下工程篇）》及《城市轨道交通结构抗震设计规范（送审稿）》，并考虑到越江隧道段的重要性和震后修复难度，抗震设防目标如下：

（1）当遭受低于苏通GIL综合管廊工程抗震设防烈度的多遇地震影响时，隧道主体结构不损坏，对周围环境和隧道正常运营无影响。

（2）当遭受相当于苏通GIL综合管廊工程抗震设防烈度的地震影响时，隧道主体结构不损坏或仅需对非重要结构部位进行一般修理，对周围环境影响轻微，不影响隧道正常运营。

（3）当遭受高于苏通 GIL 综合管廊工程抗震设防烈度的罕遇地震（高于设防烈度 1 度）影响时，隧道结构支撑体系不发生严重破坏且便于修复，无重大人员伤亡，对周围环境不产生严重影响，修复后可正常运营。

（二）抗震计算方法

隧道分为岸边明挖段和江中盾构段，苏通 GIL 综合管廊工程除采用反应位移法进行横断面计算外，对隧道越江段（含两岸工作井）采用时程分析法进行计算，时程分析法同时考虑了行波效应。根据地震安评报告，江中隧道抗震计算地震波采用 100 年超越概率 10%（峰值加速度 0.145$g$，对应设防烈度地震）和 100 年超越概率 2%（峰值加速度 0.202$g$，对应罕遇地震）两个概率水准的水平向地震波，每概率水准 1 组，每组 3 条，计 6 条，分别如图 6-10 和图 6-11 所示。

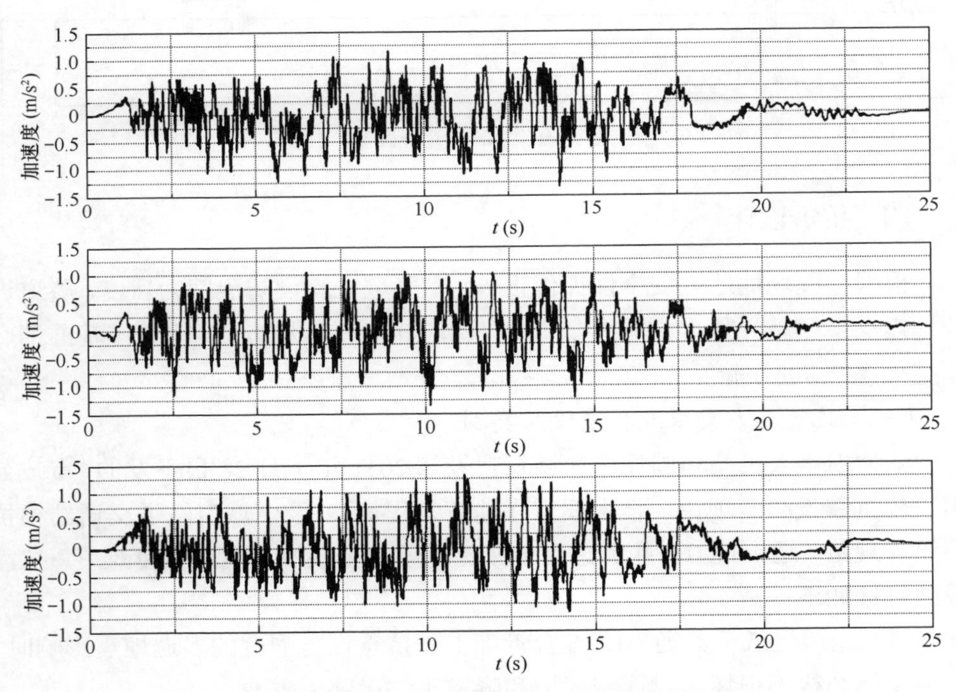


图 6-10 加速度时程曲线（100 年超越概率 10%，峰值加速度 0.145$g$）

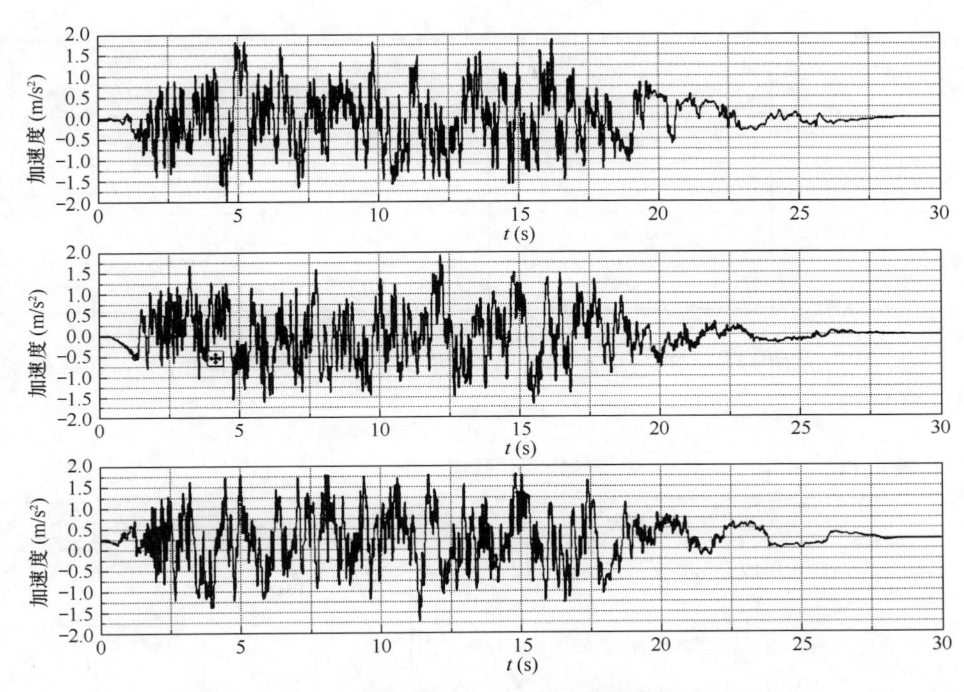


图 6-11 加速度时程曲线（100 年超越概率 2%，峰值加速度 0.202$g$）

（三）盾构隧道横断面抗震分析

1. 计算断面选取

两个典型的计算断面分别为江中水深最深覆土最浅处（DK2+155，覆土 22m）和岸边水深较浅覆土最深处（DK1+434，覆土 37.4m）。其地层动弹性参数如表 6-11 所示。

**表 6-11　地层动弹性参数一览表**

| 地层编号 | 岩土名称 | 容重（kN/m³） | 剪切波速 $V$s 加权平均值（m/s） |
|---|---|---|---|
| 3-1 | 淤泥质粉质黏土 | 17.6 | 110 |
| 4-1 | 粉质黏土混粉土 | 18.2 | 177 |
| 4-2 | 粉土 | 18.6 | 181 |
| 5-1 | 粉细砂 | 19.6 | 276 |

续表

| 地层编号 | 岩土名称 | 容重（kN/m³） | 剪切波速 Vs 加权平均值（m/s） |
|---|---|---|---|
| 5-2 | 细砂 | 19.8 | 287 |
| 6-1 | 中粗砂 | 20.3 | 333 |
| 6-2 | 粉砂 | 21.0 | 341 |
| 7 | 粉细砂 | 20.1 | 465 |

地震工况荷载组合包括永久荷载、可变荷载和地震作用，分项系数见表 6-12。

**表 6-12　　分项系数表**

| 地震工况荷载组合 | 重力荷载代表值 | 地震作用 |
|---|---|---|
| 设防烈度地震作用效应与其他作用效应基本组合构件强度验算 | 1.2（1.0） | 1.3 |
| 设防烈度地震作用效应与其他作用效应标准组合结构变形计算 | 1.0 | 1.0 |
| 罕遇地震作用效应与其他作用效应基本组合结构变形计算 | 1.2（1.0） | 1.0 |
| 罕遇地震作用效应与其他作用效应标准组合结构变形计算 | 1.0 | 1.0 |

注 1. 括号内为重力荷载代表值有利时的分项系数取值。
2. 重力荷载代表值计算按 GB 50011—2010《建筑抗震设计规范》（附条文说明）（2016 年版）第 5.1.3 条执行。

（1）永久荷载。

1）结构自重：钢筋混凝土重度$\gamma$= 25kN/m³。

2）覆土荷载：覆土重度$\gamma$= 20kN/m³。

3）侧向水土荷载：采用朗肯土压力理论。使用阶段为静止土压力，水土分算。

4）地基弹性抗力。

（2）可变荷载。

1）地面超载：20kN/m²。

2）浮力：按最高地下水位的全部水浮力计。

（3）地震作用。反应位移法进行地下结构地震反应计算时，考虑了土层相对位移、结构惯性力和结构周围剪力，土层相对位移、结构周围剪力均由一维土层地震反应计算得到，结构惯性力为结构质量与峰值加速度的积。

2. 计算结果及结论

（1）地震反应结构强度验算。一维土层地震反应分析得到土层相对位移和结构与周围土层剪力，同时结合结构惯性力，进行静力和地震耦合工况下的结构计算，其中静力对应运营期工况。地震结构强度验算考虑设防烈度地震工况（100 年超越概率 10%）和罕遇地震工况（100 年超越概率 2%），同时对比非地震工况下内力，计算结果（纵向 1 延米结果）见表 6-13。

**表 6-13　非地震工况和地震工况反应结构计算结果（每延米）**

| 位置 | 计算工况 | 最大弯矩（kN·m） | 最大弯矩对应轴力（kN） | 最小弯矩（kN·m） | 最小弯矩对应轴力（kN） | 最大剪力（kN） |
|---|---|---|---|---|---|---|
| 江中覆土最浅处-断面 1 | 静力工况 | 240 | 4318 | −259 | 4572 | 499 |
| | 设防烈度地震 | 44 | 58 | −57 | 42 | 58 |
| | 罕遇地震 | 78 | 70 | −102 | 45 | 103 |
| 岸边覆土最深处-断面 2 | 静力工况 | 187 | 3250 | −171 | 3385 | 374 |
| | 设防烈度地震 | 15 | 14 | −24 | 7 | 20 |
| | 罕遇地震 | 36 | 25 | −55 | 10 | 46 |

注　地震计算工况为静力和地震耦合工况下的结构计算，其中静力荷载对应运营期工况。

对结果进行分析，非地震工况内力最大值均出现在拱顶部位，地震工况内力最大值均出现在拱腰偏下与层板交接的位置，其中地震工况相比非地震静力工况，设防烈度地震工况内力值略有提高，罕遇地震工况中最大弯矩增加 39%，最大剪力提高 21%，各断面均可通过加强配筋满足结构抗震强度要求。

（2）地震反应结构横向变形结果。在所取的典型断面，江中覆土最浅处地层变形比岸边覆土最深断面大，设防烈度地震工况江中段所在地层最大横向相对变形（隧道拱顶处地层相对拱底处地层，下同）约为 2.4mm，罕遇地震工况隧道所在地层最大横向相对变形约为 3.4mm，而高烈度地震时地下结构变形受周围地层控制，因此地下结构的变形与周围地层的响应基本一致。由此，地震工况下隧道结构最大横向相对变形为 3.4mm，在变形限制要求和防水要求范围内。

（四）盾构隧道纵向抗震分析

对盾构隧道纵向性能的研究主要集中在静力作用下盾构隧道纵向的变位形态、纵向结构刚度，以及引起纵向不均匀变位的因素考察上，比如盾构隧道所处地层的固结特性不同，邻近盾构隧道施工造成的加卸载影响等等。为了对该隧道在地震作用下的状态有更深入的认识，以便于指导设计和施工，分析采用 ABAQUS 显式动力学分析方法对盾构隧道部分进行了纵向抗震分析。隧道抗震设计标准为按 100 年基准期、超越概率 10%进行设计，按 100 年基准期、超越概率 2%进行验算，故计算分别考察了超越概率为 2%和 10%时，隧道横向（*S* 波）和纵向方向（*P* 波）作用下结构和土层的动力响应。输入的地震波同横断面抗震分析。

1. 计算输入参数

纵向抗震分析计算参数见表 6-14，隧道的结构和材料性能参数见表 6-15，隧道纵向极限内力限值表见表 6-16。

由于工况较多，受计算机内存及计算时间的限制，在计算过程中对地震加速度时程曲线进行了截断处理，选取加速度和位移均出现最大和最小值的 15s 区间进行计算。

**表 6-14　　纵向抗震分析计算参数表**

| 地层编号 | 岩土名称 | 容重（kN/m³） | 土层动弹模（106Pa） | 泊松比 |
|---|---|---|---|---|
| ③$_1$ | 淤泥质粉质黏土 | 17.6 | 92 | 0.50 |
| ④$_1$ | 粉质黏土混粉土 | 18.2 | 158 | 0.49 |
| ④$_2$ | 粉土 | 18.6 | 152 | 0.49 |
| ⑤$_1$ | 粉细砂 | 19.6 | 252 | 0.48 |
| ⑤$_2$ | 细砂 | 19.8 | 271 | 0.49 |
| ⑥$_1$ | 中粗砂 | 20.3 | 457 | 0.49 |
| ⑥$_2$ | 粉砂 | 21.0 | 377 | 0.47 |
| ⑦ | 粉细砂 | 20.1 | 532 | 0.46 |

表 6-15 隧道的结构和材料性能参数表

| 项目 | 混凝土弹性模量（Pa） | 纵向螺栓个数 | 螺栓有效长度（mm） | 螺栓直径（mm） | 螺栓弹性模量（Pa） | 螺栓屈服应力（Pa） | 螺栓预应力（Pa） |
|---|---|---|---|---|---|---|---|
| 隧道 | $3.45\times10^{10}$ | 22 | 670 | 40 | $2.0\times10^{11}$ | $6.4\times10^{8}$ | $6.4\times10^{7}$ |

表 6-16 隧道纵向极限内力限值表

| 项目 | 纵向极限弯矩（kN·m） | 纵向极限拉力（kN） | 纵向极限剪力（kN） |
|---|---|---|---|
| 盾构段环缝螺栓强度 | 91 946 | 7180 | 6634 |
| 盾构段内衬强度 | 10 643 | 7033 | 7090 |
| 总计 | 102 589 | 14 213 | 13 724 |

2. 计算结果及结论

（1）盾构段计算结果。地震输入考虑自由场行波效应，盾构段的计算结果特征数据汇总见表 6-17 和表 6-18。

表 6-17 100 年基准期、超越概率 10%（设防烈度地震工况）计算结果汇总表

| 序号 | 项目 | 单位 | 横向剪切波作用 | 纵向压缩波作用 | 45° 压缩波作用 |
|---|---|---|---|---|---|
| 1 | 隧道横向最大变位 | mm | 59 | 2.3 | 40 |
| 2 | 隧道横向最大相对变位 | mm | 6.3 | 0.4 | 5.9 |
| 3 | 隧道纵向最大变位 | mm | 3.1 | 41 | 31 |
| 4 | 隧道纵向最大相对变位 | mm | 1.9 | 4.3 | 4.2 |
| 5 | 隧道竖向最大变位 | mm | 5.5 | 6.7 | 7.7 |
| 6 | 隧道竖向最大相对变位 | mm | 1.1 | 0.8 | 0.9 |
| 7 | 纵向接缝最大张开量 | mm | 0.51 | 2.1 | 1.9 |
| 8 | 隧道最大弯矩 | kN·m | 17 430 | 9613 | 7257 |
| 9 | 隧道最大剪力 | kN | 2172 | 1880 | 3173 |

续表

| 序号 | 项目 | 单位 | 横向剪切波作用 | 纵向压缩波作用 | 45°压缩波作用 |
|---|---|---|---|---|---|
| 10 | 隧道最小、最大轴力（正为拉、负为压） | kN | 3517/−2945 | 4573/−3980 | 4538/−5730 |
| 11 | 隧道最大主拉应力 | MPa | 0.16 | 0.65 | 0.46 |
| 12 | 隧道最大主压应力 | MPa | 0.14 | 0.90 | 0.67 |

注　最大相对变位为隧道顶底板最大相对位移。

**表 6-18　100 年基准期、超越概率 2%（罕遇地震工况）计算结果汇总表**

| 序号 | 项目 | 单位 | 横向剪切波作用 | 纵向压缩波作用 | 45°压缩波作用 |
|---|---|---|---|---|---|
| 1 | 隧道横向最大变位 | mm | 83 | 2.6 | 57 |
| 2 | 隧道横向最大相对变位 | mm | 8.2 | 0.7 | 7.5 |
| 3 | 隧道纵向最大变位 | mm | 5.3 | 58 | 45 |
| 4 | 隧道纵向最大相对变位 | mm | 2.1 | 5.7 | 4.9 |
| 5 | 隧道竖向最大变位 | mm | 7.7 | 7.9 | 8.3 |
| 6 | 隧道竖向最大相对变位 | mm | 1.6 | 1.0 | 1.2 |
| 7 | 纵向接缝最大张开量 | mm | 0.79 | 2.8 | 2.3 |
| 8 | 隧道最大弯矩 | kN·m | 24 400 | 13 470 | 10 450 |
| 9 | 隧道最大剪力 | kN | 3041 | 2632 | 4573 |
| 10 | 隧道最小、最大轴力（正为拉、负为压） | kN | 4929/−4125 | 6396/−5639 | 6539/−8258 |
| 11 | 隧道最大主拉应力 | MPa | 0.25 | 0.80 | 0.81 |
| 12 | 隧道最大主压应力 | MPa | 0.23 | 1.1 | 1.2 |

注　最大相对变位为隧道顶底板最大相对位移。

（2）工作井计算结果。工作井段主要结果汇总见表 6-19～表 6-21。

**表 6-19 100 年基准期、超越概率 10%工作井段相对变位主要结果**

| 项目 | 单位 | 横向剪切波作用 | 纵向压缩波作用 | 45° 压缩波作用 |
|---|---|---|---|---|
| 江北工作井横向、纵向和竖向最大相对变位 | mm | 13/0.8/0.3 | 0.4/5.5/0.8 | 11/4/0.5 |
| 江南工作井横向、纵向和竖向最大相对变位 | mm | 25/0.9/0.15 | 0.7/10.3/1 | 21/7/0.8 |

注 最大相对变位为工作井顶底板最大相对位移。

**表 6-20 100 年基准期、超越概率 2%工作井段相对变位主要结果**

| 项目 | 单位 | 横向剪切波作用 | 纵向压缩波作用 | 45° 压缩波作用 |
|---|---|---|---|---|
| 江北工作井横向、纵向和竖向最大相对变位 | mm | 21/1/0.6 | 0.5/6.9/1 | 15/7.2/1 |
| 江南工作井横向、纵向和竖向最大相对变位 | mm | 45/1.5/0.3 | 0.8/15/1.2 | 27/12.6/1.3 |

注 最大相对变位为工作井顶底板最大相对位移。

**表 6-21 工作井段内力主要结果汇总表**

| 工况 | | 位置 | | $M_{max}$（kN·m） | $M_{max}$ 对应轴力（kN） | $M_{min}$（kN·m） | $M_{min}$ 对应轴力（kN） | 最大剪力（kN） |
|---|---|---|---|---|---|---|---|---|
| 横向剪切波作用 | 百年基准期、超越概率 10% | 江北侧 | 顶板/层板 | 404 | 3796 | −442 | 4210 | 192 |
| | | | 侧墙 | 600 | 2245 | −602 | 1858 | 487 |
| | | | 底板 | 869 | 2364 | −1016 | 2798 | 186 |
| | | | 中墙 | 576 | 188 | −501 | 232 | 557 |
| | | 江南侧 | 顶板 | 645 | 690 | −540 | 917 | 351 |
| | | | 侧墙 | 1238 | 5558 | −1206 | 5402 | 582 |
| | | | 底板 | 1639 | 4890 | −1526 | 4577 | 335 |
| | | | 中墙 | 897 | 101 | −1008 | 176 | 878 |
| | 百年基准期、超越概率 2% | 江北侧 | 顶板/层板 | 520 | 260 | −796 | 7514 | 364 |
| | | | 侧墙 | 981 | 3609 | −970 | 2996 | 784 |
| | | | 底板 | 906 | 1161 | −1633 | 4530 | 295 |
| | | | 中墙 | 1024 | 328 | −883 | 97 | 987 |

续表

| 工况 | | 位置 | | $M_{max}$（kN·m） | $M_{max}$对应轴力（kN） | $M_{min}$（kN·m） | $M_{min}$对应轴力（kN） | 最大剪力（kN） |
|---|---|---|---|---|---|---|---|---|
| 横向剪切波作用 | 百年基准期、超越概率2% | 江南侧 | 顶板/层板 | 794 | 1315 | -673 | 1054 | 430 |
| | | | 侧墙 | 1466 | 6584 | -1430 | 6402 | 695 |
| | | | 底板 | 2080 | 6209 | -1915 | 5819 | 474 |
| | | | 中墙 | 1591 | 178 | -1792 | 157 | 1565 |
| 纵向压缩波作用 | 百年基准期、超越概率10% | 江北侧 | 顶板/层板 | 360 | 4824 | -500 | 5576 | 444 |
| | | | 侧墙 | 450 | 1733 | -521 | 3075 | 1396 |
| | | | 底板 | 728 | 5723 | -640 | 2921 | 639 |
| | | | 中墙 | 237 | 288 | -299 | 729 | 15 |
| | | 江南侧 | 顶板/层板 | 576 | 1137 | -555 | 1152 | 234 |
| | | | 侧墙 | 1139 | 1765 | -1215 | 1520 | 683 |
| | | | 底板 | 1588 | 2076 | -1505 | 2660 | 1585 |
| | | | 中墙 | 367 | 2205 | -252 | 1945 | 21 |
| | 百年基准期、超越概率2% | 江北侧 | 顶板/层板 | 452 | 5572 | -624 | 6976 | 860 |
| | | | 侧墙 | 560 | 2166 | -651 | 3844 | 1745 |
| | | | 底板 | 909 | 7156 | -801 | 3651 | 797 |
| | | | 中墙 | 290 | 357 | -362 | 914 | 23 |
| | 百年基准期、超越概率2% | 江南侧 | 顶板/层板 | 717 | 2481 | -696 | 1440 | 645 |
| | | | 侧墙 | 1424 | 2618 | -1520 | 1904 | 763 |
| | | | 底板 | 1847 | 2717 | -1747 | 3734 | 1816 |
| | | | 中墙 | 450 | 3101 | -300 | 1223 | 35 |
| 45°压缩波作用 | 百年基准期、超越概率10% | 江北侧 | 顶板/层板 | 398 | 4112 | -477 | 5427 | 371 |
| | | | 侧墙 | 524 | 2003 | -576 | 2630 | 779 |
| | | | 底板 | 782 | 2128 | -914 | 2518 | 167 |
| | | | 中墙 | 518 | 169 | -451 | 209 | 501 |

续表

| 工况 | | 位置 | | $M_{max}$（kN·m） | $M_{max}$对应轴力（kN） | $M_{min}$（kN·m） | $M_{min}$对应轴力（kN） | 最大剪力（kN） |
|---|---|---|---|---|---|---|---|---|
| 45°压缩波作用 | 百年基准期、超越概率10% | 江南侧 | 顶板 | 581 | 621 | −486 | 825 | 316 |
| | | | 侧墙 | 1114 | 5002 | −1085 | 4862 | 524 |
| | | | 底板 | 1475 | 4401 | −1373 | 4119 | 302 |
| | | | 中墙 | 807 | 91 | −907 | 158 | 790 |
| | 百年基准期、超越概率2% | 江北侧 | 顶板/层板 | 468 | 234 | −716 | 6763 | 328 |
| | | | 侧墙 | 883 | 3248 | −873 | 2696 | 706 |
| | | | 底板 | 815 | 1045 | −1470 | 4077 | 266 |
| | | | 中墙 | 922 | 295 | −795 | 87 | 888 |
| | | 江南侧 | 顶板/层板 | 715 | 1184 | −606 | 949 | 387 |
| | | | 侧墙 | 1319 | 5926 | −1287 | 5762 | 626 |
| | | | 底板 | 1872 | 5588 | −1724 | 5237 | 427 |
| | | | 中墙 | 1432 | 160 | −1613 | 141 | 1409 |

（3）结果分析。

1） 横向剪切波激振效应分析。由于横向剪切波在23平面内激振，所以隧道在3轴方向（横向剪切方向）的位移分量要大于在1轴和2轴方向的分量。盾构隧道结构变位受地层的强制变位的影响，在不同时刻隧道与地层的变位错动曲线基本一致，但是位移值略小于地层位移，并同时受行波效应的影响。

当隧道遭遇完全横断面方向的剪切波作用时，隧道弯矩和剪力较大值出现与工作井连接处和地层刚度变化较大处，其中隧道弯矩和剪力最大值出现在靠近南岸工作井处，因此隧道与工作井连接处和地层刚度变化较大处应为抗震重点设防部位。根据计算，设防工况下纵向弯矩和剪力均在极限内力限值以内，并有较大冗余，隧道结构设计可满足抗震设防性能要求。横向剪切波激振效应工况下隧道的轴力相对较小，可不进行验算。此外，两类工况下隧道主拉应力最大值为0.25MPa，主压应力最大值为0.23MPa，可满足盾构管片混凝土抗裂要求。

对于工作井，内力较大值出现在侧墙（与隧道纵向平行侧）与顶底板交界位置附近，其中最大值出现在侧墙（与隧道纵向平行侧）与底板交界位置附近，其内力均在限值范围内，在两类工况下均可通过加强配筋满足抗震设防性能要求。

2） 纵向压缩波激振效应分析。隧道在纵向压缩波作用下，主要是沿隧道纵向的变位，另两个方向变位较小。总的看来，盾构隧道的变形受到地层变形的强制作用，但隧道与地层之间仍然有相对错动，主要表现在每一时刻隧道的位移略小于对应的地层位移。

隧道在纵向压缩波的作用下，随着震动时间的进行，隧道每一个截面都受到拉伸、压缩的交替作用，最大弯矩、最大剪力和最大拉伸压缩轴力均出现在与工作井连接处，因此与工作井连接处应为抗震重点设防部位。根据计算，设防工况下纵向弯矩和剪力均在限值范围内。纵向拉伸最大值位于盾构隧道与江南工作井连接处（纵向拉力限值为 14 213kN），在极限拉力限值范围内，结构强度可满足抗震需要。此外，两类工况下隧道主拉应力最大值为 0.80MPa，主压应力最大值为 1.1MPa，可满足盾构管片混凝土抗裂要求。

对于工作井，弯矩和轴力较大值出现在侧墙与顶底板交界位置附近，其中最大值出现在侧墙与底板交界位置附近。剪力较大值出现在侧墙和底板处，其中侧墙剪力最大值出现在工作井与盾构隧道连接处，底板剪力最大值出现在远离盾构隧道侧。内力值均在限值范围内，在两类工况下均可通过加强配筋满足抗震设防性能要求。

3） 与隧道纵向呈 45° 压缩波激振效应分析。与隧道纵向呈 45° 压缩波激振工况，隧道主要是沿横向和纵向变位，竖向变位较小。

与隧道纵向呈 45° 压缩波的作用下，弯矩、剪力和拉伸压缩轴力均较大，表明 45° 方向对隧道是一个不利的综合影响。其中，隧道最大弯矩和最大拉伸压缩轴力均出现在与南岸工作井连接处，最大剪力出现在地层刚度变化较大处附近，纵向弯矩和剪力均在限值范围内。与纵向压缩波作用效应类似，在与南岸工作井连接处纵向拉伸轴力较大，但仍在极限拉力限值范围内，因此结构强度可满足抗震需要。另外，最大弯矩、最大轴力和最大剪力不会同时出现，最大内力值出现时以某一种内力值为主。故隧道结构设计满足抗震设防性能要求。两类工况下隧道主拉应力最大值为 0.81MPa，主压应力最大值为 1.2MPa，可满足盾构管片混凝土抗裂要求。

对工作井，弯矩和轴力较大值出现在侧墙与顶底板交界位置附近，其中，最大值出现在侧墙与底板交界位置附近，剪力较大值出现在侧墙和底板处，侧墙剪力最大值出现在工作井与盾构隧道连接处，底板剪力最大值出现在远离盾构侧。内力值均在限值范围内，在两类工况下均可通过加强配筋满足抗震设防性能要求。

综合上述工况，对地震作用下隧道的纵缝张开量，设防烈度地震工况下接缝张开量最大为 2.1mm，罕遇地震工况下接缝最大张开量为 2.8mm。由于隧道接缝防水标准为管片接缝张开量为 8mm、接缝错位 15mm、水压力 1.6MPa 作用下不渗漏，故地震作用下管片接缝张开量满足防水要求。

（五）抗震设计结论

（1）根据工程场地地震安全性评价报告，本区域抗震设防烈度为Ⅶ度，工程场地近场区不会产生断裂构造活动引起的地表破裂和地面变形，场地内不会产生地震崩塌和滑坡等其他地震地质灾害。

（2）基于反应位移法和时程分析法的抗震计算分析表明，越江隧道能满足工程抗震设防目标。

1）盾构隧道横断面抗震分析表明设防烈度地震工况下区间隧道结构满足强度验算要求，设防烈度地震工况和罕遇地震工况下结构横向变形量满足变形限值要求和防水要求。

2）盾构隧道纵向抗震分析表明对隧道变位，相对变位最大值出现在靠近江南工作井处，可满足变形限值要求；纵向接缝张开较大值出现在地层刚度变化较大处（横向剪切波激励）或靠近南岸工作井处（压缩波激励），可满足防水要求。对隧道内力，横向剪切波激振作用下隧道内力关注项主要为弯矩和剪力，不管是设防烈度地震作用还是罕遇地震作用，其内力值均在极限内力限值以内，隧道结构设计可满足抗震设防性能要求；纵向压缩波激振效应下隧道内力关注项主要为轴力，其中与工作井连接处拉伸轴力较大，在极限拉力限值范围内，满足抗震设防性能要求。45° 压缩波激振效应下作用下，弯矩、剪力和拉伸压缩轴力均较大，表明 45° 方向对隧道是一个不利的综合影响，内力和变形最大值出现区段均位于盾构隧道与工作井连接处和地层刚度变化较大处，其中拉伸轴力与纵向压缩波作用规律类似，隧道结构设计可满足抗震设防性能要求。另外，最大弯矩、最大轴力和最大剪力不会同时出现，最大内力值出现时以某一种内力值为主。各类工况下隧道主拉应力最大值为 0.81MPa，主压应力最大值为 1.2MPa，均可满足盾构管片混凝土抗裂要求。

设防烈度地震工况和罕遇地震工况下结构纵向变形量满足变形限值要求和防水要求，区间隧道结构总体满足抗震设防性能要求。

对于与过江盾构隧道段连接的工作井段，内力较大值出现在侧墙与顶底板交界位置和工作井与盾构隧道连接处，此两处部位是抗震设防的重点，可通过加强配筋满足抗震设防性能要求。

（3）对于可能的环境影响和次生灾害，设计中采取了合理可靠的防御和对策措施，满足工程建设对抗震设防目标的要求。

## 五、防水设计

（一）防水设计原则

结构防水应遵循“以防为主，刚柔结合，多道设防，因地制宜，综合治理”的原则，以混凝土结构自防水为根本，衬砌管片接缝、明挖结构施工缝和变形缝为防水重点，加强工作井与隧道接头等特殊部位防水，确保防水的可靠性和耐久性（使用期 100 年），以保证隧道结构物和营运设备的正常使用。施工工艺必须严格执行 GB 50108—2008《地下工程防水技术规范》的有关规定，并按防水材料的施工要求进行操作。

（二）防水等级

防水等级为二级。防水标准为不允许漏水，结构表面可有少量湿渍，总湿渍面积不应大于总防水面积的 2/1000，任意 100$m^2$ 防水面积上湿渍不超过 3 处，隧道平均渗漏量不大于 0.05L/（$m^2$·d），任意 100$m^2$ 防水面积上的渗漏量不大于 0.15L/（$m^2$·d）。

（三）盾构段防水设计

1. 管片自防水

管片自防水的关键在于混凝土配置及质量控制。隧道管片的混凝土等级为 C60，抗渗等级为 P12，限制裂缝开展宽度≤0.2mm。

采用高性能硅酸盐水泥，掺入二级以上优质粉煤灰和粒化高炉矿渣等活性粉料（掺量≤20%）配置以抗裂、耐久为重点的高性能混凝土，减缓碳化速度。管片水泥采用抗水性能好、泌水性小、水化热较低、干缩性小的中热硅酸盐水泥，避免水泥水化热过高而产生膨胀裂缝。

管片预制中采用双掺技术（掺加钢纤维与聚丙烯纤维），有效抑制管片裂缝的产生。

2. 衬砌外注浆防水

在衬砌管片与天然土体之间存在环形空隙，通过同步注浆以及二次注浆（必要时采用）充填空隙，形成一道外围防水层。同步注浆采用单液浆，二次注浆可采用水泥浆或双液浆。为减少浆材硬化收缩，所有的注浆材料皆宜掺加一定量的微膨胀剂。注浆材料应具有较好的抗水分散性和可注性，并具有合适的胶凝时间和强度，其配比由试验确定。

注浆压力一般高于掘进面水土压力 0.1～0.2MPa，施工中应根据地层特征及水压力进行调整，但需满足以下要求：① 应大于开挖面的水土压力；② 不能使地面有较大隆起（小于 10mm），也不能使地面有较大沉降（小于 30mm）；③ 不能使管片因局部受压而错位变形；④ 不能使浆液经常或大量从管片间或盾构机与管片间渗漏。另外注浆时应采取合理措施保证注浆量和注浆的及时性。

3. 衬砌接缝防水

本工程位于强透水粉细砂层，深槽位置水头高，如果结构产生渗漏水极有可能携带粉细砂颗粒，进而造成地层损失，加剧隧道纵横向变形，直接威胁隧道、防洪堤及其他地面建构筑物的安全。

从确保防水效果、工程及周边环境的安全角度出发，接缝防水由内外侧两道弹性密封垫及遇水膨胀橡胶密封垫三道防线组成，如图 6-12 所示。

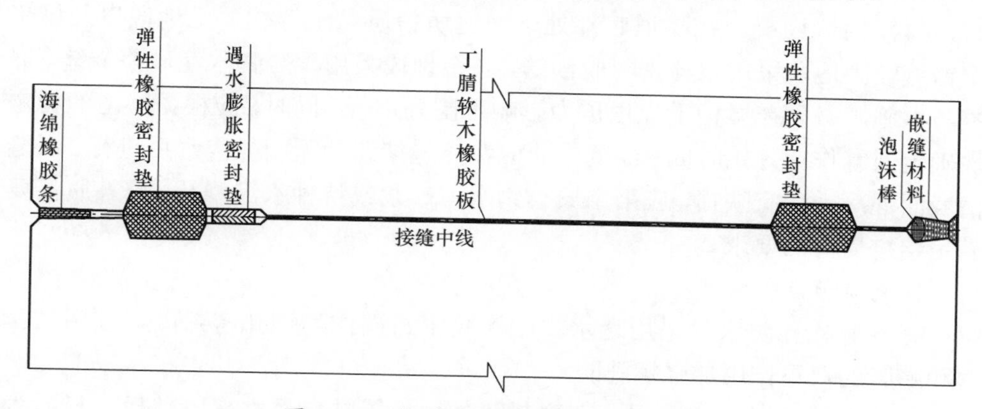


图 6-12　管片接缝三道防水布置图

接缝防水包括弹性密封垫、遇水膨胀橡胶密封垫、最外侧的海绵橡胶条以及内侧嵌缝 4 个方面。

（1）弹性密封垫。密封垫的止水机理是在管片压密后，靠橡胶本身的弹性复原力密封止水。为了使密封垫的弹性复原力能永久保持，除了密封沟槽的斜度设计之外，最重要的就是密封垫的断面设计。

综合国内外相关工程和材料研究成果可知，管片接缝防水密封垫的设计过程中应主要考虑如下几点：

1） 对止水所需的接触面压力，设计时应考虑接缝的张开量和错位量。

2） 在设计确定的耐水压力条件下，接缝处不允许出现渗漏。

3） 在千斤顶推力和管片拼装的作用力下，不致使管片端面和角部损伤等弊病发生。

4） 远期的应力松弛和永久变形量。

弹性密封垫材质为三元乙丙橡胶，截面加工为多孔梳形。弹性密封垫加工成棱角分明的框形橡胶圈，将橡胶圈套在四周有沟槽的管片上。要求在接缝张开 8mm、错位 15mm 条件下，设计使用年限内能够抵抗 0.8MPa 的水压。

（2） 遇水膨胀橡胶密封垫。遇水膨胀橡胶密封垫的材质为聚醚型聚氨酯弹性体，通过吸水膨胀提高接触应力起到防水作用，是管片防水的第二道防线。

（3） 海绵橡胶条。设于环缝、纵缝外侧的海绵橡胶条材质为氯丁海绵橡胶，施工中起到防止泥沙进入弹性密封垫沟槽、防止同步注浆浆液沿管片接缝穿流以及节约盾尾密封油脂的多重作用。

（4） 内侧嵌缝。在隧道底部处于淤泥质粉质黏土等软弱土地段以及施工中错缝较大地段采用聚硫密封胶嵌缝，其余地段采用聚合物水泥砂浆嵌缝。嵌缝防水施工必须在盾构千斤顶顶力影响范围外进行。同时，应根据隧道的稳定性确定嵌缝作业开始时间。嵌缝作业应在接缝堵漏和无明显渗水后进行。嵌缝槽表面混凝土如有缺损，应采用聚合物水泥砂浆或特种水泥修补，修补质量要满足结构受力的要求。

4. 衬砌节点防水

（1） 螺栓孔防水。采用遇水膨胀橡胶密封圈作为螺孔密封圈，利用其压密和膨胀的双重作用加强螺孔防水。

（2） 管片角部加强防水。在密封垫外角部覆贴自黏性橡胶薄板，材质为未硫化丁基橡胶薄片。

（3） 注浆孔防水。采用遇水膨胀橡胶止水圈，加强注浆孔与管片混凝土间密封防水。

5. 盾构始发及到达防水

盾构机通过洞口时，洞口环形钢板和盾构机外壳或衬砌管片外壁之间存在环形间隙，若不进行密封，外面土体和水极容易从间隙流入工作井内，长时间会使得洞外土体严重流失，导致土体沉降，因此，须在洞口安装出洞防水装置以确保施工安全。同时，始发防水装置使得盾构机始发后能在盾尾形成相对密封的注浆空腔，以确保盾尾同步注浆能饱满地填充盾尾间隙。

在始发区域端头加固的基础上，始发洞口临时防水装置采用双道翻板及帘布橡胶板辅以$\phi$32注浆管、油脂加注孔等作为临时防水措施。

盾构机到达的接收端处于粉砂层，渗透性强，与长江水力连接性较好，为降低施工风险，在接收端头加固的基础上，临时防水装置采用卡板及帘布橡胶板辅以$\phi$32注浆管。

（四）工作井防水设计

1. 主体结构自防水

工作井主体结构采用C40防水混凝土，设计年限为100年。混凝土的原材料和配合比、最低强度等级、最大水胶比和每立方米混凝土的水泥用量等符合耐久性要求，满足抗裂、抗渗、抗冻和抗侵蚀的需要。

（1）混凝土采用双掺技术，严格控制胶凝材料最小用量，不小于320kg/m$^3$，且最大用量不超过450kg/m$^3$。

（2）限制水胶比，水胶比的最大限值为0.45。

（3）配置耐久性混凝土所用的矿物掺合料符合下列要求：

1）防水混凝土可掺入一定数量的优质磨细粉煤灰，粉煤灰的级别不应低于Ⅱ级，其品质符合现行国家标准GB/T 1596—2017《用于水泥和混凝土中的粉煤灰》规定。

2）磨细的粒化高炉矿渣品质符合现行国家标准GB/T 18046—2017《用于水泥、砂浆和混凝土中的粒化高炉矿渣粉》的规定。

（4）与外侧土体相邻的构件（如底板、侧墙等）为自防水混凝土，抗渗等级满足GB 50108—2008《地下工程防水技术规范》要求。为提高混凝土的抗裂、抗渗防水要求，在自防水混凝土中添加膨胀剂，混凝土的限制膨胀率应不小于0.025%。所选膨胀剂等外加剂需满足国标及行业相关技术规范要求。

（5）混凝土的化学外加剂及其使用满足混凝土的耐久性要求。

（6）工作井采用叠合墙结构，内侧墙掺入聚丙烯纤维，掺入量为每方混凝土1.5kg。

（7）防水混凝土连续浇筑；控制混凝土中心与表面温差≤25℃；混凝土表面与大气温差≤20℃。

（8）混凝土骨料要求。

1）粗骨料选用粒形良好、坚固耐久的洁净碎石；最大粒径不宜大于25mm，泵送时其最大粒径不应大于输送管径的1/4；吸水率不应大于1.5%；不得使用碱活性骨料；石子的质量要求符合当时的国家标准JGJ 53《普通混凝土用碎石或卵石质量标准及检验方法》的规定。

2）细骨料应选用级配合理、坚硬、抗风化性强、洁净的天然中粗河沙，严禁采用海砂；砂的质量要求符合国家标准JGJ 52—2006《普通混凝土用砂、石质量及检验方法标准》（附条文说明）的规定。

（9）用于拌制混凝土的水，符合国家标准JGJ 63—2006《混凝土用水标准》（附条文说明）的规定。

（10）保证钢筋混凝土钢筋的保护层厚度，结构与土接触一侧受力钢筋保护层厚度不小于50mm。

（11）结构最大裂缝宽度不得超过0.2mm（同时满足耐久性设计要求），并不得贯通。

2. 结构外防水

（1）工作井采用叠合结构，地连墙接缝采用刚性接头，地连墙与主体结构内侧墙之间采用水泥基渗透结晶防水涂料，底板采用预铺防水卷材。由于工作井顶板上方为地面建筑，不与土体接触，故工作井顶板不设置防水层。

（2）盾构后配套段为临时结构，以结构自防水为主，不设置外包防水层。

3. 施工缝防水

（1）工作井采用逆作法施工，在环框梁下部500mm位置的墙体上预留斜坡型纵向施工缝。斜坡型下部应预留300～500mm空间，并待下部先浇混凝土施工14d后再行浇筑；浇筑前所有缝面凿毛、清理干净，并设置遇水膨胀止水胶和预埋注浆管。

工作井防水图见图6-13。

（2）盾构后配套段为临时结构，除盾构后配套加深段在底板与地连墙（兼主体结构侧墙）接缝位置设置一道遇水膨胀止水条外，其余施工缝均不设额外防水措施。

（3）变形缝防水。工作井自身不设置变形缝。工作井与盾构后配套结构之间、后配套结构分节之间设置变形缝。变形缝中间设置中埋钢边橡胶止水带。

（4）工作井与盾构接口防水。盾构机始发、到达洞门采用外包环形钢筋混凝土圈，采用C40补偿收缩混凝土，强度等级为C40，抗渗等级为P12。后浇洞门圈与管片及工作井内衬墙之间的接头通过两道缓膨胀止水条防水，并预埋注浆管。

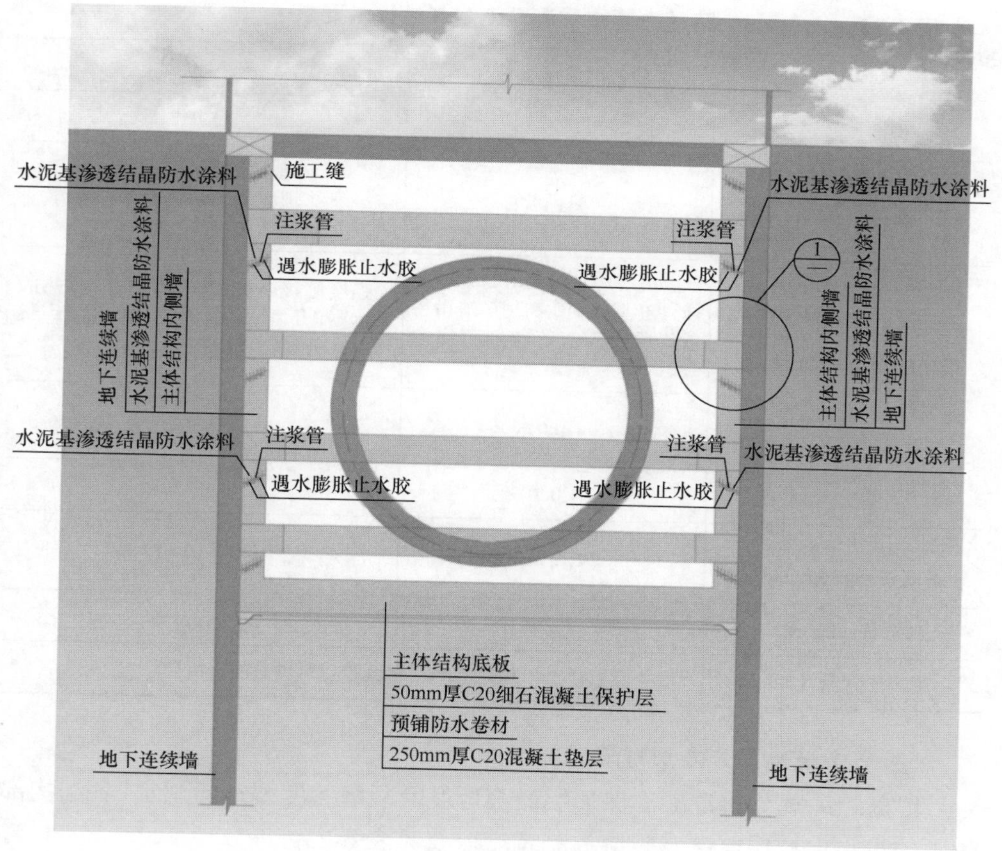

图 6-13 工作井防水图

## 六、耐久性设计

### （一）结构耐久性设计原则

隧道结构的设计使用年限为100年。综合考虑结构受力、构造以及耐久性能要求等方面的因素，管片与工作井井壁环境作用等级Ⅰ-C，内部结构环境作用等级Ⅰ-B。

### （二）结构耐久性设计

为了延长结构使用寿命，盾构管片采用强度等级 C60 的高性能混凝土，工作井主体结构采用 C40 混凝土。结构混凝土的其他技术要求见表 6-22。

表 6-22　隧道主体结构混凝土耐久性技术要求

| 工程部位 | | 盾构段混凝土管片 | 工作井主体结构 |
|---|---|---|---|
| 混凝土等级 | | C60 | C40 |
| 混凝土抗渗等级 | | ≥P12 | 埋深＜20m，≥P8<br>埋深≥20m，≥P10<br>埋深≥30m，≥P12 |
| 水泥及添加材料 | 水泥及矿物掺合料 | 强度等级≥52.5MPa 的 PⅠ或 PⅡ型水泥＋高炉矿渣微粉或优质粉煤灰等超细矿物掺合料 | 强度等级≥42.5MPa 的低水化热的 PⅠ或 PⅡ型水泥＋高炉矿渣微粉或优质粉煤灰等超细矿物掺合料 |
| | 最小凝胶材料用量（$kg/m^3$） | 400 | 320 |
| | 水胶比 | ≤0.35 | ≤0.45 |
| 混凝土氯离子扩散系数 DRCM（$m^2/s$） | | ＜7×10－12 | ＜7×10－12 |
| 碱含量（$kg/m^3$） | | ≤3.0 | ≤3.0 |
| 氯离子含量（%） | | 不超过 0.06（与凝胶材料重量的比值） | |

### （三）保护层厚度及裂缝要求

根据相关规范对混凝土保护层最小厚度及裂缝宽度要求的规定，各结构部位主筋最小保护层厚度及裂缝控制宽度取值见表 6-23。

表 6-23　保护层厚度及裂缝控制宽度取值　（mm）

| 部位 | 混凝土标号 | 裂缝控制宽度 | | 主筋保护层厚度 | |
|---|---|---|---|---|---|
| | | 外侧 | 内侧 | 内表面 | 外表面 |
| 盾构衬砌管片 | C60 | ≤0.2 | ≤0.2 | 40 | 50 |
| 工作井主体 | C40 | ≤0.2 | ≤0.2 | 40 | 50 |
| 其余内部结构 | C40 | ≤0.3 | | 30 | |

（四）其他结构或构件耐久性设计

预埋金属构件的耐久性按如下方式进行设计：

（1）连接螺栓表面采用锌基铬酸盐涂层＋封闭的防腐蚀法，涂层总厚度为6～8μm。

（2）钢构件采用环氧富锌底漆和超厚浆型环氧沥青漆，两道漆的干膜总厚度为290μm。

（3）隧道内金属预埋件采用乙烯基脂玻璃鳞片涂料，其底漆与面漆干膜总厚度为 350μm，此涂层自身的耐久性和对混凝土的有效防护时间不低于20年。

（4）弹性密封垫耐久性要求。

1）将70℃中72h下EPDM橡胶拉伸强度、延伸率的变化率，以及压缩永久变形量等通过阿累尼乌斯公式推断百年的应力松弛量控制在≤25%。

2）以聚醚聚氨酯长期始终浸泡下的树脂溢出率（168 d≤5.0%），与反复干湿循环下拉伸强度、延伸率、膨胀率的变化率（如40次，≤3%）认定其耐久性。

3）嵌缝密封胶（聚氨酯类、聚硫类）在酸、碱液中浸泡后物理性能的变化率来控制其满足耐久性的要求。

（5）衬砌背后注浆材料采用耐久性好的水泥砂浆材料。

## 七、结构健康监测系统设计

工程沿线土层软弱多变，受高水压、潮汐及河床冲淤作用影响，运营期易出现不均匀沉降、管片裂损、渗漏水等情况，结构承载安全隐患大；作为长距离、大直径的水底电力输送隧道，特别是 GIL 技术的应用，使得工程建设、后期运营控制标准远高于一般工程。为此，本工程采用隧道结构健康监测技术，动态感知隧道结构运营安全状态。

本工程基于勘察设计资料、大量数值仿真分析探明隧道结构长期运营过程中的地质隐患部位和结构受力变形的发展特性，据此确定以江中细砂层、纵向变坡点、覆土最厚处等典型代表的13个重点监测断面和螺栓轴力、钢筋应力、接缝张开、纵向沉降监测项目的测点布设方案；基于现有成熟的健康监测手段调研及测试，提出了不同监测项目的监测手段、监测仪器及技术指标要求、数据采集传输及处理分析方案，有效指导了健康监测工作的实施。

结构健康监测系统设计建立了基于监测和病害检查数据的“单点—区段—整体”分层评价体系，并综合理论计算、数值模拟、规范和类似工程调研等成果制定了评价指标的分级与控制标准，提出了基于简易打分机制和模糊综合评价理论的区段和整体安全状态评价方法。

同时，研发出基于三维数字模型的结构健康监测管理平台，借助平台可实现隧道结构、地质的可视化，集成勘察、设计、施工、健康监测及检测等多源数据，方便项目管理人员随时查看地质信息、项目各个时期的资料。另外，结合嵌入的结构安全评价模型与初始状态，可实时掌握结构受力、变形特征，动态评价隧道运营安全，针对监测检测数据进行趋势预测并及时预警，为运营阶段的维修保养决策提供数据支撑。

## 第二节 引 接 站 设 计

### 一、电气总平面布置

工程在 GIL 线路两端设地面引接站。引接站主要布置 GIL 与架空线路转接用设备，地面主要电气设备均为 1000kV 设备，包括 GIL（含感应电流快速释放装置、电流互感器和电压互感器）、套管和避雷器。

根据过电压与绝缘配合研究成果和设备选型结论以及总平面布置需要，结合以往特高压工程建设成果和 GIL 设计的特殊性，在兼顾布置合理性、经济性和安全性的前提下，确定引接站电气总平面布置设计原则如下：

（1）一回 GIL 故障检修不影响另一回 GIL 带电运行。

（2）不考虑远景预留 500kV 电缆的地面引接设施场地。

（3）引接站地面建筑主入口前场地尺寸按不小于 21m×21m（满足安装和后期运行检修阶段的 GIL 标准单元进出）预留。

（4）考虑到 GIL 抢修、扩建后的特殊性试验，预留 20m×20m 的硬化试验场地。

#### （一）北岸引接站布置

考虑两回 GIL 引接设备相对独立，结合北岸 1000kV 线路走廊和地方规划，工作井和地面建筑物布置在两回出线设备中间，两回出线采用对称布置方案，电气主设备采用一字形布置，回路连接采用管母线，由避雷器和绝缘子支撑，管母线与套管接线端子通过软连接金具相连，管母线经 4×JLHN58K-1600 导线直接引上至线路跨线。考虑消防环道后，北岸引接站围墙内占地 136m×74m。北岸引接站电气总平面和平断面布置如图 6-14 和图 6-15 所示。

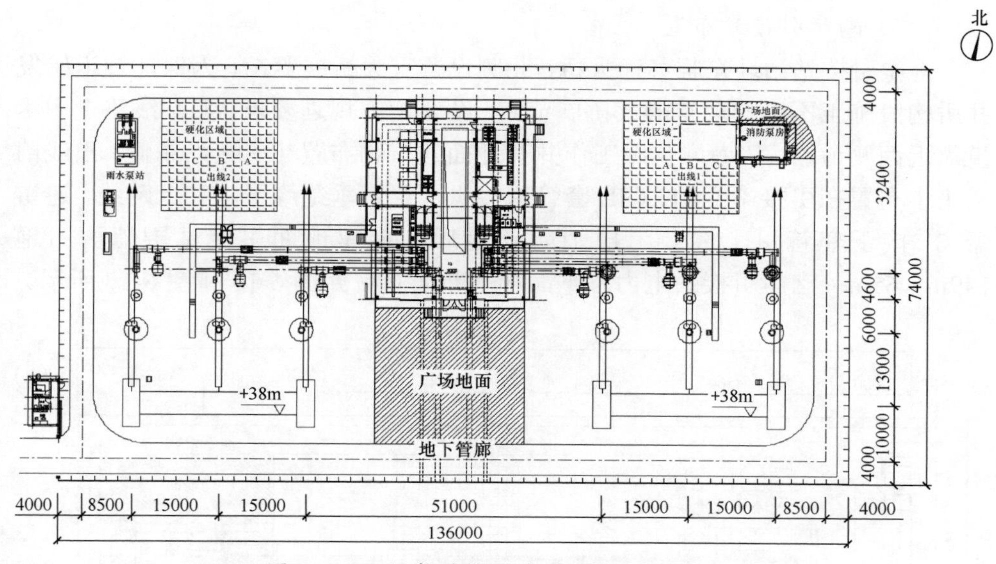


图 6-14　北岸引接站电气总平面布置图

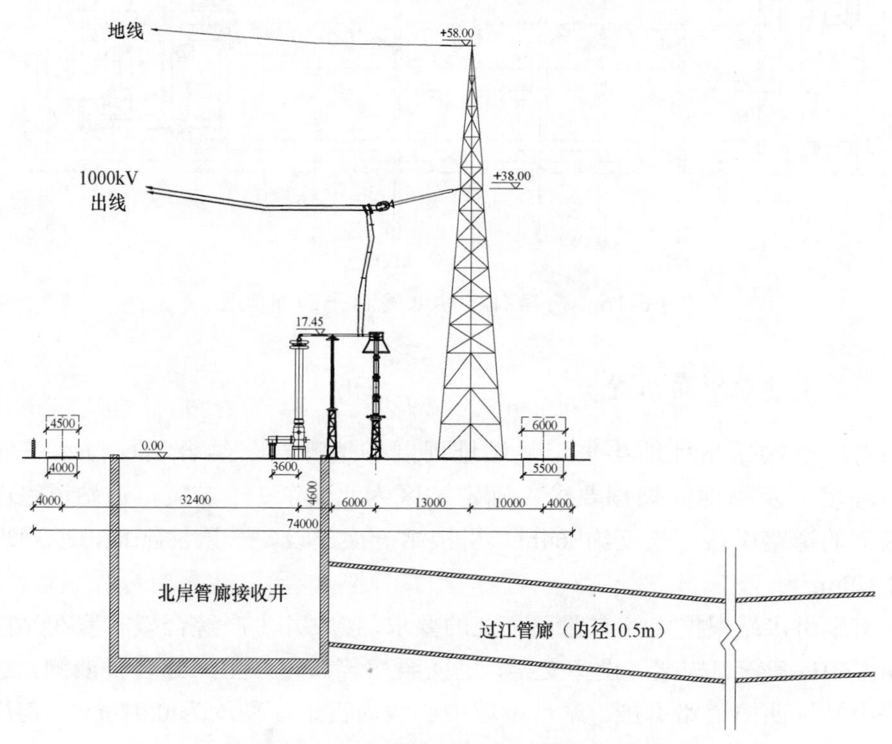


图 6-15　北岸引接站电气平断面布置图

（二）南岸引接站布置

南岸引接站站址东临苏通大桥，北侧设置有大桥展览馆，为保证隧道始发井盾构段施工不影响现有的大桥展览馆，结合地方规划要求，架空线路走廊尽量靠近西侧道路，将南岸管廊工作井和地面建筑物布置在引接站东侧，出线门架集中布置在引接站西侧。GIL 套管直接引上至悬垂绝缘子串和上跨线，避雷器 T 接于套管引上线。考虑消防环道后，南岸地面引接站围墙内占地 149m×65m。南岸引接站电力总平面和平断面布置如图 6-16 和图 6-17 所示。

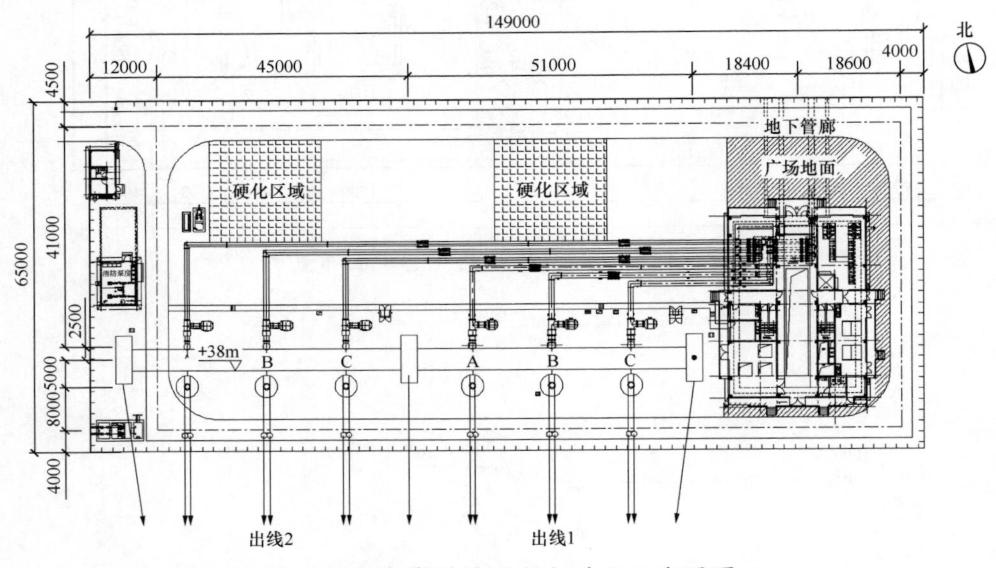


图 6-16　南岸引接站电气总平面布置图

## 二、土建总平面布置

南岸引接站站址地势平坦，站址周围场地开阔。结合站址自然条件、周围环境以及当地的规划要求，确定站区为北偏东 11° 布置，进站道路由站区西侧的道路引接，长度约 64m。引接站一次建设，一次性征地，总用地面积 1.12hm$^2$。

南岸引接站根据电气布置及工艺的要求，接收井生产综合楼布置在站区东南角，GIL 套管、构架、设备支架、消防泵房等布置在生产综合楼西侧。进站道路由站址西侧道路引接。站址围墙中心线内占地面积均为 0.97hm$^2$。南岸引接站土建总平面布置图详见图 6-18。

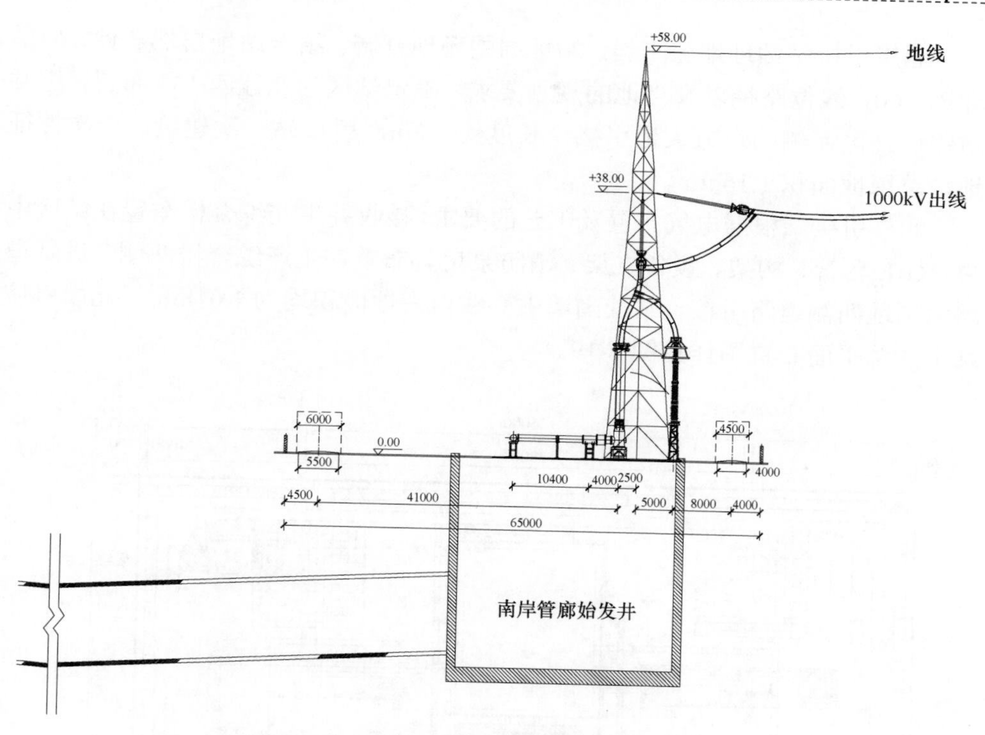


图 6-17 南岸引接站电气平断面布置图

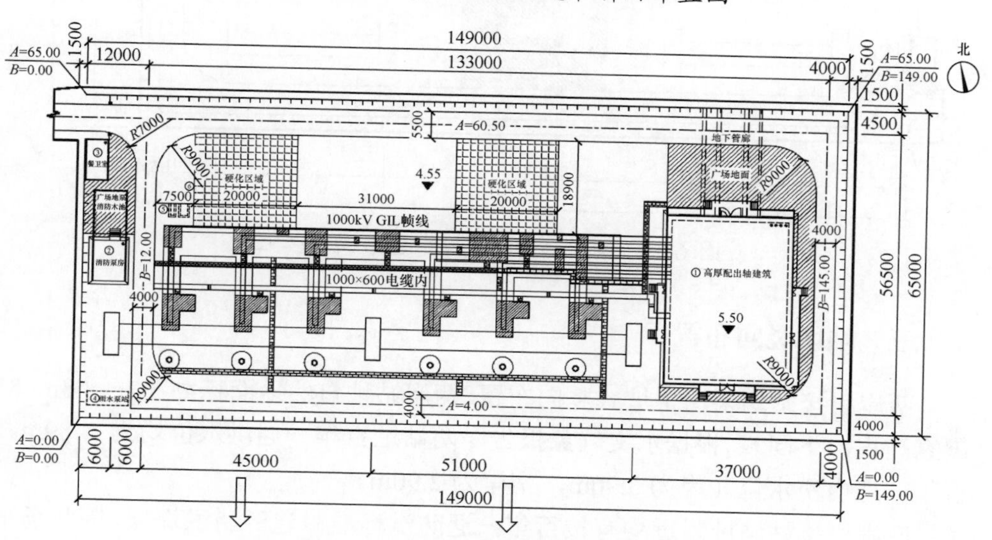


图 6-18 南岸引接站土建总平面布置图

北岸引接站站址地势平坦，站址周围场地开阔。结合站址自然条件、周围环境、GIL线位路径以及当地的规划要求，确定站区为北偏西15°布置，进站道路由站区西侧的东方大道引接，长度约 53m。引接站一次建设，一次性征地，总用地面积1.16hm²。

北岸引接站根据电气布置及工艺的要求，接收井生产综合楼布置在站区中央，GIL套管、构架、设备支架、消防泵房等布置在生产综合楼两侧。进站道路由站址西侧道路引接。站址围墙中心线内占地面积均为1.01hm²。北岸引接站土建总平面布置图详见图6-19。

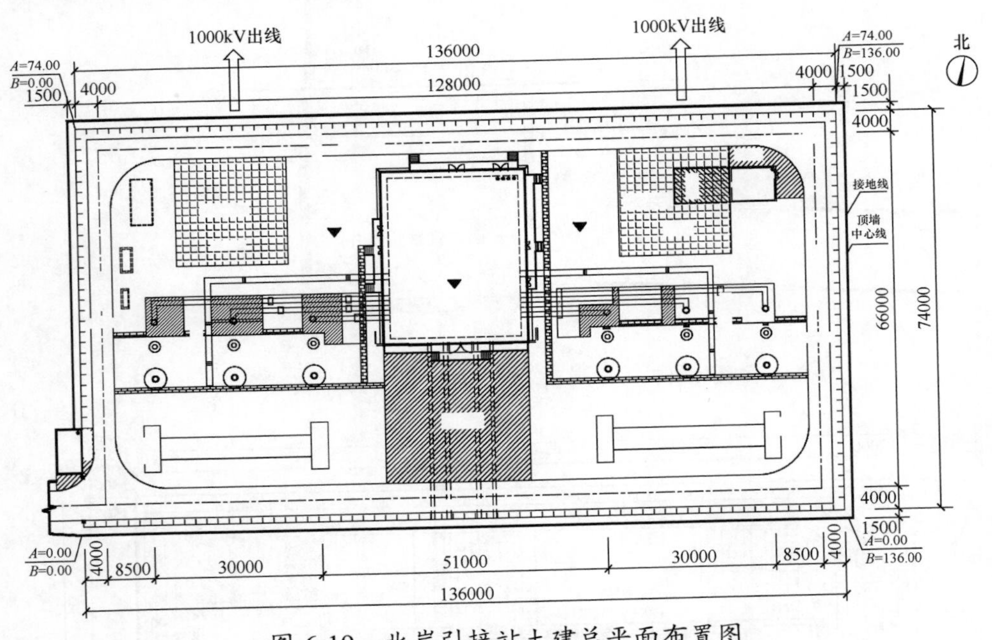


图6-19 北岸引接站土建总平面布置图

## 三、站区竖向布置

两岸引接站均采用平坡式竖向布置。两岸站址自然地面标高3.2～3.8m（85国家高程，下同），根据水文气象报告，两站址百年一遇洪水位均为 4.89m。百年一遇内涝水位北岸为3.90m，南岸为2.90m。

南岸引接站站址附近均有按百年一遇防洪标准修建的防洪堤坝，因此场平标高可不考虑洪水位影响。但考虑若隧道发生事故，长江水存在从隧道倒灌至工作井的可能，南岸引接站站址标高定为4.55m，以确保辅助建筑一层标高高于百年一遇洪水位。

北岸引接站场地位于新通海沙围堤和长江主江堤之间，处于新通海沙围堤背水侧、长江主江堤的迎水侧，为水利部门管辖的水域面积（行洪区域），而长江百年一遇洪水位为4.89m，因此，北岸引接站站址标高定为4.90m，高于百年一遇洪水位。

## 四、建筑

### （一）南岸综合楼方案

南岸综合楼作为与管廊联通的建筑物，位于江南常熟侧，建筑物满足GIL管道联通、安装要求，为管廊服务的辅助系统均设置于建筑物内。

南岸综合楼地上4层、地下3层布置，建筑结构形式为框架剪力墙结构。地上1层布置有大厅、站用电室、高压开关柜室、通风机房、消防控制室等，2层布置有通信机房、通信蓄电池室、通风机房、综合用房等，3层布置有二次设备室、监控室、蓄电池室、通风机房、综合用房等，4层布置有消防水箱间。地下1层为GIL垂直段安装区域，地下2层为GIL进入管廊的楼层，地下3层为预留500kV电缆进入管廊的楼层。

南岸引接站地处苏州，参考苏州传统建筑风格小巧、细腻、儒雅的特点，对本站建筑物进行外立面深化设计。南岸综合楼外立面效果图如图6-20所示。

图6-20　南岸综合楼外立面效果图

（二）北岸综合楼方案

北岸综合楼作为与管廊联通的建筑物，位于江北南通侧，建筑物满足 GIL 管道联通、安装要求，为管廊服务的辅助系统均设置于建筑物内。

北岸综合楼地上 4 层、地下 4 层布置，建筑结构形式为框架剪力墙结构。地上 1 层布置有大厅、站用电室、高压开关柜室、通风机房、消防控制室等，2 层布置有通信机房、通信蓄电池室、通风机房等，3 层布置有二次设备室、监控室、蓄电池室、通风机房、综合用房等，4 层布置有消防水箱间。地下 1、地下 2 层为 GIL 垂直段安装区域，地下 3 层为 GIL 进入管廊的楼层，地下 4 层为预留 500kV 电缆进入管廊的楼层。

北岸采用现代简约的方案，建筑风格和形式上具有强烈的“中而新，苏而新”的特点。外墙以纯净的白色作为主基调，仅仅在空间转折处用灰色的线条来勾勒外形，同时，深灰色屋面与白墙相配，为粉墙黛瓦的江南建筑符号增加了新的诠释。北岸综合楼外立面效果图如图 6-21 所示。

图 6-21　北岸综合楼外立面效果图

## 五、结构

南、北岸消防泵房及警卫室均采用钢筋混凝土框架结构，现浇钢筋混凝土楼、屋面，桩筏基础。

北岸地面引接站本期新建两榀单跨 1000kV 构架，跨度 30m，导线挂点高度 38m，地线挂点高度 58m。

南岸地面引接站本期新建一榀两跨 1000kV 构架，跨度 51m，导线挂点高度 38m，地线挂点高度 58m。

1000kV 构架采用四边形格构式钢管结构。构架结构体系由矩形断面格构式柱和矩形断面格构式钢梁组成，与基础采用地脚螺栓连接。构架热镀锌防腐。

1000kV 设备支架采用全钢管格构式支架，顶部设置钢管与上部设备通过螺栓连接，底部通过预埋螺栓与基础连接。支架柱脚处设混凝土保护帽，支架基础采用钢筋砼独立承台。

## 第三节 通 风 设 计

### 一、概述

国内常见的盾构隧道有公路隧道、地铁隧道和电力电缆隧道等，这些隧道用途各异，隧道内的通风方式也不同。

公路隧道中通风方式采用隧道顶部射流风机保证隧道内的通风效果，排除隧道内的尾气保证新风供应，隧道两头为敞开式，不另设工作井。隧道内热量来源主要来自汽车，根据车流量高低热量来源也不稳定。由于隧道两头敞开，通风条件较好。当发生火灾时，通过大型轴流风机排烟，射流风机作为风向辅助。

地铁隧道中，地铁内人员和站台上人员均通过空调形式降温，隧道内新风通过站台内通风井与室外连通，隧道段通风通过地铁本身的运行带来活塞式通风。地铁隧道内热源主要来自于人员、照明和运行设备负荷。在计算余热量时，扣除传入地铁围护结构周围土壤的传热量。根据一些资料记载及对北京地铁的计算，传进地铁周围土壤的热量占地铁产热量的 25%～40%，这对节约能量降低设备的一次投资都起到了重要作用。

电力电缆隧道中，一般采用工作井内通风风机机械进、排风满足隧道内通风要求，平时运行时主要以排除内部余热为主要目的，隧道内部一般不另设风机。由于通风通过工作井内风机完成，相邻两个工作井之间的通风区段不宜过长，一般控制在 1km 左右。

苏通 GIL 综合管廊工程通风方式结合电力隧道和公路隧道的通风方式，在两岸工作井内设置风机，满足隧道内通风要求，平时排除余热，兼顾 $SF_6$ 泄漏时排除 $SF_6$ 气体。由于本工程通风区段长度较电力隧道长，通风系统较公路隧道复杂，国内外没有类似案例可以借鉴。

## 二、隧道内发热情况及通风条件

苏通 GIL 综合管廊工程双回 GIL 分别布置于管廊上层两侧，每侧一回各 3 根，结合 GIL 厂家提供的资料，不同工况设备发热量校核数据如下：

（1）部分负荷工况（回路轻载，每回电流 2000A），单根发热量为 25W/m，6 根共 150W/m。

（2）额定负荷工况（每回路电流 3150A），单根发热量为 80W/m，6 根共 480W/m。

（3）事故负荷工况（一回 GIL 停运，另一回为额定电流 6300A），单根发热量为 250W/m，3 根共 750W/m。

预留 500kV 电缆通道电缆发热量按 200W/m 考虑（100W/m 一个腔体）。

$SF_6$ 气体泄漏情况分为年泄漏和事故泄漏。$SF_6$ 气体在 GIL 内具有 4 倍大气压力。年泄漏量为万分之一，约 11.4$m^3$；事故泄漏量考虑一个 100m 长气室气体的全部泄漏，一次泄漏量约为 260$m^3$。$SF_6$ 气体泄漏时人员活动区域最大允许浓度按 1000ppm 控制。

根据工程运维管理要求，故障发生后 1.5h，专业人员需要到现场进行故障分析，为制定抢修方案做好准备。因此，事故发生后 1.5h 隧道内空气品质需满足人员进入要求。

参考公路隧道通风设计细则，人员进入隧道时内部风速不应低于 1.5m/s。

隧道沿线土壤温度取 19℃（根据现场多孔勘测数据取平均值）。

进风温度参考当地夏季通风室外计算 30.5℃。

## 三、设计方案

由于隧道长度较长、规模较大，GIL 发热量大，且位于江底，不具备自然通风条件。因此，隧道采用机械通风方案。同时，由于本工程为单洞 GIL 隧道，江中无法增加中间风井，不具备通风区段划分条件，因此，采用隧道两端工作井设置送排风机、一送一排通风方式。隧道通风方案示意如图 6-22 所示。

根据分析结果，以 160$m^3$/s 来配置隧道内风机，选取 3 台轴流风机 2 用 1 备，单台风量不小于 80$m^3$/s（风机选型时另外附加安全系数），全压约为 1400Pa，热沉全程为正，没有土壤对隧道内部的反向传热。

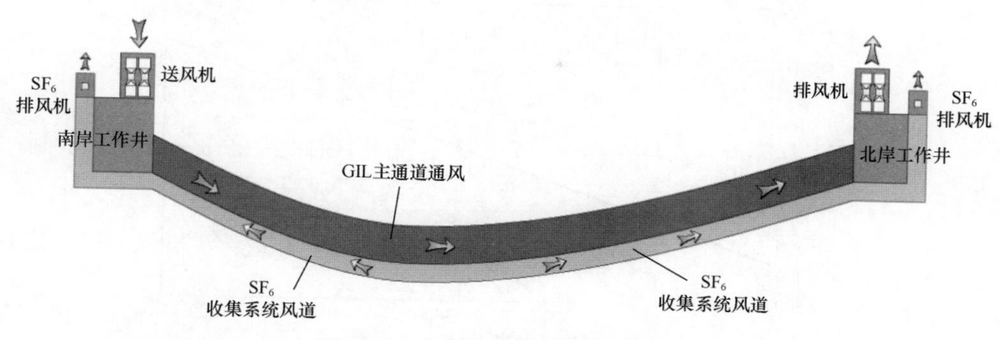


图 6-22 隧道通风方案示意图

## 四、主通道排热通风分析

(一)额定负荷工况

主通道排热通风系统用于排除 GIL 主通道内的余热，保证隧道内正常运行温度。当 GIL 载流量不同时，设备发热量也会变化，设计基于 GIL 在额定电流 2000、3150、4000A 和 6300A 时的发热量进行分析，将载流量 2000A 时定义为部分负荷工况，3150A 为额定负荷工况，4000A 为其他负荷工况，6300A 为事故负荷工况（一回线路停运时）。根据不同发热量，选取不同通风风量对各种工况进行 SES 模拟分析。

对于额定载流量为 3150A 时，选取风量 160m³/s 足以控制隧道出口温度≤40℃。根据 SES 建模对本隧道进行分析模拟结果如图 6-23 和图 6-24 所示。

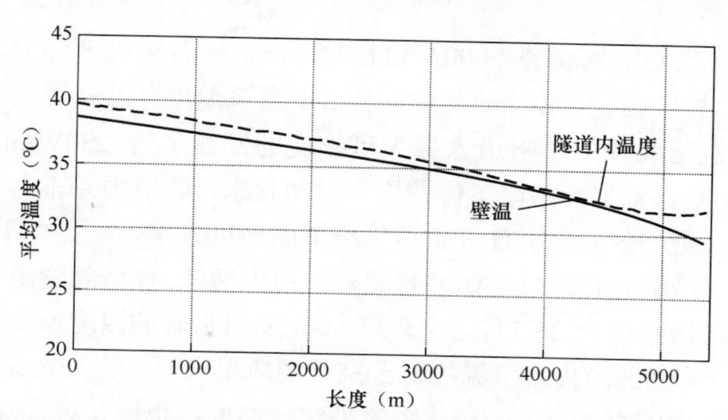


图 6-23 160m³/s 风量隧道内温度与壁温曲线图［80W/（m·根）］

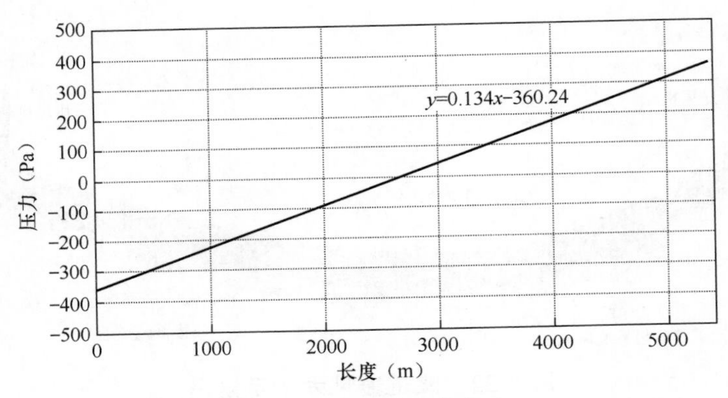


图 6-24 隧道压力分布

根据分析结果，以 160m³/s 来配置隧道内风机，选取 3 台轴流风机 2 用 1 备，单台风量不小于 80m³/s（风机选型时另外附加安全系数），通风阻力约为 700Pa，热沉全程为正，没有土壤对隧道内部的反向传热。

（二）部分负荷工况

将 GIL 载流量 2000A 定义为部分负荷工况，隧道内对应发热量为 150W/m。本工程投入运营后，GIL 将长期处于 2000A 及以下的工况运行。

额定负荷工况作为设计工况进行风机选型计算，但是在本工程投入运营后额定负荷工况实际发生并不是长期持续的，将随各地用电负荷变化而变化。然而，部分负荷工况却是一个长期持续的运行状态，也是运行人员较为关心的一种通风状态。设计对部分负荷工况进行着重分析研究，以确定最为合理的风机运行状态。

经研究，当 GIL 载流量 2000A 运行时，开启一台风机 80m³/s，隧道出口温度为 29.1℃，远低于 40℃的要求，且低于进风温度。若采用自然通风并保证隧道出口温度≤40℃，隧道内最大可接受的发热量为 230W/m，约 38W/（m・根）。但是，本工程两岸工作井均为封闭状态，隧道内并不具备自然通风条件。因此，进一步研究了部分负荷工况下的通风方案。

若不开启风机并且两端工作井封闭隧道内无通风，仅依靠隧道管壁散热的情况下，隧道内温度为 28.3℃，比开启 80m³/s 风量时的温度反而降低了。说明在此工况下，当隧道内空气温度低于室外通风温度时，进入隧道内的室外空气越多，隧道内的空气温度会越接近室外空气温度，也就是说在这种情况下，隧道内的空气会被室外空气加热，对隧道内散热不利，起到了反作用。

当隧道内无通风时，控制隧道出口温度≤40℃，隧道内最大可接受的发热量为 225W/m，隧道出内温度为 39.5℃。225W/m 的发热量换算回 GIL 载流量的话，约为 2300A。也就是说在 GIL 载流量 2300A 以下时，隧道内可不开启风机即可满足内部温度要求。在此发热量情况下，若开启一台风机的一半风量 $40m^3/s$，隧道出口温度为 35.1℃，隧道内温度情况良好。

结果显示，部分负荷工况下，当内部发热量在 225W/m 以下时，无须开启通风即可满足隧道内温度要求，隧道内温度为 39.2℃。在此发热量情况下，开启一台风机一半风量 $40m^3/s$，隧道出口温度将为 35.1℃。部分负荷工况的分析对运营期风机的控制策略有重要指导意义。

（三）事故负荷工况

将 GIL 载流量 6300A 定义为事故负荷工况，即隧道内一回线路停运，另外一回线路的满载运行的情况，隧道内对应发热量为 750W/m。

如图 6-25 所示，当载流量 6300A 时，根据额定负荷工况进行选型的风机全部开启，总风量可达到 $240m^3/s$，但隧道出口温度为 43℃。

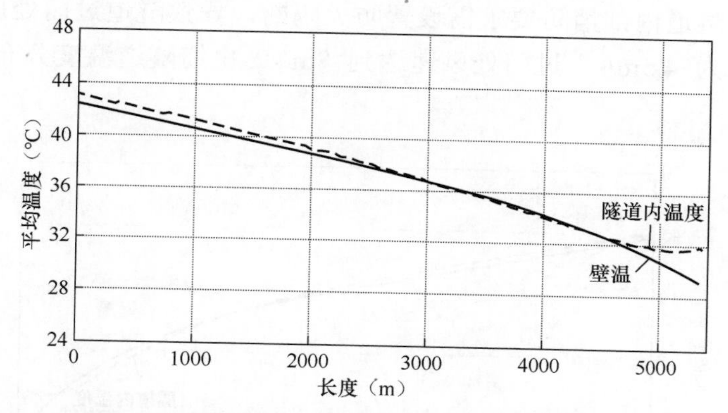


图 6-25 $240m^3/s$ 风量隧道内温度与壁温曲线图［250W/（m·根）］

由于一回 GIL 发生故障的情况较少发生，且与其发生时的季节也有关系，当发生在室外温度不是很热的季节，隧道内的温度情况也会有较大的改善。只有当夏季最炎热时 GIL 产生 6300A 载流量，才会导致隧道出口温度超过 43℃，并且覆盖区域仅为隧道靠近北岸 1km 左右，剩余 4.5km 左右隧道内温度仍在 40℃以下。

考虑经济性与事故发生的概率问题，设计工况选取载流量为 3150A 时，虽然载流量 6300A 为最大发热量情况，但只作为校验工况。所以事故负荷工况时仍按 $80m^3/s$ 风机 2 用 1 备选用，事故时将备用风机也投入运行，可保证隧道出口温度≤43℃，此时通风阻力约为1800Pa。

## 五、预留500kV电缆通道通风分析

### （一）预留电缆通道模拟分析

计算原则：远景电缆部分控制温度按40℃计算；控制隧道内风速5m/s左右。预留500kV电缆通道电缆发热量按200W/m考虑（100W/m一个腔体）。据此计算，隧道内电缆平时运行时最大发热量为1100kW。

下腔预留电缆通道与上腔主通道相对独立，仅通过局部爬梯相连，爬梯洞口平时以盖板封闭。通风系统受隧道内电缆发热量、隧道长度、隧道内部防火隔断（暂按500m一道防火隔断考虑）影响较大。预留电缆通道通风模拟结果如下：

采用机械通风降温，当通风风量为60m³/s时，可以维持隧道出口温度约45℃，随着隧道的压力损失为3080Pa，但隧道内有一半以上区域将超过40℃。另外，由于隧道内部消防要求需设置防火隔断，导致隧道过门处风速较大，隧道内风速为4.5m/s，过门处风速达到8m/s。电缆隧道温度分布如图6-26所示。

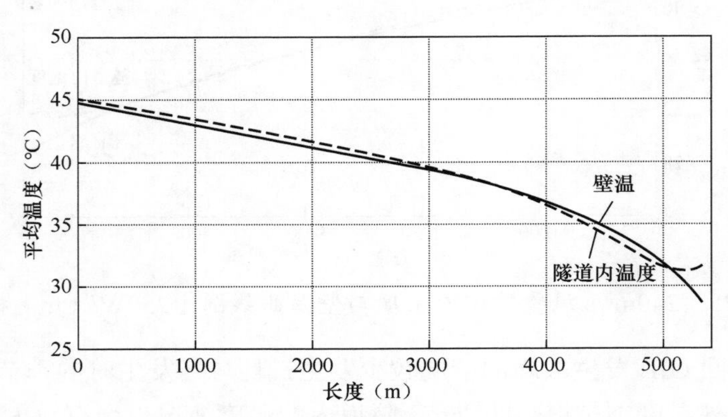


图6-26 电缆隧道温度分布图

当风机通风率在75m³/s及53m³/s时，计算发现空气流量的增加和减少都不能降低空气的温度，增加空气流量会增加摩擦热从而增加了空气最终温度。增大风量后总会达到一个极限温度，当再增加风量时，温度已无法再继续降低，甚至会回升，此处分析结果与主通道分析结果一致，分析结果如图6-27所示。

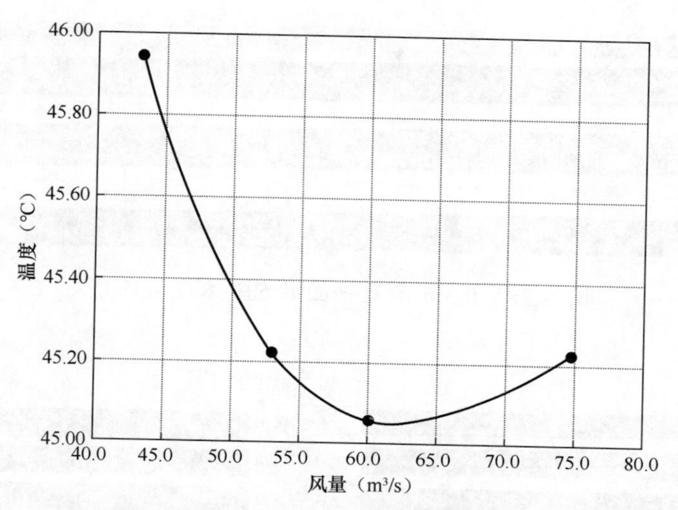


图 6-27 预留通道温度与流量关系图

（二）预留电缆通道通风方案

电力电缆通道规范规定排风温度应≤40℃，但计算结果表明，仅通过通风已无法将温度控制在 40℃以下。因此，需要采取通风降温以外的其他措施。预留电缆通道将根据远景电缆情况进行深化设计，本工程仅预留降温设备安装空间。

## 六、$SF_6$气体排放系统

隧道内 $SF_6$ 气体主要是通过主通道通风系统+$SF_6$ 专用排风系统排除。$SF_6$ 专用排风系统将预留电缆通道下方腔体作为 $SF_6$ 排除专用通道，当 $SF_6$ 气体泄漏报警时，主通道通风设备满负荷运行，并且开启附近风口下方电动阀门，每隔 100m 设置一处，通过风管将 GIL 泄漏的 $SF_6$ 气体通过两侧抽至下部 $SF_6$ 气体排风通道内，风机设置于工作井内，通风风管与隧道内管道连接。排风通道接至隧道最低处，平时少量泄漏的 $SF_6$ 气体将堆积于最底部，通过该通道一同排除。

CFD 模拟结果显示，单个气室 $SF_6$ 气体泄漏时，考虑了隧道最大倾斜角度的情况，隧道内 $SF_6$ 排放时间可控制在 1.5h 以内。$SF_6$ 气体排放系统的排除效果如图 6-28～图 6-30 所示。

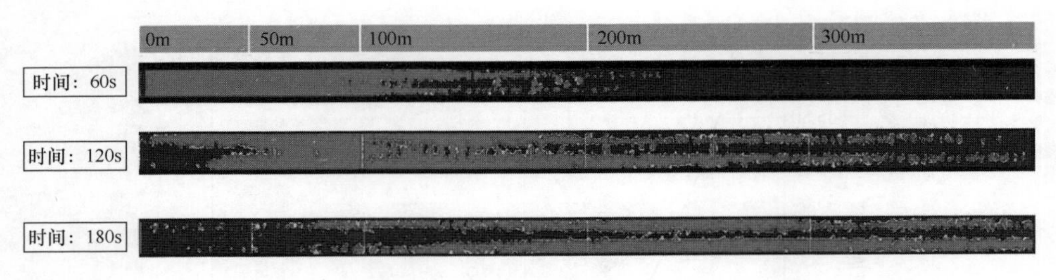


图 6-28　0.3m 高处平面的 $SF_6$ 浓度分布图

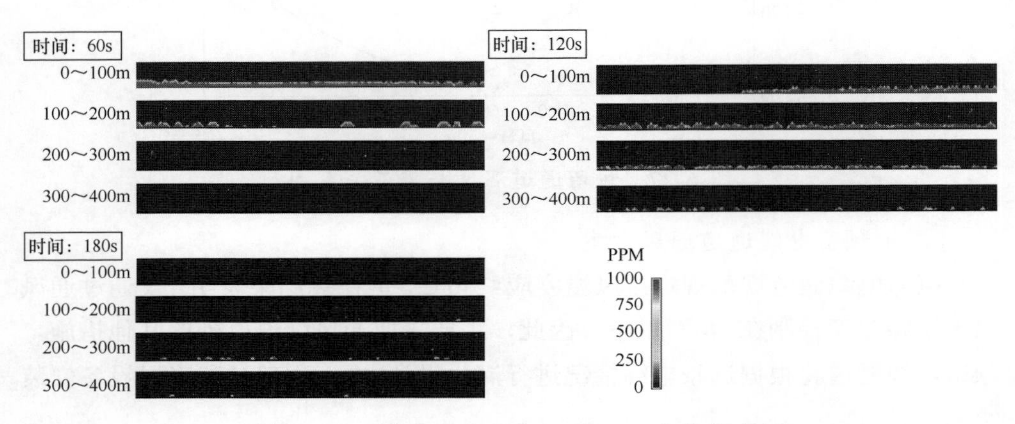


图 6-29　沿隧道方向纵断面的 $SF_6$ 浓度分布图

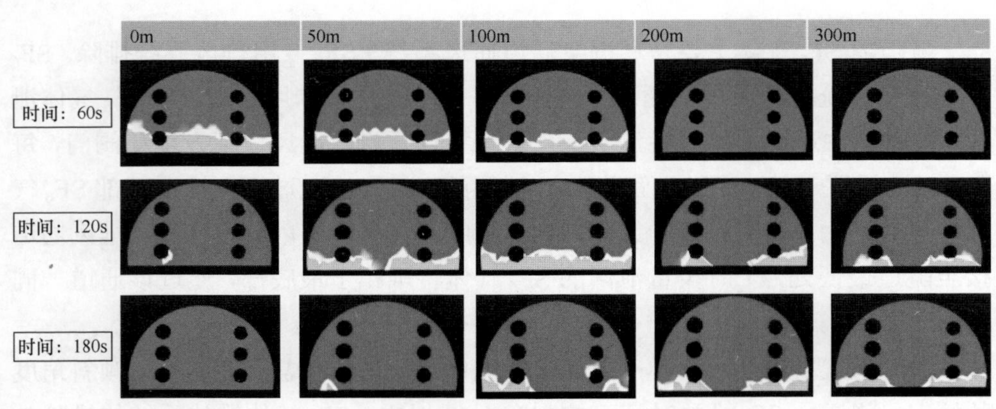


图 6-30　横断面 $SF_6$ 浓度分布图

## 七、风机选型

根据通风分析与计算，对风机及主要设备进行选型，详见表 6-24。

表 6-24 风机及主要设备型号参数表

| 序号 | 设备名称 | 设备型号和主要参数 | 数量 | 备注 |
|---|---|---|---|---|
| 1 | 大型轴流风机（主通道使用） | 防腐型，变频运行<br>风量：85m³/s<br>全压：1400Pa<br>转速：≤1500rpm<br>电机功率：≤220kW<br>噪声：$L_w$≤115dB<br>电源：380V/50Hz<br>250℃条件下持续有效工作 1h | 6 台 | 两岸工作井建筑物内各 2 用 1 备。立式安装。风机两端配置消声器、软连接、扩散筒 |
| 2 | 大型轴流风机（巡视通道使用） | 防腐型，变频电机，本期工频运行<br>风量：50m³/s<br>全压：1800Pa<br>转速：≤1500rpm<br>电机功率：≤132kW<br>噪声：$L_w$≤115dB<br>电源：380V/50Hz<br>250℃条件下持续有效工作 1h | 4 台 | 两岸工作井建筑物内各 2 台。卧式安装。风机两端配置消声器、软连接、扩散筒 |
| 3 | 防腐离心风机（$SF_6$专用排风机） | 防腐型<br>风量：15 000m³/h<br>全压：2600Pa<br>电机功率：22kW<br>电源：380V | 4 台 | 两岸工作井建筑物内各 2 台 |

## 八、通风机房与风道设计

风机机房设置于工作井上部建筑物内，位于建筑物的 1 层与 2 层，由于建筑物内布置紧凑，服务于管廊部分的轴流风机采用垂直布置，服务于预留电缆部分的轴流风机采用水平布置。采用混凝土渐变管与通风竖井连接。

由于建筑物房间布置紧凑，无法满足自然通风所需的进风百叶面积，因此采用机械进风、机械排风的通风方式。

隧道采用工作井内风机机械进风、机械排风的通风方式，通过风道将空气送入隧道。由于隧道分上下两层，本期投运上层 GIL 部分，下层为远景电缆本期预留。为方便风机设置和控制，在工作井通风竖井中同样分隔成两个独立区域，隧道内两个腔体与通风竖井两个区域相对应，保证隧道内上下两个腔体通风设备相互独立运行。$SF_6$ 排除风管采用电动阀门，平时关闭、气体泄漏时开启。

### 九、通风控制原则

本工程通风系统设计考虑排热工况、事故工况和巡视工况，通风控制系统根据不同工况及功能采用相应控制方式。控制策略主要分为降温自动控制、手动控制、定期自动开启和事故状态控制。

降温自动控制：根据隧道内温度监测系统进行自动控制排除内部余热。当监测到隧道内温度 $t_{n1}$≤35℃时，不开启风机；当 $t_{n1}$>35℃时，变频开启风机，满足隧道出口温度≤40℃。

定期自动开启：由于隧道内长期通过机器人巡检，人员进入情况较少，考虑可能存在长期不需要通风的情况，设置定期自动开启通风的模式保证隧道内空气品质，并避免风机长期不使用带来的维护问题。

事故状态控制：当发生 $SF_6$ 气体泄漏事故时，开启泄漏报警点附近的 $SF_6$ 专用排风系统风阀，并将主通道风机开至最大，即开启 3 台风机。以隧道最低点为界，南半段长约 2km，北半段长约 3.5km，$SF_6$ 专用排风系统风阀开启形式需要根据发生地点不同分情况控制。

所有通风系统防火联动控制由消防监控系统完成。在所有设有火灾监控系统的区域，风机均应与监控系统联锁。当隧道内发生火灾时，由消防控制盘发出消防报警信号，自动关闭所有风机与风阀。

## 第四节 水工与消防设计

### 一、隧道部分

#### （一）水工

隧道内无任何给水系统。

隧道位于江底，可能会存在部分结构渗漏水。考虑在隧道两侧设置排水沟，并在隧道底部及中部设置排水泵站，通过潜水排污泵将上述渗漏水排除。

在隧道最低点及距南岸始发井约 1.1km 处设置排水泵站，负责收集并排除始发井与接收井之间隧道内的结构渗漏水；配套辅助建筑底部排水泵站分别负责收集始发井和接收井的结构渗漏水及消防排水。隧道排水如图 6-31 所示。

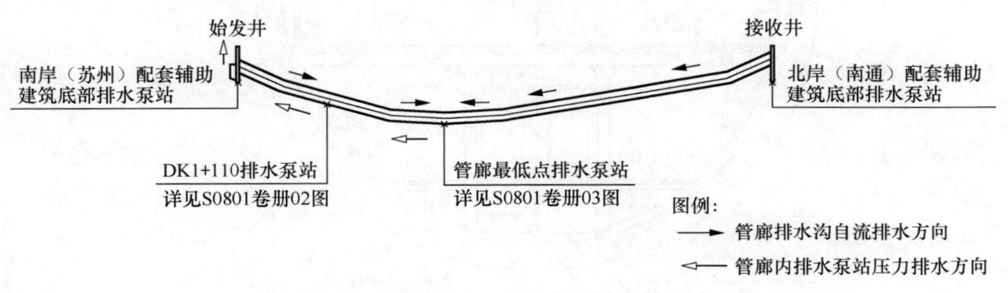


图 6-31　隧道排水示意图

根据隧道结构专业资料，整条隧道的渗水量每天不超过 $30m^3$。

当隧道发生渗漏，水排入上、下腔两侧纵向排水沟内，上腔排水沟尺寸 100mm × 50mm（宽 × 深），下腔排水沟尺寸为 100mm × 50mm（宽 × 深）。排水沟坡度与隧道坡度相同，且隧道内部结构板坡向排水沟。隧道上腔左右两侧排水沟通过地漏及 $\phi$50PVC 排水管与下腔左右两侧排水沟相连，在 $SF_6$ 排风腔顶板与中间箱涵侧墙上预埋 $\phi$50PVC 排水管衔接隧道下腔排水沟与巡视通道中心排水沟，该排水管坡度为 0.01。自隧道最低点开始，每隔 500m 设置一处上述 PVC 排水连接管，见图 6-32。在隧道最低点 $SF_6$ 排风腔底采用 $\phi$50PVC 排水管与隧道最低点排水泵站相连。

在隧道最低点及距南岸始发井约 1.1km 处（DK1 + 110）有两座排水泵站，排水泵站的集水池内配置潜污泵 2 台，一用一备，不可同时启动，水从隧道最低点排水泵站收集后加压排入 DK1 + 110 排水泵站，再次收集后加压排入南岸引接站工作井底部的排水泵站集水池内。隧道最低点排水泵站至 DK1 + 110 排水泵站高差约 22m，排水距离约 1km。DK1 + 110 排水泵站至南岸引接站工作井底排水泵站高差约 30m，排水距离约 1.5km。

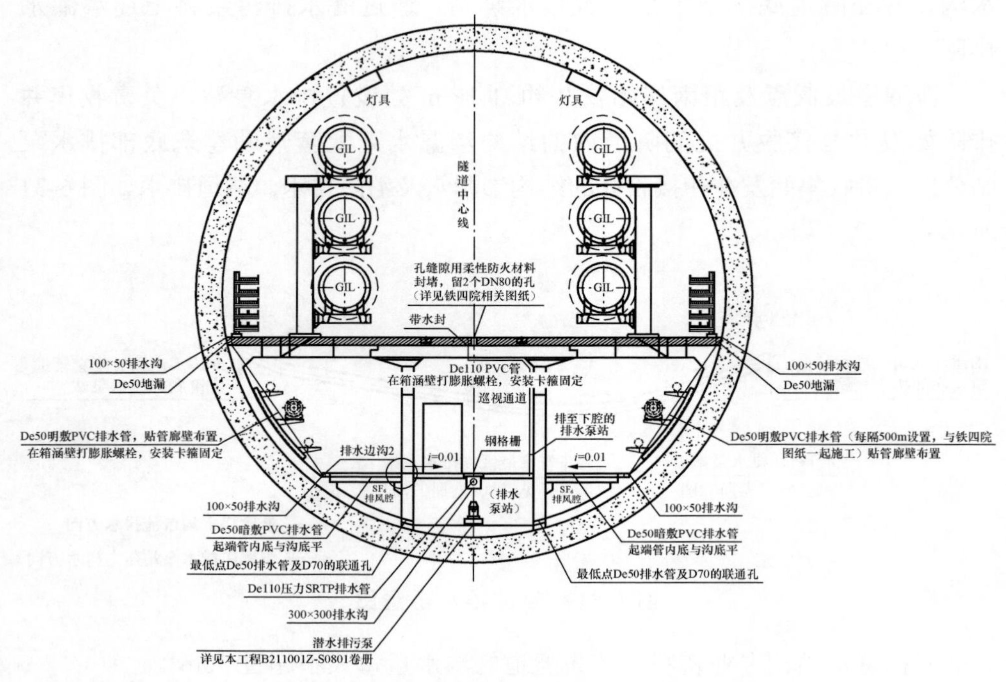


图 6-32 隧道最低点排水系统剖面图

整条隧道的排水路径有两条，分别为：

（1）北岸接收井至隧道最低点排水泵站段：隧道上腔左右两侧排水沟→隧道下腔左右两侧排水沟→巡视通道中心排水沟→最低点排水泵站→DK1＋110 排水泵站→南岸引接站配套辅助建筑底部排水泵站。

（2）南岸始发井至最低点排水泵站段：隧道上腔左右两侧排水沟→隧道下腔左右两侧排水沟→巡视通道中心排水沟→DK1＋110 排水泵站→最低点排水泵站→DK1＋110 排水泵站→南岸引接站配套辅助建筑底部排水泵站。

（二）消防

1. 概述

隧道消防系统的设计，遵照国家“预防为主、防消结合”的方针，并按 GB 50347—2004《干粉灭火系统设计规范》、GB 50140—2005《建筑灭火器配置设计规范》执行。在火灾初期发出报警信号，能进行火灾的集中、就地监控和消防装置的远方和就地控制，并设有火灾一旦发生就足以扑灭的设备容量（该容量按同一时间内火灾次数一次设计）。根据隧道建筑性质及国家有关消防设计规范，隧道消防系统设有悬挂式超细干粉自动灭火装置和移动式干粉灭火设施。

隧道下腔两侧远景如布置输电电缆，考虑采用细水雾灭火系统对电缆进行保护，分别在南、北岸引接站的配套辅助建筑内设置高压细水雾泵组设备。

2. 悬挂式超细干粉自动灭火装置

针对隧道工程特殊性，多个屏柜处于通道空间内，且各个通道空间的连通处存在隔断，故将相邻的多个屏柜作为一个保护区，整个隧道中共计12个保护区，分为南岸S1～S6、北岸N1～N6。当保护区内发生火灾时，悬挂式干粉灭火器启动，喷射干粉保护整个空间。本工程采用的是非爆破式非储压型悬挂式干粉灭火器，由超细干粉灭火剂、电启动器、固气转换剂、耐压钢制外壳、铝膜和安装架组成。装置固定安装在保护区域，其内的超细干粉灭火剂处于固态常压状态。当火灾发生时，灭火装置接到启动信号，固气转换剂被激活，壳内气体迅速膨胀，内部压力增大，将喷嘴薄膜冲破，超细干粉向保护区域喷射并迅速向四周弥漫，形成全淹没灭火状态，火焰在超细干粉连续的物理、化学作用下被扑灭。

3. 移动式干粉灭火设施

在隧道内设置移动式灭火设施。按GB 50140—2005《建筑灭火器配置设计规范》及DL 5027—2015《电力设备典型消防规程》的要求，设置移动式灭火器。该设施以手提式或推车式干粉灭火器作为灭火手段，当确切的火灾信息传来后或现场发现火情，人工打开干粉灭火器，手动扑灭火灾。

灭火器分别成组设置在隧道上腔及下腔内每隔一定距离处，在明显和便于取用的地点设灭火器箱，并规范安置，有明显标记和说明。灭火器箱安装位置不得影响交通和安全疏散。在隧道主要出入口、上下腔每隔40m位置、隧道与配套辅助建筑连接处（隧道内）以及从南岸至北岸每隔500m上下腔联通处，按设计要求，在上下腔各布置2具移动式灭火器，每具灭火剂充装量为8kg，每具最小配置灭火级别为4A，并按每2具为一组摆放在灭火器箱内。

在隧道主要出入口、隧道与配套辅助建筑连接处（管廊内）以及从南岸至北岸每隔500m上下腔联通处，按设计要求，在上下腔各至少配置2套正压式消防空气呼吸器和4只防毒面具，正压式消防空气呼吸器应放置在专用设备柜内，柜体应为红色并固定设置标志牌。

## 二、引接站部分

### （一）水工

1. 水源

南、北岸引接站均有单独的水源和给水系统。引接站的生活给水、室外消火栓及消防水池补水均来自附近市政自来水管。

2. 生活给水系统

南、北岸引接站内各设有一座生产综合楼，楼内有卫生间等生活用水，生活用水（包括淋浴用水等）日用水量约 10.0m$^3$/d，最大小时用水量约 2.7m$^3$/h。

生活给水系统采用独立管网，由站外自来水管网直接供水。

3. 工作井排水

配套辅助建筑的排水泵站，除需排除部分隧道渗漏水，还需排除配套辅助建筑本身的渗漏水。由于配套辅助建筑设置了室内外消火栓系统，因此底部设计排水泵站，室内外消火栓的水量为65L/s。

4. 雨水排水

场地雨水采用有组织排放方式，雨水系统按照本期及远景建设相结合的原则进行设计。站区雨水经雨水口，雨水检查井和雨水排水管汇集后流至雨水泵站。南岸引接站的雨水由雨水泵提升排至站外东北侧长江大堤下河道，站外排水管道长度约500m；北岸引接站的雨水由雨水泵提升排至站外西侧东方大道旁的市政雨水排水管网中，站外排水管道长度约65m。

雨水泵站土建及安装一次施工完成，雨水泵容量可以满足引接站远景场地的排放总量需要。雨水泵站按无人值班设计，各泵与水位联锁，轮流自动投入或停运，两台泵可同时启动。南岸的雨水泵控制柜需采用双电源供电。

站区建筑物雨水采用有组织排放方式，建筑物雨水落和电缆沟排水均经排水管道均经雨水排水管道接入就近的雨水检查井或雨水口内。

5. 生活污水排水

南岸引接站配套辅助建筑及警卫室的生活污水经 De300 UPVC 加筋管排入站内化粪池，经化粪池初步处理达到 GB 8978—1996《污水综合排放标准》中的三级标准后，废水储存在废水储存池，废水储存池的污水经提升泵提升后接入兴港路建业路附近市政污水管网。

北岸引接站配套辅助建筑及警卫室的生活污水经D300钢筋混凝土管排入站内化粪池，经化粪池初步处理达到GB 8978—1996《污水综合排放标准》中的三级标准后，废水储存在废水储存池，废水储存池的污水经提升泵提升后接入站外东方大道附近的市政污水管网。

（二）消防

1. 消防给水系统概述

消防系统设计，遵照国家“预防为主、防消结合”的方针，并按GB 50229—2019《火力发电厂与变电站设计防火标准》、GB 50974—2014《消防给水及消火栓系统技术规范》、GB 50140—2005《建筑灭火器配置设计规范》执行。在火灾初期发出报警信号，能进行火灾的集中、就地监控和消防装置的远方和就地控制，并设有火灾一旦发生就足以扑灭的设备容量（该容量按同一时间内火灾次数一次设计）。根据引接站建筑性质及国家有关消防设计规范，引接站消防系统设有消防给水系统、室内和室外消火栓给水系统以及移动式干粉灭火设施。

2. 消防给水系统

水消防系统由消防水池、消防水泵、屋顶消防水箱、消防气压增压装置、消防供水管网及室内、外消火栓给水系统等组成。主要保护对象为引接站配套辅助建筑。室内消火栓给水系统采用临时高压消防给水系统，室外消火栓给水系统采用低压消防给水系统。

消防水源与生活水源相同，均为自来水。消防给水系统要求自来水公司提供一路DN150接口，引接站围墙外1m处，水量不小于100m$^3$/h，水压不小于0.20MPa，水质符合GB 5749—2022《生活饮用水卫生标准》的相关规定。引接站的室外消火栓管由此路供水直接供给，并从室外消火栓管上接出一路至消防水池和屋顶消防水箱。

每座配套辅助建筑的火灾危险性均为丁类，耐火等级二级，体积均超3000m$^3$，根据GB 50229—2019《火力发电厂与变电站设计防火标准》，需设置室内外消防给水系统。根据GB 50974—2014《消防给水及消火栓系统技术规范》，每座配套辅助建筑按地下建筑考虑，室外消火栓水量为25L/s，室内消火栓水量为40L/s。火灾发生时所需最大一次消防用水总量为配套辅助建筑所需消防用水量计共468m$^3$，具体的消防用水量如表6-25所示。

表 6-25　　消防用水量表

| 消防对象 | | 消防用水量（L/s） | 火灾延续时间（h） | 火灾延续时间内消防用水量（$m^3$） | 合计（$m^3$） |
|---|---|---|---|---|---|
| 配套辅助建筑 | 室外消火栓 | 25 | 2 | 180 | 468 |
| | 室内消火栓 | 40 | 2 | 288 | |

每座引接站内设置消防泵房及水池一座，为节约用地采用上下布置。消防水池有效容积为 468$m^3$，设消防车取水口。

3. 移动式干粉灭火设施

在每座配套辅助建筑内、引接站警卫室和消防泵房内设置移动式灭火设施。按 GB 50140—2005《建筑灭火器配置设计规范》和 DL 5027—2015《电力设备典型消防规程》的要求，设置不同类型的移动式灭火器。该设施以手提式或推车式干粉灭火器作为灭火手段，当确切的火灾信息传来后或现场发现火情，人工打开干粉灭火器，手动扑灭火灾。

# 第七章　环境保护和水土保持

苏通 GIL 综合管廊工程对环境的影响主要有运行期两岸引接站内风机的噪声影响、高压带电体的电磁场影响，生活污水排放影响，GIL 设备 $SF_6$ 气体排放影响，以及施工期间的废水排放、废气排放、噪声排放和扬尘扩散等。环境保护设计主要针对上述影响因素的治理。

水土保持设计主要包含对引接站、管廊区、施工区及站外管线区的表土剥离及回覆、场地绿化、铺设碎石、弃土及临时堆土等内容。

工程施工过程复杂，土方工程量大，环水保要求高，因此环水保设计方案必须做到合规、合理和准确。苏通 GIL 综合管廊工程环境保护和水土保持主要由华东院负责设计。

## 第一节　环　境　保　护

### 一、声环境措施

苏通 GIL 综合管廊工程的噪声影响主要来自于工作井辅助建筑的通风机房内，采取的噪声控制措施主要包括采用低噪声风机，并对每个风机均设置消声器；通风机房对外一侧采用通风消声百叶，消声量要求不低于 15dB；通风机房内墙面铺设吸声材料；围墙采取砖式结构。

（一）南岸引接站

南岸引接站西侧厂界执行 GB 12348—2008《工业企业厂界环境噪声排放标准》中 3 类标准［昼间 65dB（A），夜间 55dB（A）］。

南岸引接站厂界环境噪声排放值预测结果见表 7-1。由噪声预测结果可知，采取相应措施后，南岸地面引接站各侧厂界噪声排放值均能满足 GB 12348—2008《工业企业厂界环境噪声排放标准》3 类标准限值要求。

表 7-1　　南岸引接站厂界环境噪声排放值预测结果

（预测高度为 1.2m）　　[dB（A）]

| 序号 | 厂界 | 预测结果* | 标准限值 | |
|---|---|---|---|---|
| | | | 昼间 | 夜间 |
| 1 | 东侧厂界 | 44.3 | 65 | 55 |
| 2 | 南侧厂界 | 52.4 | 65 | 55 |
| 3 | 西侧厂界 | 34.3 | 65 | 55 |
| 4 | 北侧厂界 | 40.4 | 65 | 55 |

* 每侧厂界的最大值。

（二）北岸引接站

北岸引接站西侧厂界执行 GB 12348—2008《工业企业厂界环境噪声排放标准》中 4 类标准 [昼间 70dB（A），夜间 55dB（A）]，其余 3 侧厂界执行 3 类标准 [昼间 65dB（A），夜间 55dB（A）]。

北岸引接站厂界环境噪声排放值预测结果见表 7-2。由噪声预测结果可知，采取相应措施后北岸地面引接站西侧厂界满足 GB 12348—2008《工业企业厂界环境噪声排放标准》4 类标准限值要求，其余 3 侧厂界均满足 3 类标准限值要求。

表 7-2　　北岸引接站厂界环境噪声排放值预测结果

（预测高度为 1.2m）　　[dB（A）]

| 序号 | 厂界 | 预测结果* | 标准限值 | |
|---|---|---|---|---|
| | | | 昼间 | 夜间 |
| 1 | 东侧厂界 | 35.6 | 65 | 55 |
| 2 | 南侧厂界 | 36.2 | 65 | 55 |
| 3 | 西侧厂界 | 38.6 | 70 | 55 |
| 4 | 北侧厂界 | 51.2 | 65 | 55 |

* 每侧厂界的最大值。

## 二、电磁环境措施

与常规的架空线路不同，GIL 的导体外为金属材质的封闭外壳，并且壳体已接地，其产生的工频电场强度和工频磁感应强度非常低。

地面部分与常规的特高压变电站相同，在优化电气布置基础上，对于引接站内以及门架到终端塔的零挡线，根据设计规范确定导线选择和跨线高度。同时，管母线、互感器和其他金具生产制造时，提高加工工艺，防止尖端放电和起电晕。电气断面如图 7-1 所示。

采取上述措施后，可保证地面引接站周边、管廊沿线、线路邻近居住建筑所在位置距地 1.5m 高处的工频电场强度不超过 4000V/m，工频磁感应强度小于 0.1mT。

## 三、$SF_6$气体措施

1100kV GIL 内充满 $SF_6$气体，为了限制气体排放并保证人员安全，严格要求 GIL 的年漏气率，由原来常规 GIS 的 0.5%提高为 0.01%。

$SF_6$气体泄漏时人员活动区域最大允许浓度按照 1000ppm 控制，配置 $SF_6$在线监测系统。$SF_6$ 气体浓度超标时，启动通风系统。$SF_6$ 排除采用主通道通风系统与 $SF_6$专用排风系统相结合的形式，当监测到 $SF_6$气体泄漏时，将主通道风机开至最大风速，同时开启泄漏区域附近 $SF_6$专用排风系统的风阀，保证 $SF_6$气体在最短时间内排除。

GIL 安装阶段，施工单位合理组织，并严格按照制造厂安装说明控制安装过程，避免安装阶段无 $SF_6$泄漏；同时，安装 GIL 时，保证监测系统和通风系统的有效性，并配置辅助安全防护措施，出现泄漏后能保证气体排出和人员安全。

## 四、水环境措施

每座工作井（含其上部的辅助建筑楼）内卫生间的生活污、废水直接排入引接站钢筋混凝土化粪池内，定期清排，生活排水管管径为 De225 及 De300，采用 UPVC 加筋管。

## 五、施工措施

### （一）废水控制

现场施工针对不同的污水，设置沉淀池、隔油池、化粪池，生产污水经三级沉淀后再排出。

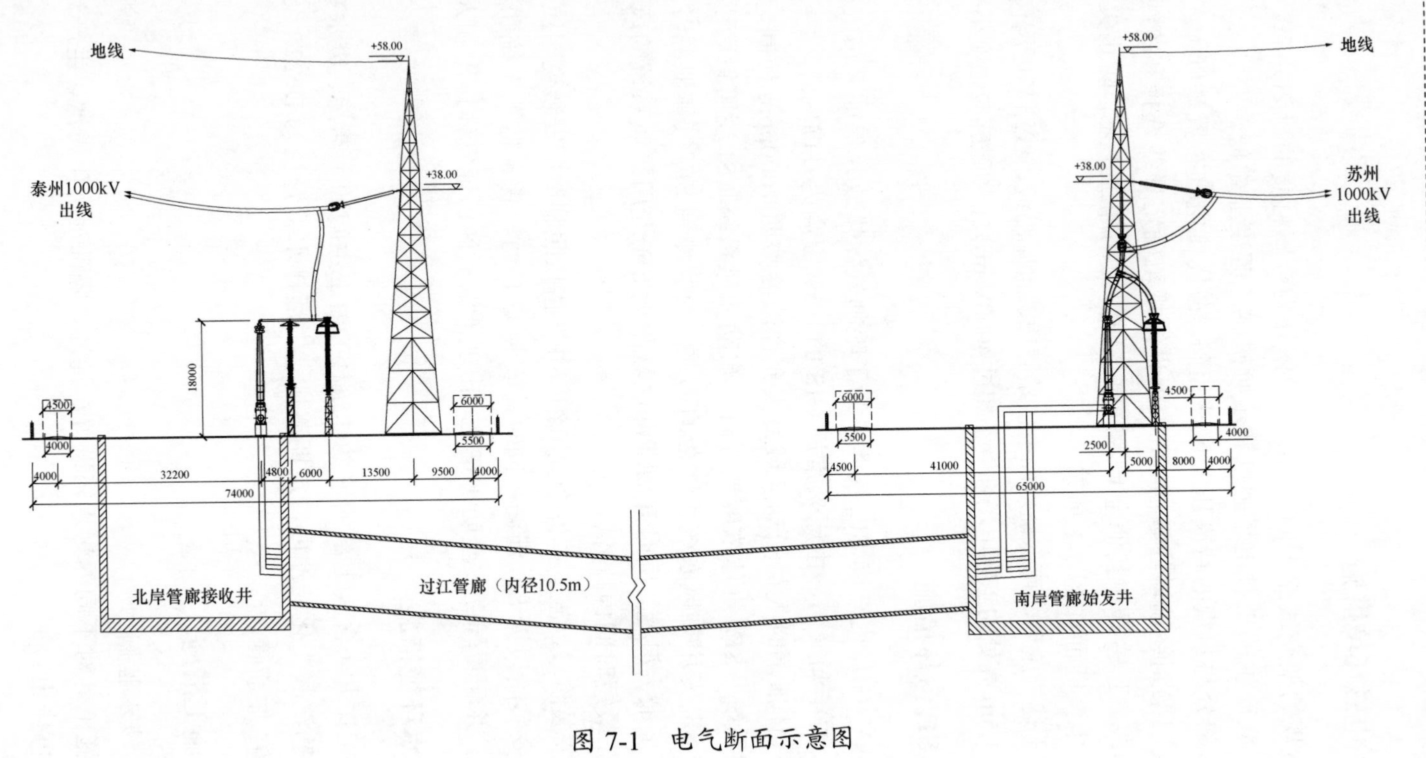
地线
+58.00
泰州1000kV
出线
+38.00
18000
4500
4000
6000
5500
4000
32200
4800
6000
13500
9500
4000
74000
北岸管廊接收井
过江管廊（内径10.5m）
南岸管廊始发井
+58.00
地线
+38.00
苏州
1000kV
出线
6000
5500
4500
4500
4000
2500
41000
5000
8000
4000
65000

图 7-1 电气断面示意图

保护好地下水。基坑周边采用三轴搅拌桩止水帷幕，将周边地下水与基坑内地下水隔离，施工期间仅处理基坑内的地下水，避免造成周边地下水位的变化和污染。

工作井基坑涌水的水质与现状周边的地下水水质相同，不属于污水。考虑到涌水的含砂量可能较高，基坑的集水池将设置过滤网和滤砂，可有效降低涌水中的含砂量。施工期工作井基坑的涌水收集后将回用于施工用水，多余的部分将排入附近的市政雨水管网或沟渠。

施工现场设置供、排水设施，施工场地不积水，输水管道不发生跑、冒、滴、漏。施工中产生的泥浆，进行沉淀处理，无泥浆、废水、污水外流，不妨碍周围环境。

施工过程筑路材料、填方尽可能远离岸边堆放，并建临时堆放棚；近岸的材料堆放场、挖方、填方四周挖截留沟，以尽可能减少对近岸水域的影响，截留沟废水汇入沉淀池，经沉淀池沉淀后回用。

混凝土养护尽量采用蓄水养护，防止废水横流产生污染。

砌砖工程中的浸砖在经硬化的固定场所，并做到有组织地排放。

进出车辆的清洗处设置沉淀池，废水经沉淀循环使用或用于洒水降尘。

（二）扬尘控制

大门口设置洗车池，车辆进出现场保证 100%清洗。钢筋加工棚、木工棚、材料存放地面、道路等均采用混凝土硬化，并做到每天清扫，经常洒水降尘。

施工现场道路 100%硬化，坚实、平坦、清洁、畅通，在出入口处设置冲洗车辆的设备及相应的排水设施，使驶离工地的车辆不带泥土。

采用容器吊运法清除建筑垃圾，严禁从楼层上向地面抛撒施工垃圾。现场垃圾要分拣分放，及时清运，并洒水降尘。清运建筑垃圾要办理准运手续。

现场不设混凝土、砂浆搅拌站。所有商品混凝土、砂浆均由质量品质一流的搅拌站供应。混凝土采用罐车密封运输，卸完混凝土后及时清扫地面，防止扬尘。

对作业活动的扬尘（颗粒物）主要控制措施：

工人清理建筑垃圾时，首先必须将较大部分装袋，然后洒水，防止扬尘，清扫人员戴防尘口罩。施工现场建筑垃圾设专门的垃圾存放棚，以免产生扬尘，同时根据垃圾数量随时清运出施工现场，运垃圾的专用车每次装完后，用苫布盖好。

在涂料施工基层打磨过程中，作业人员一定要在封闭的环境佩戴防尘口罩，即打磨一间、封闭一间，防止粉尘蔓延。饰面板（砖）、轻质隔墙等切割采取封闭措施，避免造成扬尘。

拆除过程中，要做到拆除下来的东西不能乱抛乱扔，统一由一个出口转运，采取溜槽和袋装转运，防止拆除下来的物件撞击引起扬尘。

对于因车辆运输易引起扬尘的场地，首先设限速区，然后派专人在施工道路上定时洒水清扫。

土方回填时，运土车辆在大门入口处的马路上铺设草垫，用于扫清轮胎上外带土块。现场车辆行驶的过程中进行洒水压尘。每天收车后，派专人清扫马路，并适量洒水压尘，达到环卫要求。

辅助建筑结构施工期间，采用吸尘器清理模板内木屑、碎渣，防止灰尘的扩散。每次模板拆模后，设专人及时清理模板上的混凝土和灰土，模板清理过程中的垃圾及时清运到施工现场指定的垃圾存放地点，保证模板清洁。

对施工现场木工棚的地面进行洒水防尘，木工操作面要及时清理木屑、锯末，并要求木工棚和作业面保持清洁。

钢筋棚内加工成型的钢筋码放整齐，钢筋头放在指定地点，钢筋屑当天清理。

装修工程每道工序完成后，要及时清理现场，垃圾装袋清运。工程全部完工清理房间前洒水进行清扫。脚手架在拆除前，必须先将水平网内、脚手板上的垃圾清理干净，避免扬尘。

（三）废气控制

施工现场严禁焚烧各类废弃物。禁止焚烧沥青、油毡以及其他产生有毒有害烟尘和恶臭气体。严禁用废油棉纱作引燃品，禁止烧刨花、木材余料等。

施工车辆、机械设备等定期维护保养，使其保持良好的运行状态。采取有效措施减少车辆尾气中有害物质成分的含量（选用清洁燃油、代用燃料、或安装尾气净化装置和高效燃料添加剂等）。施工车辆、机械设备的尾气排放符合国家和地方规定的排放标准。凡使用柴油、汽油的车辆，必须使用无铅汽油和优质柴油做燃料，以减少对大气污染。

施工生产区内的茶炉、火灶，必须使用电、液化石油气等清洁燃料，不准随意焚烧产生有毒气体的物质。

（四）噪声控制

噪声控制按 GB/T 12523—2011《建筑施工场界环境噪声排放标准》的相关规定执行，并进行声级测量。

1. 机械设备的噪声控制措施

进行土方施工作业的各种挖掘、运输设备，保持机械完好，在施工前按照机械设备维修保养制度，做好维修保养，在施工中发现故障及时排除，不得带病作业。所有土方运输车辆进入现场后禁止鸣笛，以减少噪声。

设备在使用前要检查鉴定，使用过程中要督促开展正常的维修保养，必要时对设备采取专项噪声控制措施，如现场切割机等设备设置噪声防护棚，转动装置防护罩，尽量采用环保型机械设备等。

对有可能发生尖锐噪声的小型电动工具，如冲击钻、手持电锯等，严格控制使用时间，控制使用的频次，在夜间休息时减少或不进行作业。

2. 施工作业噪声控制

工程项目在开工之前，项目部向地方部门申办噪声监测委托手续。

严格控制施工作业中的噪声，对机械设备安拆、脚手架搭拆、模板安拆、钢筋制作绑扎、混凝土浇捣等，按降低和控制噪声发生的程度，尽可能将以上工作安排在昼间进行。

在脚手架或各种金属防护棚搭拆中，要求钢管或钢架的搭设要按照搭拆程序，特别在拆除工作中，不允许从高空抛丢拆下的钢管、扣件或构件。

在结构施工中，控制模板搬运、装配、拆除声及钢筋制作绑扎过程中的撞击声，要求按施工作业噪声控制措施进行作业，不允许随意敲击模板的钢筋，特别是高处拆除的模板不得撬落或从高处向下抛落。

在混凝土振捣中，按施工作业程序施工，控制振捣器撞击模板钢筋发出的尖锐噪声，在必要时，采用环保振捣器。

在清理料斗及车辆时，采用铲、刮，严禁随意敲打制造噪声。

3. 在运输作业中的噪声控制

在现场材料及设备运输作业中，控制运输工具发出的噪声的材料、设备搬运、堆放作业中的噪声，对于进入场内的运输工具，要求发出的声响符合噪声排放要求。

在进行钢管、钢筋、金属构配件、钢模板等材料的卸除时，采用机械吊运或人工搬运方式，注意避免剧烈碰撞、撞击等产生噪声。

容易发出声响的材料堆放作业时，采取轻取轻放，不得从高处抛丢，以免发出较大声响。

提倡文明施工，加强人为噪声的管理，进行进场培训，减少人为的大声喧哗，增强全体施工生产人员防噪扰民的自觉意识。

4. 施工废弃物管理

为降低材料消耗，减少废弃物产生，对施工废弃物则进行分类管理，根据施工废弃物的种类制定相应的控制措施。施工过程中对回收的废料按要求进行统计。

（1）废弃物的收集、存放。现场分门别类地设置废弃物堆放场地或容器，施工现场的生活垃圾实行袋装化，对有可能因雨水淋湿造成污染的，搭设防雨设施。

现场堆放的固体废弃物标识名称、有无毒害、可否回收等，并按标识分类堆放。

有毒有害类的废弃物不与无毒无害的废弃物混放。

废弃物按现场总平面布置堆放整齐，符合现场文明施工要求。

废弃物收集由项目部在工作安排时予以明确，由专人负责日常管理。

废弃物按要求分类运至堆放场所。

（2）废弃物的处理。废弃物的处理由施工项目部管理负责人根据废弃物存放量的多少以及存放场所的情况安排处理。

废弃物根据分类进行处理，不得混堆处理，定点集中堆放，杜绝乱扔现象，及时将垃圾运到指定的地点。

对于无毒无害有利用价值的废弃物，如在其他工程项目可再次利用的，可调其他项目再次利用，对于不能再次利用的，送有经营许可证的废品回收部门回收。

对于无毒无害无利用价值的固体废弃物，委托环卫垃圾清运单位清运处理。

对于有毒有害的固体废弃物的处理，无论是否有利用价值，均送有危害物经营许可证的单位处理。

由于施工场地限制，对污染地面必须清扫和冲洗，保持路面的整洁。

加强对废弃物的管理，明确责任，杜绝乱扔、乱泼、乱接的现象，对违反的及时处理。建立健全必要的规章制度，加强环境的保护意识，严格奖罚制度，加强现场管理。

# 第二节　水　土　保　持

## 一、引接站及隧道区主要水保措施

### （一）引接站竖向布置

南、北岸引接站竖向设计时充分考虑了洪涝对本工程可能产生的影响，北岸引接站站址标高为 4.90m（85 国家高程，下同），南岸引接站站址标高为 4.55m。引接站标高满足百年一遇洪涝的要求。

### （二）引接站排水设计

站区场地排水采用有组织排水，地面排水坡度 0.5%，坡向道路，道路两边每隔 30m 左右设置雨水井，雨水井用管道相连通形成站区雨水排水系统。站区雨水经雨水口，雨水检查井和雨水排水管汇集后流至雨水泵站之后外排。

雨水系统设计遵照本期及远景建设相结合的原则进行设计，按径流系数 0.6，设计重现期为 5 年进行计算。

雨水泵站土建及安装一次施工完成，雨水泵容量可以满足引接站远景场地的排放总量需要。泵站内共设置 2 台雨水泵。雨水泵站各泵与水位联锁，轮流自动投入或停运，两台泵可同时启动。

电缆沟、建筑物雨水落水管均就近接入站区雨水检查井或雨水口内。

### （三）表土剥离及回覆

引接站及工作井施工前，对场地进行表土剥离，剥离厚度根据地表情况按 30cm 考虑。堆放在引接站附近的临时堆土区，由于表土存储无压实度要求，存储后拍实即可。施工结束后根据站区覆土需要将站区部分表土回覆至站区绿化，为绿化提供条件。

为防止雨水冲刷而产生新的水土流失，施工期间对临时堆土场设置必要的防护措施，表层剥离土壤作为绿化种植土，土方堆置时间超过半年，临时堆土区周边修建临时排水沟，布设沉沙池。

### （四）场地绿化

南、北岸引接站站区绿化面积共约 6000m$^2$。绿化植被根据当地自然环境条件选择，并以常青、观赏性强为原则。绿地内的植物不仅可使站区美观，还可有效减少水土流失。

（五）铺设碎石

引接站电气设备附近进行了碎石覆盖，碎石石层厚度为 200mm，防止雨水下渗和杂草生长。

（六）挡土墙

引接站与站外自然地面最大高差约 2.2m，高差较大处需要设置挡土墙。挡土墙设置在引接站围墙下方，结构形式采用钢筋混凝土悬臂式挡土墙。沿挡土墙外侧设置永久排水沟及绿化带，防止挡土墙泄水孔排水造成站外土体水土流失。

（七）隧道施工泥浆处理

本工程土方的设计以资源节约为指导思想，优先利用施工过程中产生的土方，以土方回填及综合利用的方式先利用部分余土，再将无法利用的施工弃渣放置于专门的弃土场中。弃土场为一个采石场废弃坑地水潭，隧道弃渣沉于弃土场水体下方，局部露出水面。在露出水体的弃土上喷播草籽绿化，其余沉在水下部分充分发挥水面的生态效益，保持池塘景观。

隧道掘进时，盾构机切削下的土体与泥水压力室内的泥水混合形成高浓度泥水，由泥水泵抽出并经排泥管道输送到地面，部分泥浆水通过压滤、分离和改良处理，实现废弃泥浆的循环利用，其余的废弃的泥浆及渣土通过船运运送至指定弃土场。

## 二、施工生产区主要水保措施

（一）表土剥离及回覆

施工生产区在施工前，对场地进行表土剥离，剥离厚度根据地表情况按 30cm 考虑。堆放在引接站附近的临时堆土区，由于表土存储无压实度要求，存储后拍实即可。施工结束后，根据站区覆土需要将站区部分表土回覆。

为防止雨水冲刷而产生新的水土流失，施工期间对临时堆土场设置必要的防护措施，堆土边界设置编织袋装土拦挡，编织袋成“品”字分层形堆砌成环状，编织袋拦挡断面为梯形，堆土坡顶、坡面采用苫布苫盖，苫布边缘用编织袋装土压实。

（二）临时堆土场

1. 临时堆放隧道施工余土场

在长江汛期或因天气等原因长期不可通航的施工环境下，考虑在南岸引接站站区东侧内设置一个临时堆土场，用于堆放站区剥离的表土和临时堆土，待再次具备外运条件后，进行临时弃渣清运。

为防止雨水冲刷而产生新的水土流失，对临时堆土场采取必要的防护措施，堆土边界设置编织袋装土拦挡。堆土坡顶、坡面采用苫布苫盖，苫布边缘用编织袋装土压实。

为保障施工期站区场地内排水通畅，考虑在临时堆土场四周修建临时土质排水沟，排水沟末端设置临时沉淀池。雨水经排水沟汇流后进入沉淀池，经沉淀池沉淀后排至附近自然沟道内，沉沙池定期清淤。

2. 临时堆放工作井余土场

在南岸、北岸引接站站区东侧各设置一个临时堆土场，用于堆放工作井施工余土、施工通道施工余土。

为防止雨水冲刷而产生新的水土流失，对临时堆土场采取必要的防护措施，堆土边界设置编织袋装土拦挡。堆土坡顶、坡面采用苫布苫盖，苫布边缘用编织袋装土压实。

为保障施工期站区场地内排水通畅，考虑在临时堆土场四周修建临时土质排水沟，排水沟末端设置临时沉淀池。雨水经排水沟汇流后进入沉淀池，经沉淀池沉淀后排至附近自然沟道内，沉沙池定期清淤。

3. 临时堆放引接站基槽余土场

南、北岸引接站场地初平及桩基施工完成后，站内基坑开挖需进行临时土方堆放，需设置临时土方堆场，堆土坡顶、坡面采用黑色或绿色防尘网进行临时覆盖并压实，堆土边界设置编织袋装土拦挡，临时堆土区周边修建临时排水沟。

（三）临时排水沟、沉沙池

为保障施工期站区场地内排水通畅，在其场地内和临时堆土场四周修建临时土质排水沟，排水沟末端设置临时沉沙池。雨水经排水沟汇流后进入沉沙池，经过沉沙池沉沙后排至附近自然沟道内，沉沙池定期清淤。

（四）土壤保护控制

对施工现场和生活区不同的区域100%硬化，道路采用150mm厚C20混凝土，其他加工场地采用100mm厚C25混凝土；不能硬化的地方种植草皮，以保证现场没有裸露的地表土，防止水土流失。

在基坑四周等适当位置设置排水沟及相应的滤网和沉淀池来沉淀雨水中的泥土，定时清理防止流失。

化粪池等不发生堵塞、渗漏、溢出等现象。及时清掏各类池内沉淀物，并委托有资质的单位清运。

对于有毒有害废弃物如电池、墨盒、油漆、涂料等回收后交有资质的单位处理，不能作为建筑垃圾外运，避免污染土壤和地下水。

## 三、站外管线区主要水保措施

### （一）站外排水方案

南岸引接站附近的伟业路未敷设雨水管线，最近的雨水管线位于兴港路。沿长江大堤有一条大型排水沟渠，站内雨水排至此沟渠，站外排水管道长度约500m。站外排水管采用1根DN500焊接钢管，埋地铺设。为减少站外排水管道内雨水对自然河道的冲刷，在排水管道出水口设置八字式管道出水口（浆砌块石或混凝土）和八字式、门字式出水口下游护砌。

北岸引接站附近的东方大道南延段有市政雨水管线，站外雨水排水管道长度约50m。站外雨水排水管采用1根D500钢筋混凝土管，埋地铺设，站内雨水接入市政雨水管施工前复核接入井位置、井底标高、进出水管管径等，并取得市政排水主管部门同意接入的书面意见。

### （二）表土剥离及回覆

站外供排水管线施工前，对占用旱地、其他林地、果园和其他草地进行表土剥离。根据地表情况，剥离厚度按15～25cm考虑。施工结束后进行表土回覆。对于站外供排水管线临时占用部分耕地，在施工结束后该区域进行耕地恢复。

### （三）临时堆土

站外供排水管线铺设工艺简单，施工时间短，临时堆土堆放在开挖沟道的一侧，先开挖表层土，后开挖深层土。表层土与深层土分开堆放，堆土区两侧采用编织袋装土拦挡，在雨天或风天，预先采用苫布对堆土表面进行苫盖，苫布边缘用编织袋装土进行压实。待管线铺设完毕后，拆除装土编织袋。

## 四、进站道路区主要水保措施

### （一）表土剥离及回覆

进站道路区在施工前，对场地进行表土剥离。根据地表情况，剥离厚度按30cm考虑。堆放在引接站附近的临时堆土区，由于表土存储无压实度要求，存储后拍实即可。施工结束后根据站区覆土需要将站区部分表土回覆。

（二）挡土墙

引接站进站道路与站外自然地面最大高差约2m，高差较大处需要设置挡土墙。挡土墙设置在进站道路下方，结构形式采用钢筋混凝土悬臂式挡土墙。

（三）绿化

进站道路两侧表土回覆后，对表面进行绿化处理。绿化植被根据当地自然环境条件选择，并以常青、观赏性强为原则。

## 五、弃土场区主要水保措施

（一）弃土场防护

弃土过程中，对弃土场做好管理工作，防止其他废弃物进入场地。同时在场地周边设置编织袋装土拦挡，防止弃土对周边环境造成其他影响。

（二）水质情况说明

本工程对弃土场弃土后的水质和周边排放位置点的水质进行检测。受纳水体质量要求执行Ⅲ类标准，根据GB 8978—1996《污水综合排放标准》，弃土场排水执行一级排放标准。弃土场内的已有水体可以满足GB 8978—1996《污水综合排放标准》规定的一级排放标准。

考虑到弃土进入弃土场后，会增加悬浮物的含量，所以在排放口设置沉沙池，沉沙池的设计保证各阶段弃土排放后的悬浮物沉淀要求，避免悬浮物等进入受纳水体。

# 第八章　工程三维设计

苏通GIL综合管廊工程通过三维设计对隧道内的GIL设备进行碰撞检查、净空分析、安装模拟等，进而实现优化布置，指导设备制造及安装。工程三维设计内容主要包括隧道建模、GIL设备建模、引接站建模、模型总装、属性设置及三维设计深化运用等。

苏通GIL综合管廊工程隧道和设备三维模型信息量大、布置精度要求高、各分项子模型分别采用不同的软件设计，软件集成接口多、难度大，对于三维设计来说是一个巨大的挑战。

苏通GIL综合管廊工程三维设计由华东院总体负责，隧道设计单位铁四院、GIL设备厂家河南平高电气股份有限公司（简称平高电气）和山东电工电气日立高压开关有限公司（简称山东日立）共同参与设计。

## 第一节　三维设计概述

### 一、三维设计的必要性

由于长距离特高压GIL管廊工程的隧道内部空间有限，在GIL工程设计时既要保证隧道内具有足够的运输和安装空间，又要解决基础沉降、施工误差、管片错位、发热、环流、热膨胀等问题。同时，苏通GIL综合管廊工程隧道施工难度大（穿越地层复杂，河势多变，高腐蚀性地层掘进长度长）、可靠性要求极高（导电部件连接部位要求高，气体泄漏率控制难度极大）、运行维护难度大（管廊空间小、故障查找难，安装、检修需要特制工具）、现场试验难度大（需要大容量耐压试验装备，耐压试验击穿点查找困难），因此传统设计流程和技术手段已不能完全满足项目实施的基本需求。

苏通GIL综合管廊工程根据隧道调线调坡数据和隧道模型，综合考虑隧道内设备运输、安装空间等边界条件开展三维设计，采用三维数字化设计流程和相关的技术手段进行工程优化和整体设计，通过 BIM 技术手段对工程中的难点进行技术攻关，为工程设计、设备制造、工程建设、运维检修提供技术数据和参考信息，也为后续复杂条件工程建设提供宝贵的经验和借鉴。

苏通 GIL 综合管廊工程三维设计包括：

（1）通过建立精细化三维模型，确定 GIL 拼接过程中的段数以及偏转角度是否合理，工作井部分 GIL 的布置与其孔洞的相对关系，GIL 的对接面、伸缩节等详细位置，以及隧道内弧线段部分的割线拟合长度等详细信息。

（2）采用 BIM 技术检查 GIL 在隧道内布置的各种安装状况，核实错漏碰撞，避免后期安装发生冲突和无检修空间等情况，降低建设风险，实现阶段性风险优化控制的理念。

苏通 GIL 综合管廊工程各个设备供应商也参与三维设计，基于 BIM 技术和统一的技术平台开展协作。根据设计院提出的设计要求，完成工程中相关 GIL 的三维详细安装设计，并向设计院提供包含了相应数据和信息的模型。电气设备厂家在其三维布置方案中，通过建立三维模型向设计院提交了 GIL 支架及伸缩节里程坐标等，由设计院对隧道内空间尺寸进行校核。并且，电气设备厂家通过对完成的三维模型进行干涉校核，按照事先约定的布置原则保证 4m 宽的运输通道和检修空间，从而协助设计院完成对工程的三维总体设计和校核。GIL 设备厂家三维详细安装设计如图 8-1 所示。

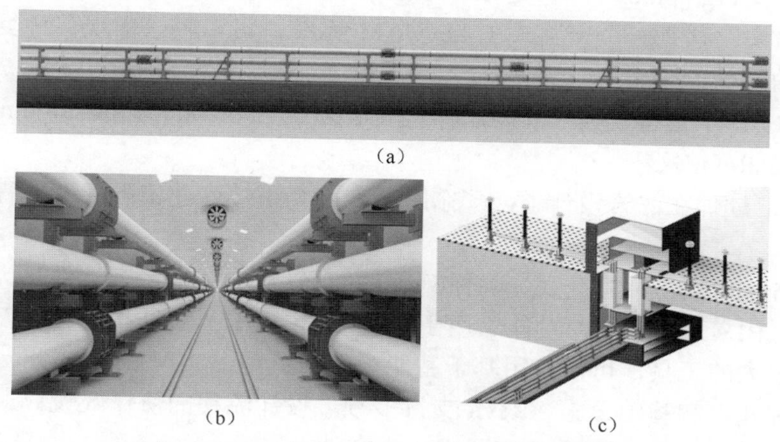

(a)

(b)

(c)

图 8-1 GIL 设备厂家三维详细安装设计

（a）标准段布置；（b）管廊断面；（c）竖井布置

## 二、三维设计软件

三维设计过程中，涉及到不同厂家、不同设计单位的三维设计软件平台融合问题。

（一）Inventor 软件

Inventor 软件在三维设计中，作为隧道及隧道内辅助系统建模软件及厂家软件的中间格式转换软件。

Inventor 是 Autodesk 公司推出的一款三维可视化实体建模软件，它是一套全面的设计工具，可以进行复杂三维模型的创建，支持用户在工作过程中验证设计和工程数据，并能创建智能的零部件，如钢结构、传动机构、管路、电缆和线束等。

Inventor 可以导入其他 CAD 系统中的文件在 Inventor 中使用，还可以导出为其他 CAD 系统格式。

（二）Solidworks 软件

Solidworks 软件在三维设计中，山东日立将其作为 GIL 设备建模软件。

SolidWorks 软件是世界上第一个基于 Windows 开发的三维 CAD 系统，具有功能强大、易学易用和技术创新 3 大特点。

SolidWorks 模型的建模限制：单个模型的限制是 1000m。

（三）UG 软件

UG 软件在三维设计中，平高电气将其作为 GIL 设备建模软件。

UG（Unigraphics NX）是 Siemens PLM Software 公司出品的一个产品工程解决方案，这是一个交互式 CAD/CAM 系统，可以轻松实现各种复杂实体及造型的建构。

NX11 单个模型建模尺寸限制：尺寸必须在 −500 000～500 000mm 之间。

（四）Revit 软件

Revit 软件在三维设计中，华东院将其作为引接站建模软件及工程设计总体软件。

Revit 是 Autodesk 公司一套系列软件的名称。Revit 系列软件是为建筑信息模型（BIM）构建的，功能适用于建筑设计、MEP 和结构工程以及施工。利用其强大的工具，可以使用基于智能模型的流程，实现规划、设计、建造，以及管理建筑和基础设施。Revit 支持多领域设计流程的协作式设计。*.rfa 为 Revit 族文件，*.adsk 为欧特克通用交换文件。

（五）三维设计总体技术路线

通过研究分析有关软件功能特性，确定采用 Inventor 为中间媒介建立

“UG/Solidworks→Inventor→Revit”软件间无损转换作为工程的三维设计技术路线。

其中采用 Inventor 软件对铁四院的隧道结构模型、平高电气的 GIL 一回模型、山东日立的 GIL 一回模型进行模型总装，对总装模型详细等级进行规约，满足模型精细程度的要求并利于显示。此总装模型中 GIL 的编码与属性通过开发插件完成从厂家设计软件到设计院设计软件的无损转换。

根据设计院提出的设计要求，完成工程中各自部分的三维细部设计，并向设计院提供包含了相应数据和信息的模型，从而协助设计院完成工程的三维总体设计和校核。

## 第二节 三 维 建 模

### 一、隧道建模

结合工程建设情况，采用 Autodesk Inventor 软件对隧道进行三维模型设计，从构件族库出发，遵循三维建模标准规范，依据隧道线位信息建立可视化的隧道三维几何模型。

（一）构件族库的建立

根据施工图纸，建立通用管片族文件，构件族库包括基本管片族、手孔族、螺栓孔族、注浆孔族、凹凸隼族、密封垫族以及螺栓族文件，然后在面上进行拼装，组成基于面的通用管片族文件。

11.6m 外径盾构管片族文件：盾构管节采用 2m 一环，每环管节分为 6 块，参照图纸尺寸建立 K 块与 A1 块管片，如图 8-2 所示。

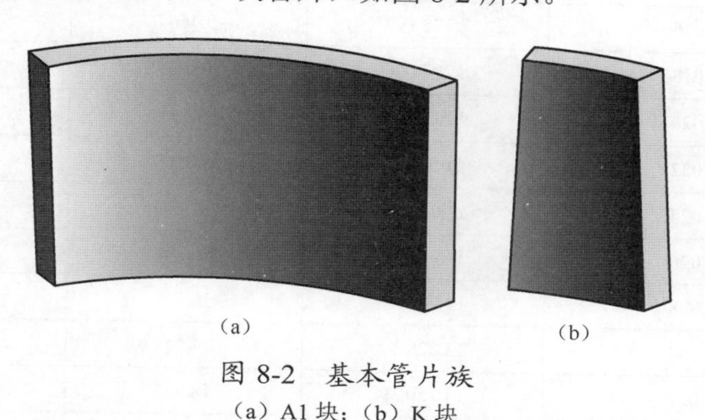

（a） （b）

图 8-2 基本管片族

（a）A1 块；（b）K 块

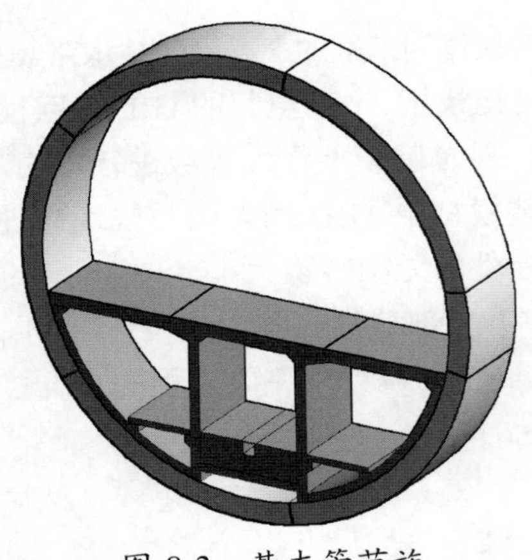
图 8-3 基本管节族

将基本管片族在自适应模型文件中进行拼装，组成基本管节族，并根据图纸制作现浇构件，拼装后的基本管节族如图 8-3 所示。

（二）隧道线位

根据隧道平面走向及纵断面埋深，通过导出逐桩坐标表，确定每环管片的空间坐标，并将 K0+0 处管片中心平移至（0，0）处，管廊全长 5468.545m，每环管片宽为 2m，共导出 2734 块管片的中心点坐标，如表 8-1 所示。

表 8-1 逐桩坐标表

| 起始端面桩号 | X 坐标 | Y 坐标 | Z 坐标 |
| --- | --- | --- | --- |
| K0 + 000 | 0 | 0 | 6.104 901 |
| K0+002 | 0.921 9 | −1.183 26 | 6.059 261 |
| K0+004 | 1.843 799 | −2.366 52 | 6.013 62 |
| K0+006 | 2.765 699 | −3.549 78 | 5.967 98 |
| K0+008 | 3.687 598 | −4.733 03 | 5.922 34 |
| K0+010 | 4.609 498 | −5.916 29 | 5.876 7 |
| K0+012 | 5.531 397 | −7.099 55 | 5.831 059 |
| K0+014 | 6.453 297 | −8.282 81 | 5.785 419 |
| K0+016 | 7.375 197 | −9.466 07 | 5.739 779 |
| K0+018 | 8.297 096 | −10.649 3 | 5.694 139 |
| K0+020 | 9.218 996 | −11.832 6 | 5.648 498 |
| K0+022 | 10.140 9 | −13.015 8 | 5.602 858 |
| K0+024 | 11.062 79 | −14.199 1 | 5.557 218 |
| K0+026 | 11.984 69 | −15.382 4 | 5.511 578 |
| K0+028 | 12.906 59 | −16.565 6 | 5.465 937 |
| K0+030 | 13.828 49 | −17.748 9 | 5.420 297 |
| K0+032 | 14.750 39 | −18.932 1 | 5.374 657 |
| … | … | … | … |

在 K0+0 处放置立方体，用来调整总体隧道线位走向。拼接后的首节隧道如图 8-4 所示。考虑到隧道距离长，模型文件较大，为方便后期软件转码以及模型拼装，选择隐藏掉管片内细部构造信息，只保留基本管片族与现浇构件。

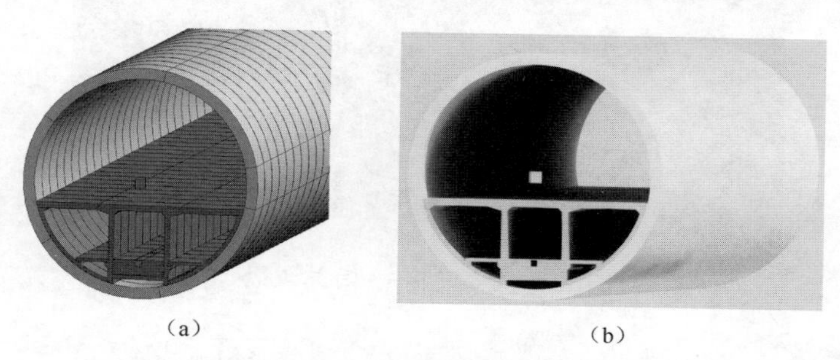

（a） （b）

图 8-4 首节管廊拼装示意图

（a）管片族拼装三维图；（b）管片族拼装效果图

将全线隧道分为 6 段，分别建立三维模型，然后在项目文件中进行拼装。

## 二、辅助系统建模

隧道内的辅助系统包括电气相关的桥架、屏柜、辅控系统和火灾报警、水工相关的消防系统和排水系统，以及暖通相关的通风系统。

### （一）电缆支架槽盒及屏柜

电缆支架槽盒及屏柜建模见图 8-5。

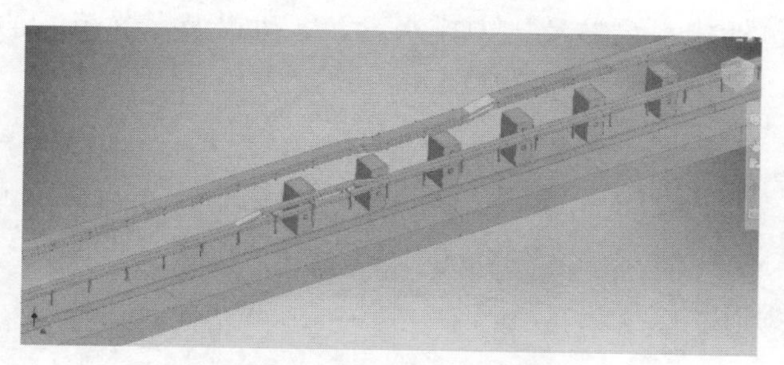

图 8-5 电缆支架槽盒及屏柜

### （二）辅助控制系统和火灾报警

辅助控制系统建模内容包括无线 AP、摄像头、广播、传感器、温湿度变送器、终端盒等。火灾报警建模内容包括声光报警器、手动报警按钮箱和疏散照明灯等，如图 8-6 和图 8-7 所示。

图 8-6 火灾报警相关设备

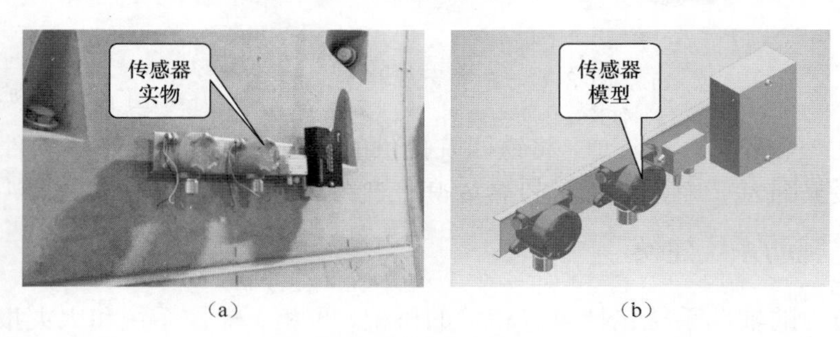


（a）　　　　（b）

图 8-7 传感器实物及模型

（a）传感器实物；（b）传感器模型

（三）水工消防建模内容

建模内容包括排水泵站及压力排水管，移动式灭火器箱，屏柜集中区超细干粉固定消防，如图 8-8 和图 8-9 所示。

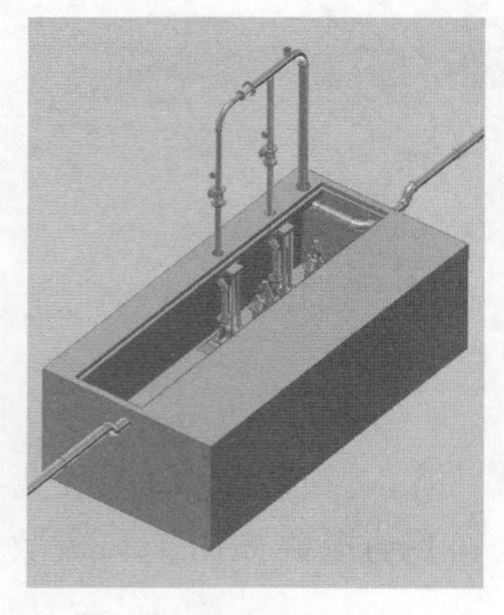

图 8-8 排水泵站模型

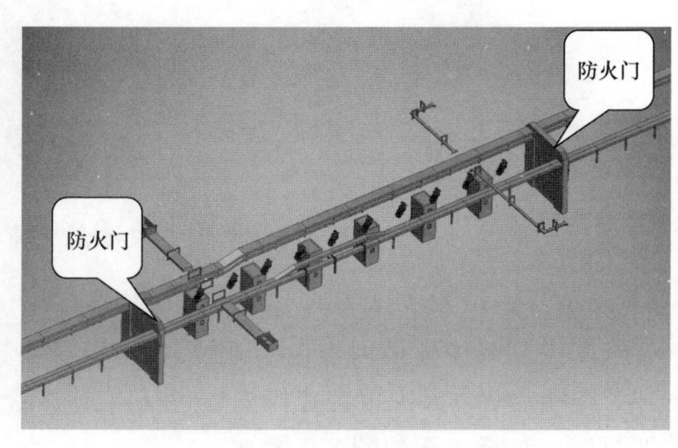


图 8-9 超细干粉固定消防模型

（四）暖通专业建模内容

建模内容主要以管廊内部的通风系统为主，包括风管、管件（弯头、三通、变径等）和相关风机设备等，如图 8-10 所示。

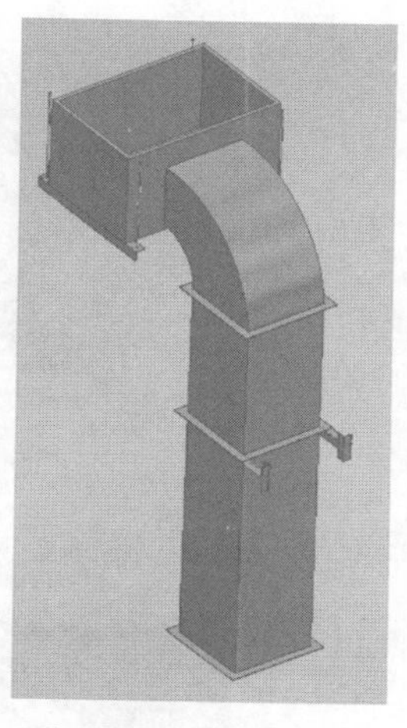

图 8-10 风管模型

## 三、GIL 设备建模

（一）GIL 设备建模概述

1. UG 建模概述

平高电气采用 UG 软件对 GIL 设备进行建模。

在三维绘制过程中，采用自底向上的建模机理。对于竖井部分，根据竖井模型，由点生线，利用拉伸等特征生成竖井模型；对于隧道，将铁四院提供的隧道坐标点输入 UG 软件拟合获得设备安装轴线，利用获取的设备安装轴线偏置获得 GIL 设备轴线，在南岸的设备安装面轴线起点建立隧道横断面，然后由隧道横断面沿设备安装轴线扫掠获得隧道模型；对于 GIL 设备，采用自底向上的绘制机理获得相应的 GIL 设备模型。

2. Solidworks 建模概述

山东日立采用 Solidworks 软件对 GIL 设备进行建模。

在三维图中利用壳体的割线布置方案，使 GIL 设备整体沿 GIL 理论安装中心曲线排布，将三维图中形成非标准段壳体的长度、安装角、空间角等参数提取出设计制造相应壳体。

（二）引接站 GIL 设备三维建模

1. UG 软件建模

平高电气采用 UG 软件对引接站 GIL 设备进行建模。

引接站的三维布置根据设计院提供的引接站图纸确定套管位置，并以套管为定位基准进行 GIL 母线、支架的定位布置；在 GIL 设备建模过程中依据工程图纸获取 GIL 母线的三维模型、滑动支架及固定支架的三维模型；对于特殊单元如套管单元、PT 单元以及 CT 单元，将设备和相应的支架提前装配组成部件，然后再进行总装，装配完的引接站模型如图 8-11～图 8-14 所示。

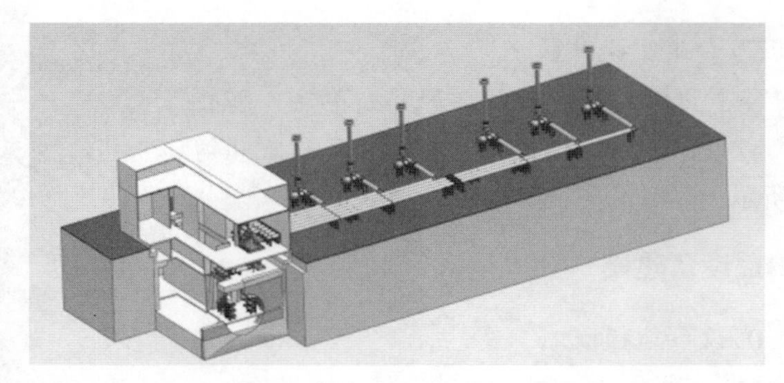

图 8-11 南岸引接站整体布置图

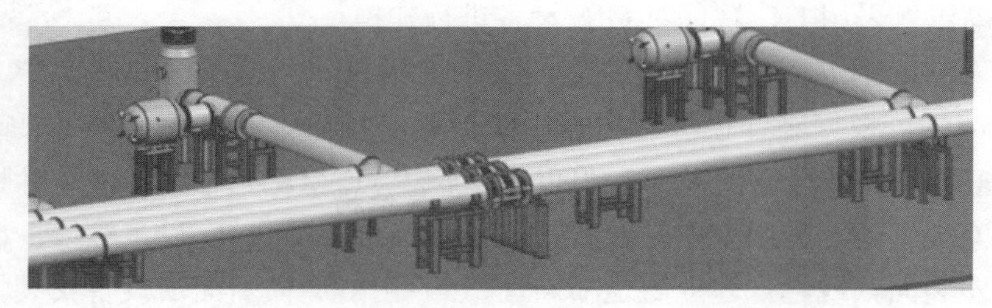

图 8-12 南岸引接站伸缩节安装示意图

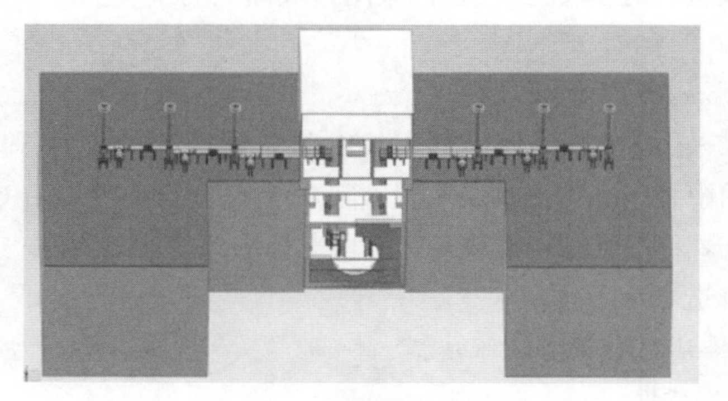

图 8-13 北岸整体布置图

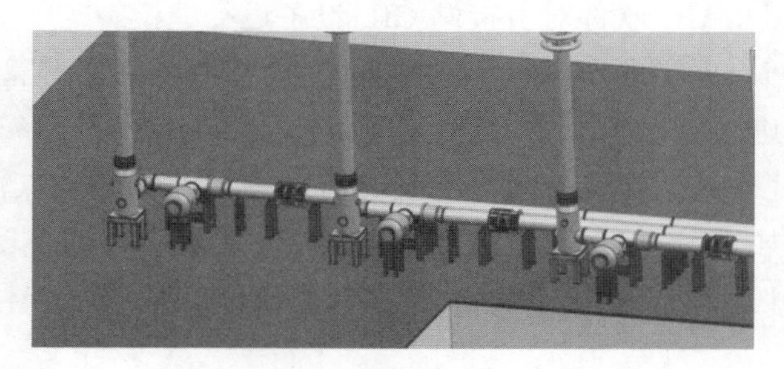

图 8-14 北岸部分布置图

竖井设备布置以引接站相应对接设备为基准进行布置，根据工程布置原则在已布置的 GIL 母线上进行支架的布置，如图 8-15 所示。

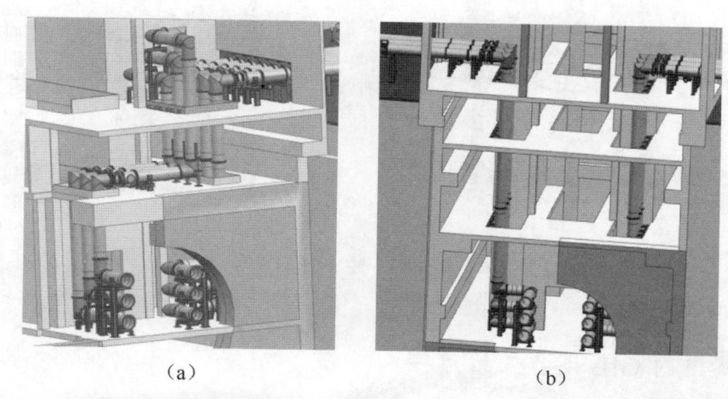

图 8-15　竖井布置结构

（a）南岸；（b）北岸

2. Solidworks 软件建模

山东日立采用 Solidworks 软件对引接站 GIL 设备进行建模。

南、北岸引接站配置套管、电流互感器、电压互感器、电压互感器隔离断口各 3 套。南岸引接站母线相间距为 1500mm，北岸引接站母线相间距为 1800mm，在引接站设置力平衡伸缩节，如图 8-16 所示。

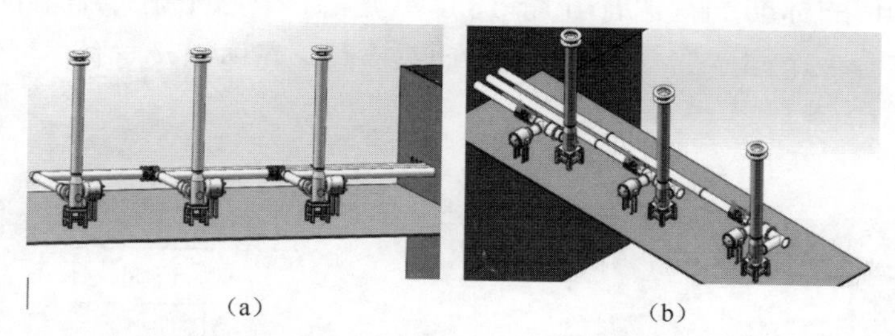

图 8-16　南北岸引接站三维布置图

（a）南岸引接站三维布置图；（b）北岸引接站三维布置图

考虑竖井安装及检修方案，南岸竖井段最长母线为 8.9m，北岸最长母线为 12m。南岸竖井在上部及中间平台转角处均设置角向伸缩节，北岸竖井在上部设置角向伸缩节，用于吸收竖井的热胀冷缩位移。竖井检修时通过角向伸缩节拆解来检修母线。南北岸竖井三维布置如图 8-17 所示。

图 8-17 南北岸竖井三维布置图

(a) 南岸竖井图；(b) 北岸竖井图

(三) 隧道内 GIL 设备三维建模

1. UG 软件建模

平高电气采用 UG 软件对隧道内 GIL 设备进行建模。

将铁四院提供的管廊轴线坐标点输入 UG 拟合生成管廊轴线，由生成的隧道轴线偏置得到 GIL 设备中心线，GIL 设备中心线由直线段和圆弧段组成，整个隧道内 GIL 布置以隔离单元为分界点，以中间向南、北岸进行工程布置；其中隔离单元处采用 6m 割线布置，直线段采用 72m 割线布置法，圆弧段采用 36m 割线布置法。

隧道内 GIL 布置每隔 108m 为一个标准气室，每隔 72m 设置一处固定支架；每 108m 的标准气室含有 6 个 18m 单元，1 个力平衡伸缩节；其中 18m 直线单元包含 1 个固定三支柱，2 个滑动三支柱，壳体以及导体。直线段 108m 气室如图 8-18 所示。

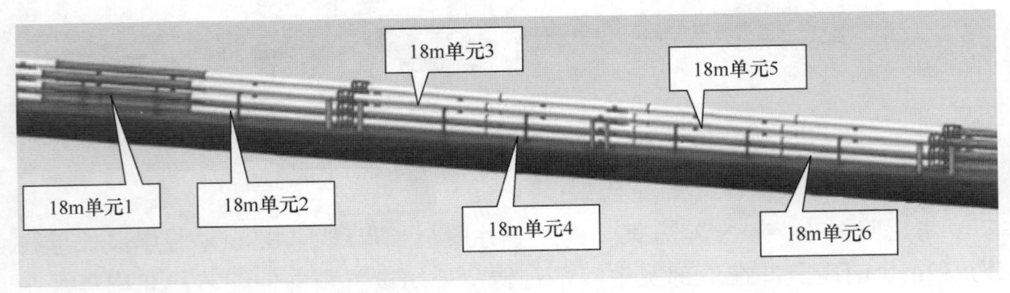


图 8-18 直线段 108m 气室图

2. Solidworks 软件建模

山东日立采用 Solidworks 软件对隧道内 GIL 设备进行建模。

隧道内含多个横向纵向的弧线段和变坡点，将铁四院提供的隧道中心线坐标导入 Solidworks 软件形成三维安装曲线，GIL 设备采用相对的设计思路在三维安装曲线进行排布安装。

隧道中 R2000/R3000 弧线段割线排布建模步骤如图 8-19 所示。GIL 设备每 36m 通过折弯末端 800mm，使壳体中心点落在 GIL 安装中心曲线。36m 为一个修正排布单元，第 1 段为标准 18m 壳体，第 2 段以第一段 18m 壳体末端壳体中心为起点建模带有 800mm 拐角的特殊管线。

在整体三维图中将生成的特殊壳体提取进行测量，如图 8-20 所示。此壳体安装夹角 EA 为 179.033 1°，将壳体末端 800mm 处折弯相应的角度。为了保证现场安装准确性，折弯特殊壳体法兰上的安装孔需按照标记位置进行加工，同时做好天地侧的标记。

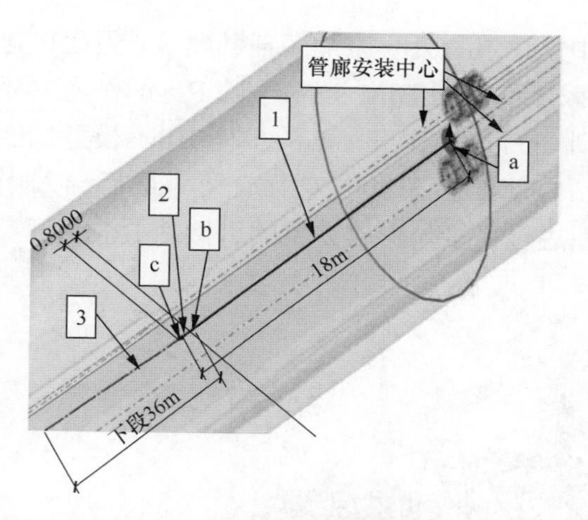


图 8-19 GIL 管廊弧线段建模

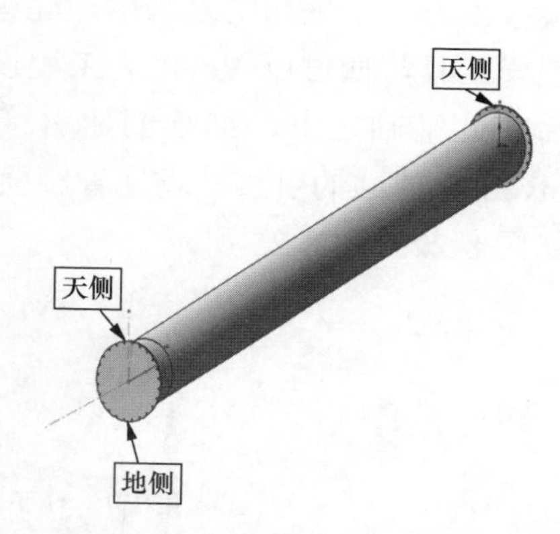


图 8-20 GIL 特殊壳体示意图

管廊内部存在多个方向弧线段，为了使 GIL 设备能够更准确地排布，在安装角 EA 的前提下引入空间角 OA。安装角 EA 消除横向弧线段，空间角 OA 消除纵向弧线段。GIL 特殊壳体 EA 角如图 8-21 所示。

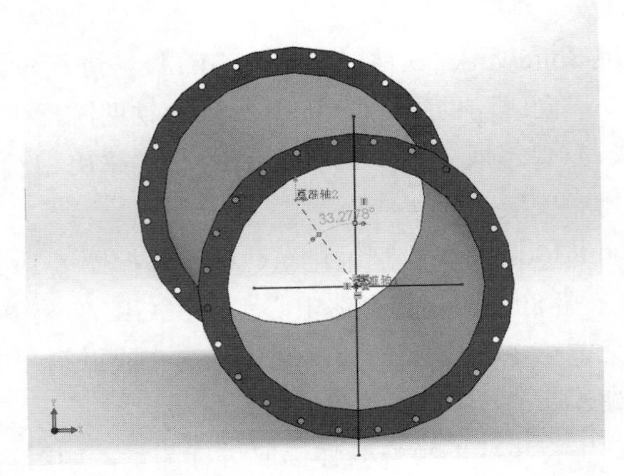

图 8-21 GIL 特殊壳体 EA 角示意图

## 四、引接站建模

（一）引接站整体模型

引接站类似于一座变电站，其中主建筑物为一座配套辅助建筑，因此在建模技术方案上采用的是与隧道建模截然不同的 BIM 技术，以 Revit 作为主要建模工具，通过以 Revit 为工程设计平台来构建引接站的主体 BIM 模型。然后在此基础之上，继续创建引接站内部的相关机电专业模型。最后导入由 Inventor 建立的引接站场地管廊模型进行拼接，形成完整的引接站 BIM 模型，如图 8-22～图 8-25 所示。

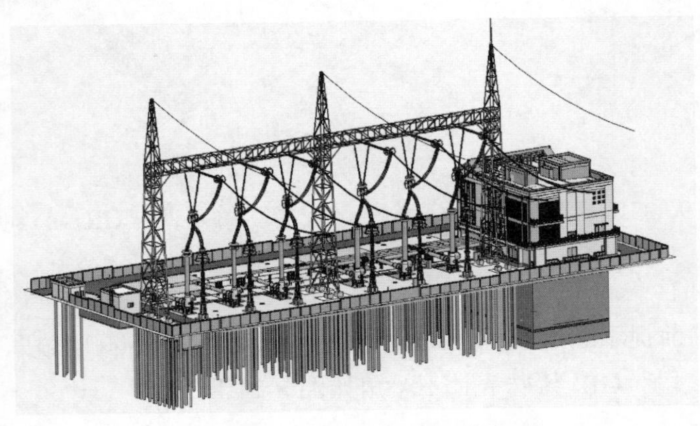

图 8-22 南岸引接站西南视图

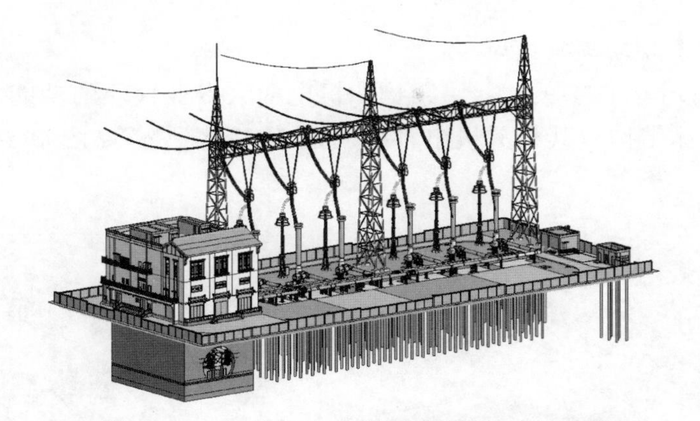

图 8-23　南岸竖井与管廊交界面三维模型

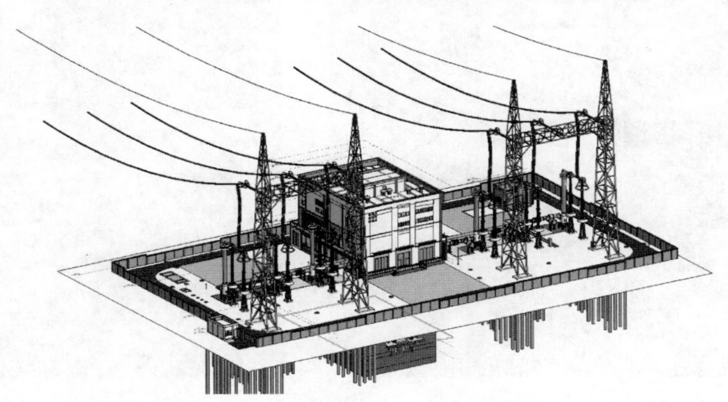

图 8-24　北岸引接站东南视图

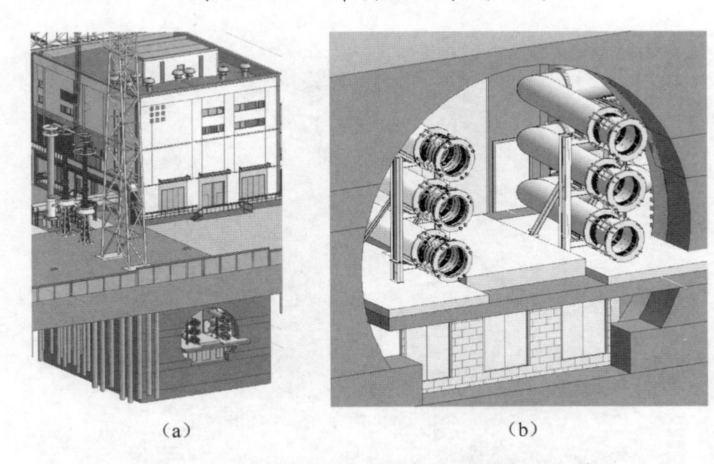

（a）　　　　　　　　　　　　（b）

图 8-25　北岸竖井与管廊交界面三维模型

（a）北岸配套辅助建筑三维模型；（b）北岸管廊交界面三维模型

（二）配套辅助建筑模型

通过 Revit 软件中的建筑、结构和机电 3 大专业模块的功能，对配套辅助建筑的整体结构和其相关机电管线创建 BIM 模型，如图 8-26～图 8-28 所示。

图 8-26 配套辅助建筑外立面

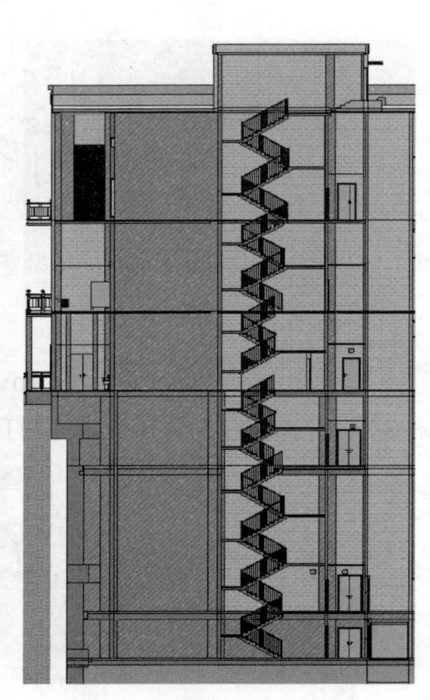

图 8-27 配套辅助建筑内部楼梯构造

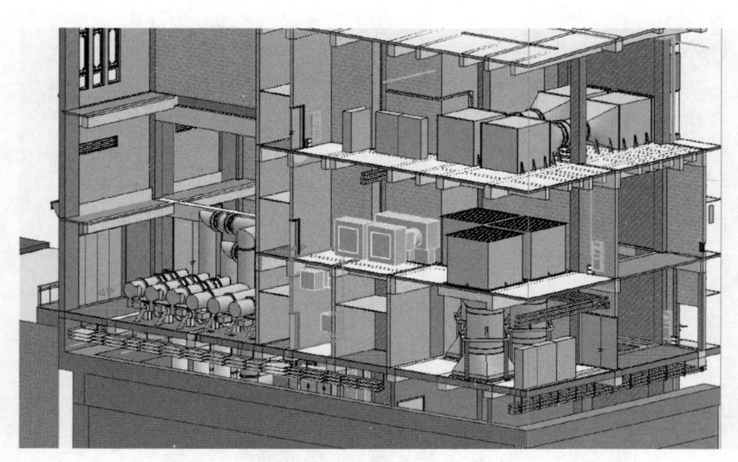

图 8-28 配套辅助建筑内部机电设备

# 第三节　模型总装及属性信息

## 一、模型总装

### （一）管廊模型总装

由于功能限制及模型大小受限，SolidWorks 软件和 UG 软件分别按照 1:10 比例对单回 GIL 建模。Inventor 软件按照 1:1 比例对管廊建模。GIL 管廊模型按统一比例 1:10 在 Inventor 中进行整合后，导入 Revit。

具体整合流程如下：

（1）将 1:10 的 SolidWorks 模型在 Inventor 中打开，保持原模型比例。

（2）将 1:10 的 UG 模型在 Inventor 中打开，保持原模型比例。

（3）将 1:1 的 Inventor 模型打开后，缩小 10 倍。

（4）在 Inventor 中以 1:10 的比例整合模型，由于三者模型的坐标系不同，所以在整合时需要将三者调整至统一的坐标系下。

（5）将 Inventor 中整合后的 1:10 管廊及 GIL 设备模型经专用插件转换后，导出成.adsk 格式模型及属性表，在 Revit 中采用专用插件打开，并与 1:10 的引接站及管廊辅助系统模型进行整合。

以上整合操作流程中，在 Inventor 中放大或缩小装配模型是利用软件自带的衍生工具，装配模型衍生之后就变成了一个零件模型，装配模型中原有的结构树没有了，这样之前零件中的一些信息就不能被提取出来。因此，管廊模型经过 1:10 衍生操作后，形成了一个零件模型，此模型只能赋予统一的一个属性。

### （二）引接站与管廊模型整合

在模型整合的过程中，由于管廊自身的数据量较为庞大，南、北岸引接站也具有较大的数据量，因此当包含了较多的数据和信息的模型综合在一起时，无论是对软件自身的性能还是对运行软件的电脑硬件都承载了巨大的负荷。考虑到响应时间、运行速度等多方面非人为的因素，为了能够提升运行速度、提高工作效率，将管廊和南、北岸引接站分开创建模型，即建立几个不同的模型文件。其中，管廊的模型中除自身的土建部分之外，还将平高电气和山东日立以及铁四院的模型整合到了一起。但由于3家建模软件的差异，导致3家提供的模型坐标原点不一致。所以最后整合时，在Inventor中通过约束的方式把它们装配到了一起，实现了管廊模型的总装。

而南、北岸引接站则单独创建模型，模型中包含其建筑、结构和内部机电3大专业。由于是单独建模，数据量可控，所以引接站建筑外立面的装饰效果也得以能够在模型中较好地体现出来。

最后将分别创建的管廊模型和引接站模型按照事先定好的基准点拼接在一起，完成整个工程的总装工作。总装模型如图8-29所示。

图8-29 总装模型示意图

## 二、属性信息

### （一）厂家GIL设备属性转换

模型整合过程中，由于模型是由不同的软件之间进行转换，使得原始模型中的属性信息不能带到转换后的模型，因此，软件公司开发了一个添加属性的插件，可以使Inventor模型导出.adsk格式的模型文件时，自动添加厂家GIL设备的相关属性。

经插件转换，GIL管段的电气设备属性及编码等信息，添加到Inventor转换的*.adsk和*.xml文件中，最后导入Revit。

### （二）引接站设备属性

引接站设备属性参考 Q/GDW 11812.1—2018《输变电工程数字化移交技术导则 第1部分：变电站（换流站）》中相关要求添加。

根据Q/GDW 11812.1—2018《输变电工程数字化移交技术导则 第1部分：

变电站（换流站）》，移交内容包括变电站（换流站）设计数据，设备、设施管理信息（缺陷数据，试验数据，设备参数数据）。

本工程引接站内需添加属性的设备汇总表见表 8-2。

**表 8-2　　设备属性汇总表**

| 序号 | 设备分类 | 参数表 | 序号 | 设备分类 | 参数表 |
|---|---|---|---|---|---|
| 1 | 站用变压器 | B.5 | 6 | 电缆段 | B.51 |
| 2 | 绝缘子（站内） | B.32 | 7 | 开关柜 | B.28 |
| 3 | 组合电器 | B.8 | 8 | 避雷针 | B.53 |
| 4 | 导线 | B.50 | 9 | 接地网 | B.55 |
| 5 | 避雷器 | B.23 | | | |

## 三、数字化协同设计

### （一）概述

苏通 GIL 综合管廊工程采用基于 IE 的统一设计管理平台。平台不仅有开放的接口设计，同时在各移动终端均可完成设计任务的管理，并能展示、测量、批注轻量化模型，通过定制能够兼容其他常用应用软件的文件及数据，结合版本控制功能，形成数字化设计统一的模型数据管理平台。平台同时具有严谨的文档管理能力，能够记录文档修改过程中的各个版本，结合校审、分发、检索等功能，形成数字化设计统一的文档管理平台。该平台作为数字化设计过程中的模型和文档统一管理平台，为数字化移交打下了良好的基础。

### （二）厂家模型编码

苏通 GIL 综合管廊工程设备种类很多，设备厂家也较多，为了方便对整个工程实施的各个阶段进行有效管理，用统一的设计管理平台实现数据和文档管理，其基础就是需要对设计的对象进行统一的编码，以便建立起系统设备与相关文档及模型间的联系，使存储的数据、文档、模型不再孤立，而是可以相互联系。

按照设备安装单元编码的原则，确定了编码的组成字段，格式为工程名称—线路号—设备名称—厂家名称—气室号—单元序号—相序。

编码内容说明如表8-3所示。

表8-3 编码内容说明表

| 序号 | 代码 | 描述 | 代码数据 | 编码位数 | 说明 |
|---|---|---|---|---|---|
| 1 | A1A2 | 工程编号 | 字符 | 2 | ST-苏通 |
| 2 | B1 | 线路号 | 数字 | 1 | 1-泰吴Ⅰ线<br>2-泰吴Ⅱ线<br>3-备品备件 |
| 3 | C1 | 设备名称 | 数字 | 1 | 1-GIL管线<br>2-套管<br>3-电压互感器<br>4-电流互感器<br>5-快速接地开关<br>6-隔离单元 |
| 4 | D1 | 厂家代号 | 数字 | 1 | 1-山东电工日立<br>2-平高电气 |
| 5 | E1E2E3 | 气室号 | 数字 | 3 | 由南到北（备品流水编码） |
| 6 | F1 | 单元序号 | 数字 | 1 | 从属气室，由南到北（备品*） |
| 7 | G1 | 相序 | 字母 | 1 | *A*、*B*、*C*三相（备品*） |

（三）设计数据管理

工程设计各专业有上下游之分，上游设计专业的设计输入或设计结果会是下游设计专业的设计依据。设计管理平台接收上游设计软件发布的设计数据，经过校对确认，再由下游设计软件从平台上收取，有效避免数据二次录入带来的错误，减少专业间配合工作，提高设计效率。

部分对工程运营维护有利用价值但不会反映在施工图成品上的设计原始数据信息，作为模型属性或数据表形式由平台存储管理，通过移交为运营维护提供帮助。

（四）设计文档管理

设计管理平台上的文档管理功能，定制了严格的文档管理流程，不仅对各类成品设计图纸和报表统一管理，而且将文档范围扩大到设计原始资料和设计过程中的中间文件。通过工作流对设计流程进行管理、控制和记录，不仅可以省去传统提资过程中纸质资料的打印和人工分发，而且保障了版本的唯一性、可追溯性。

（五）设计任务管理

在设计管理平台上，可以对本工程的三维设计人员及设计任务开展高效、可追溯的设计任务管理。其内容包括任务策划、人员分配、进度控制、工时管理，同时在设计初期明确本工程采用三维设计的设计方式、设计准备、设计流程，制定三维协同管理策略，有效的控制设计输入和设计输出。

（六）接口资料实施

接口资料包括外部接口资料、内部接口资料和集成/协同资料（采用数字化设计后，部分内部接口资料由集成/协同设计完成）。接口资料通过提资单的形式进行数据传递和留档。内部接口资料需要进行各级校审后方可完成提资。

（七）设计校审实施

接口资料由有关人员按规定完成校审后，方可进入接口资料提资工作流。设计成品由设计人自校修改后，经有关人员的校审和签署后，送印出版。

## 第四节 三维模型应用

### 一、GIL 设备安装角度校验

隧道内含多个横向纵向的弧线段和变坡点，设计环境复杂，二维平面设计不能满足 GIL 整体设计要求。三维软件在机械结构设计上具有直观性、可优化性、复杂工况简易化等优点，尤其面对 GIL 设备排布跨度长、工况复杂、设备角度设计困难等问题，采用三维设计是较好的解决方案。

GIL 设备在隧道直线段采用长度为 18m 的标准金属壳体排布，弧线段和变坡点处设计具有空间转角的特殊壳体，三维图纸能够准确提取相应壳体的空间角度，对指导零部件的制造具有至关重要的意义。同时，三维图纸建模后，可通过软件对 GIL 碰撞检查、净空分析，实现虚拟安装提前预见安装工况。

三维建模对现场安装具有不可替代的指导作用。通过提取 GIL 设备支架的三维坐标和倾斜角度，对支架进行现场定位。提取 GIL 设备壳体的倾斜角度，作为指导壳体正确安装的重要指标。

（一）隧道内隔离单元处三维布置方案

隔离单元布置采用 6m 割线布置，将已生成的隔离单元母线模型装配到 6m

割线上组成 6m 割线单元，将隔离单元割线单元一端和 GIL 设备中心线进行接触约束，另一端和隔离分界点 DK2786.618 重合约束，进而进行工程布置。如图 8-30 所示。

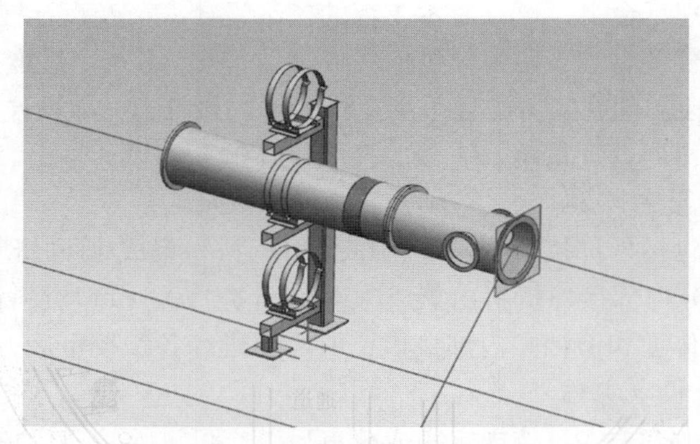

图 8-30 隔离单元处割线布置

（二）隧道内直线段三维方案

隧道内直线段均采用 72m 标准设备，每个 72m 标准段含有 1 处压力平衡伸缩节，1 处固定支架，4 根 18m 母线，其中每个标准母线具有 2 处支撑，如图 8-31 所示。

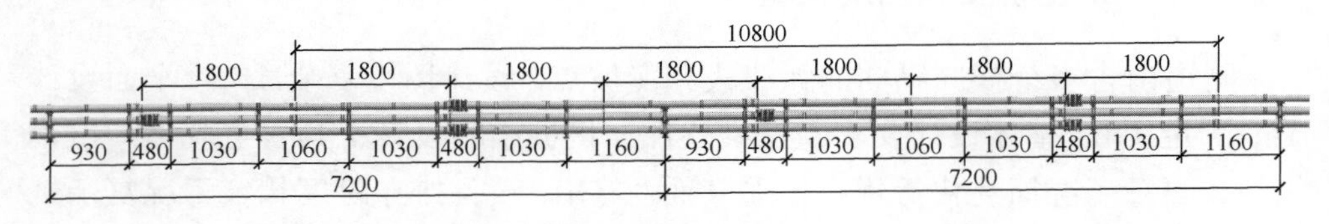


图 8-31 直线段 GIL 布置示意图（单位：mm）

（三）隧道内圆弧段三维方案

管廊横断面如图 8-32 所示。

根据设计输入，隧道共有 7 个 $R$2000m 的圆弧段（见下图圆弧①～⑦），一个水平 $R$3000m 圆弧段（其中②、③、④、⑤圆弧段同时也处于 $R$3000m 圆弧段）和一个 $R$1933m 圆弧段（长度约 54m），$R$3000m 段长度为 1320.696m。圆弧①、②弧长约为 53m；⑤、⑥弧长约为 52m；③、⑦弧长约为 90m；④弧长约为 20m，从南岸到北岸的 $R$2000m 圆弧过渡段参数如表 8-4 及图 8-33 所示。

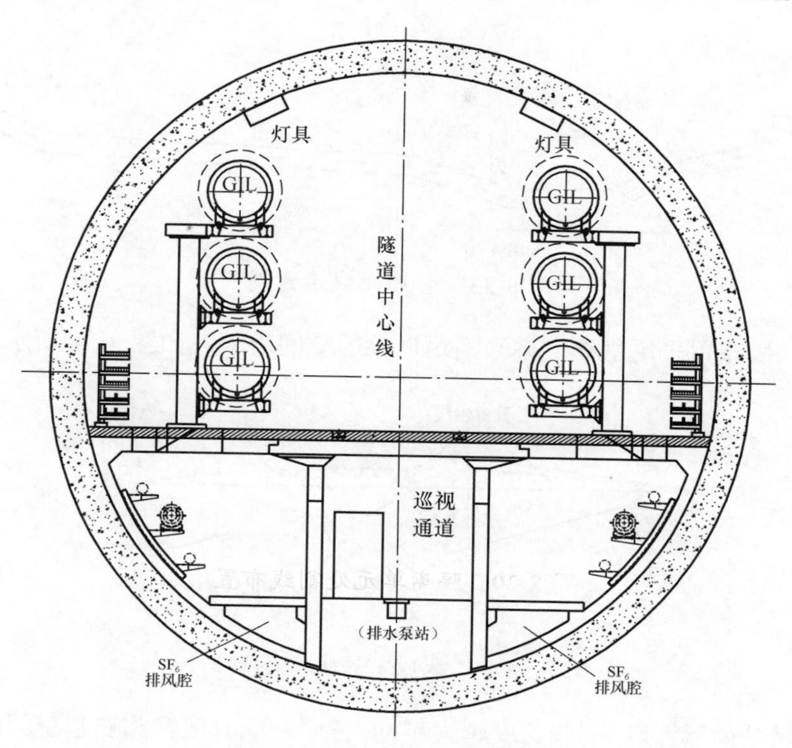


图 8-32 管廊横断面布置图

**表 8-4　从南岸到北岸的 *R*2000m 圆弧段参数**

| *R*2000m 圆弧 | 弧长（m） | 坡度变化 | 相对角度 |
|---|---|---|---|
| 圆弧① | 53 | 由 5%→2.345 7% | 1.518 664 546° |
| 圆弧② | 53 | 由 2.345 7%→5% | 1.518 664 546° |
| 圆弧③ | 90 | 由 5%→0.5% | 2.575 928 716° |
| 圆弧④ | 20 | 由 0.5%→0.5% | 0.572 953 020 6° |
| 圆弧⑤ | 52 | 由 0.5%→3.1% | 1.489 124 017° |
| 圆弧⑥ | 52 | 由 3.1%→0.5% | 1.489 124 017° |
| 圆弧⑦ | 90 | 由 0.5%→5% | 2.575 928 716° |

根据设计方案，GIL 布置考虑最大的力平衡伸缩节后，两回 GIL 中间预留 4m 的运输通道，同时管廊内侧保持 500mm 法兰对接安装空间。

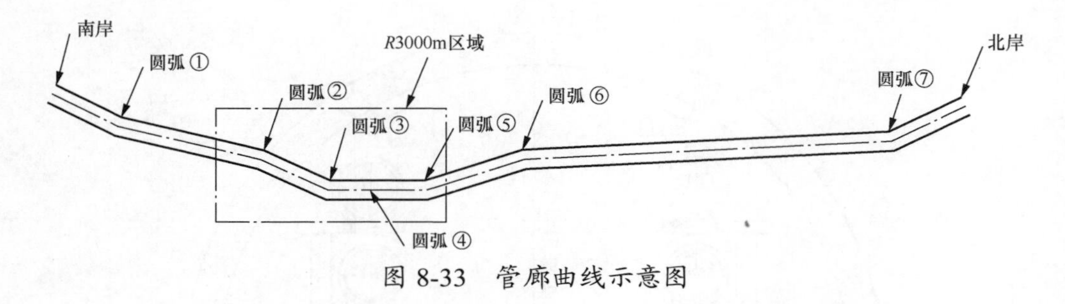


图 8-33 管廊曲线示意图

弧线段布置采用割线方案来满足以上的空间需求，如图 8-34 所示。

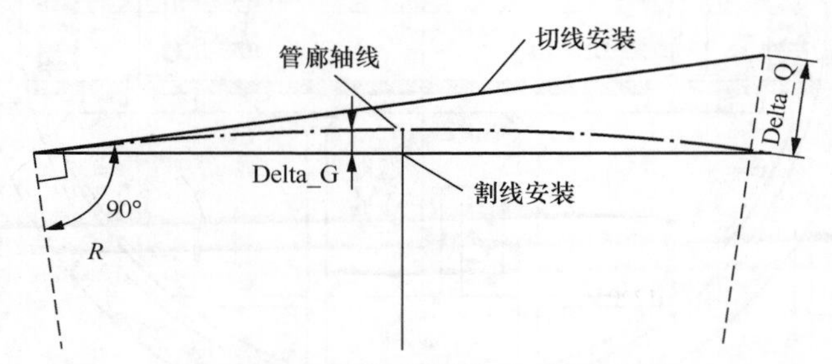


图 8-34 弧线段割线方案示意图

考虑减少弯管段，割线长度越大越好；考虑降低对运输和安装空间的侵占，割线长度越短越好。根据三维布置校核，对比采用 18、36m 和 54m 割线长度时对两回 GIL 中间净空尺寸及中心偏移尺寸的影响，确定每两个标准单元，即 36m，作为割线段长度。

圆弧段整体布置采用 36m 割线布置的母线组合，用内割线的方向，逐次逼近圆弧段，36m 割线单元由一个 18m 的标准母线单元加上另一个带转角的母线组合而成，每个母线布置 2 个支撑，36m 割线单元需两端接触约束在 GIL 设备中心线上，同时割线单元间需重合约束，布置如图 8-35 所示。

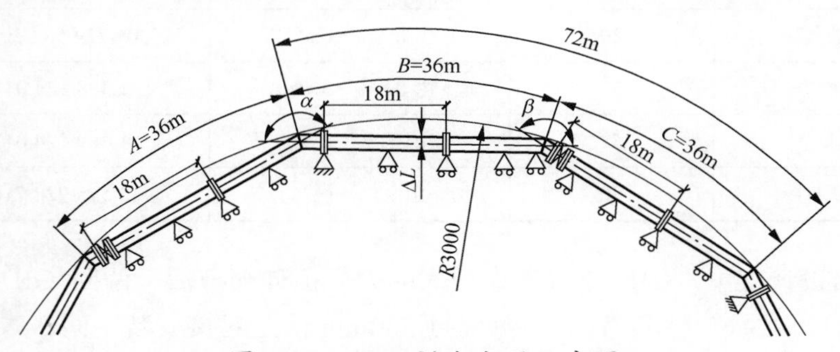


图 8-35 36m 割线布置示意图

（1）*R*2000m 圆弧段三维布置。

①、⑥、⑦为竖直方向的 *R*2000m 圆弧段，无水平转角。由于圆弧段本身长度及邻近直线段坡度不同，布置时产生的小角度母线角度也不相同。为保证母线单元长度均为 18m，同时进出圆弧段处三相母线法兰对齐，*R*2000m 弧线段固定支架壳体位置设置特殊母线单元，以 B 相壳体法兰为基准，其小角度直线段为 17.2m（接头 0.8m），A、C 两项小角度母线直线段长度根据实际割线位置确定（保证 0.8m 的接头长度，相间距可微调），圆弧段三维布置如图 8-36 所示。

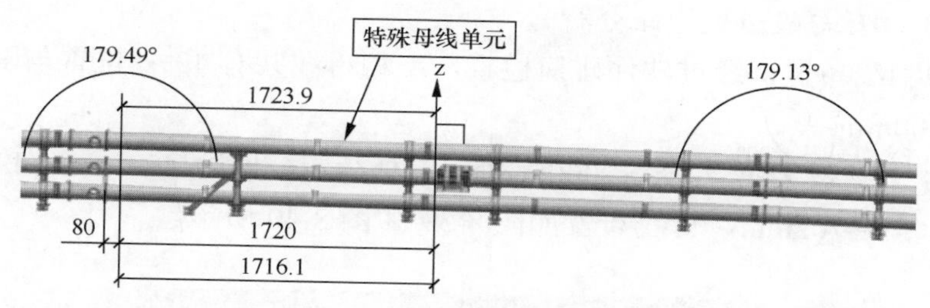


图 8-36　*R*2000 圆弧段三维布置

（2）*R*3000m 圆弧段三维布置。

*R*3000m 中除②、③、④、⑤外为水平圆弧形段，总长约 1320m，此段同样采用 36m 割线布置，除进口与出口部分割线角度不同，圆弧布置的多数割线形成 179.31° 的标准角度，即此段 36m 割线单元组成由 18m 标准直母线和 179.31° 角度的母线组成，布置如图 8-37 所示。

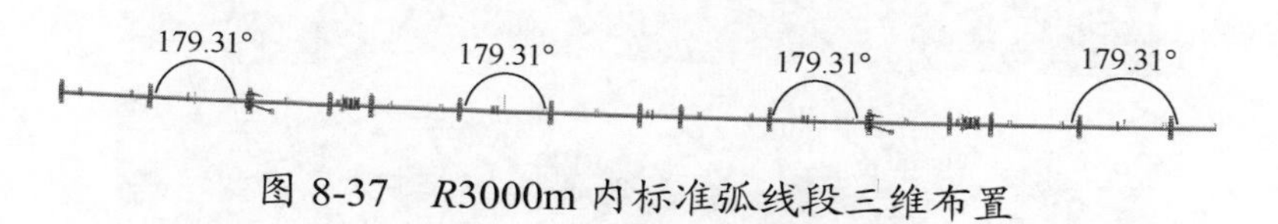


图 8-37　*R*3000m 内标准弧线段三维布置

圆弧段②、③、④、⑤与 *R*3000m 的水平圆弧形成了空间圆弧，隧道在此既有水平转角又有竖直转角，所以这些位置的小角度需要用空间角来实现，即此部分 36m 割线组成由标准 18m 母线和带空间转角的 18m 母线，空间角由两部分组成：① 筒体轴向的空间小角度，如图 8-38 所示的 178.77°；② 筒体法兰面方向的安装角，如图 8-38 所示的 149.7°。

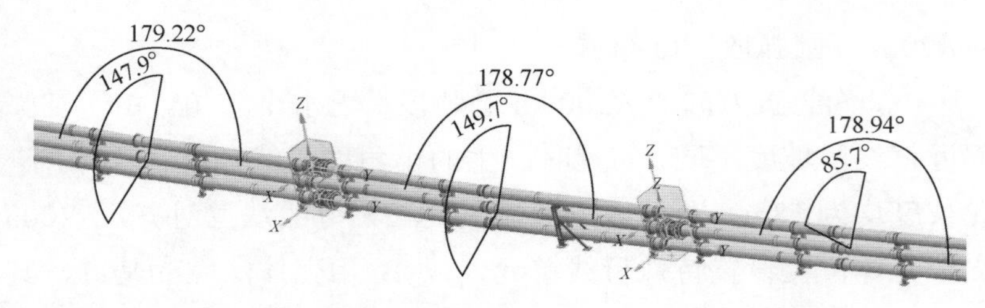


图 8-38 圆弧 *R*3000m（*R*2000m）三维布置

## 二、GIL 与隧道间安装距离动态验证

（一）GIL 与隧道壁净距分析

按照割线布置，经过软件碰撞检查，A 相母线共有 13 处位置与隧道壁距离小于 500mm。

其中 4 处位于第 7 个 *R*2000m 处，4 处净距分别为 499.435、499.486、499.719、499.702mm，母线布置如图 8-39 和图 8-40 所示。

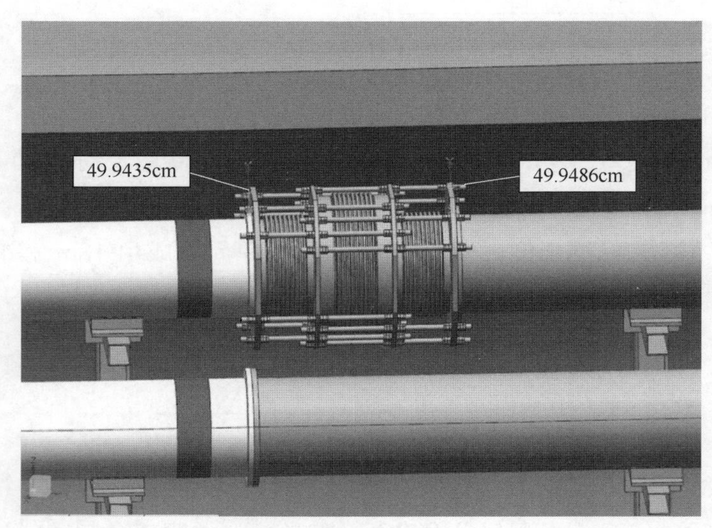


图 8-39 第 7 个 *R*2000m 处母线布置示意图（一）

根据三维校核结果，第 7 个 *R*2000m 处的 A 相伸缩节与隧道壁间距小于 500mm，为了满足安装要求，此处的伸缩节进行了差异化设计，将 A、C 相伸缩节与南边的 B 相伸缩节进行了位置调换，调换后的伸缩节与管廊间距满足安装要求。GIL 管道布置优化示意图如图 8-41 所示。

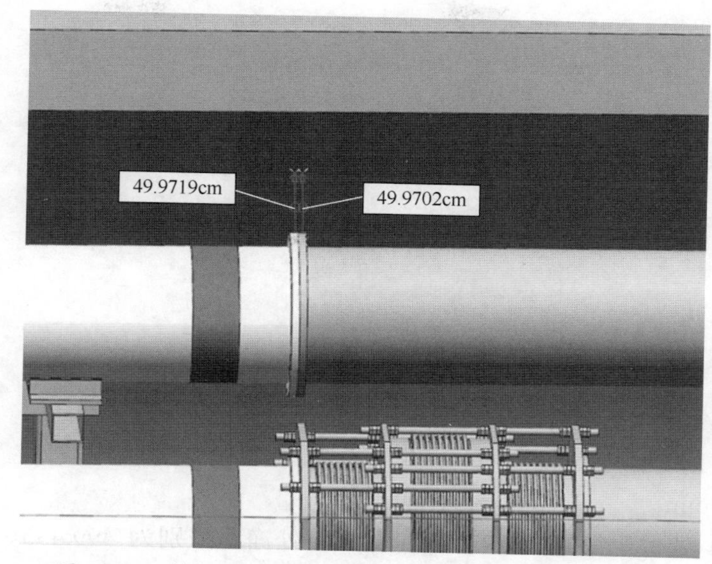


图 8-40 第 7 个 $R$2000m 处母线布置示意图（二）

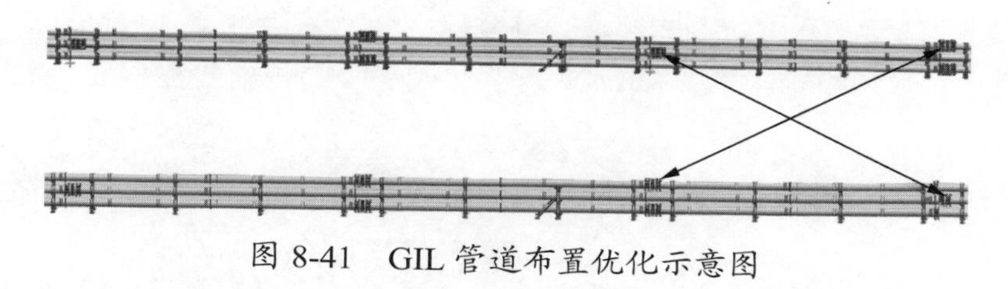

图 8-41 GIL 管道布置优化示意图

（二）运输通道净距分析

按照母线割线布置原则，在不考虑支架情况下，对波纹管进行运输通道净距校核，A、B、C 三相均满足不小于 200mm 的距离要求。

其中直线段运输通道距离为 200mm，直线段运输距离如图 8-42 所示；而在 $R$3000 处，运输通道距离则大于 200mm，最大处达到 205.3mm，$R$3000m 段运输距离如图 8-43 所示。

通过对完成的三维模型干涉校核，按照以上布置原则，能够保证 4m 宽的运输通道和检修空间。动态验证运输净距如图 8-44 所示。

（三）孔洞支架碰撞校核

针对隧道内人孔、GIL 设备充气孔等孔洞的布置方案模型，结合支架布置方案模型，对部分区域的固定支架斜撑以及波纹管处的滑动支架和隧道的孔洞进行干涉试验，同时由于孔洞已存在且无法调整，因此对碰撞处的支架进行差异化设

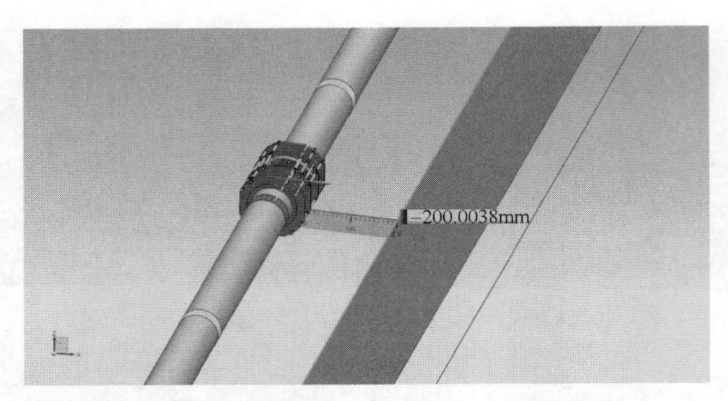


图 8-42 直线段运输通道净距校核示意图

图 8-43 *R*3000m 段运输通道净距校核示意图

所有空间
尺寸大于4m

| | | | | | |
|---|---|---|---|---|---|
| jiange (86055) | jiange (85911) | 软) | 4.046742 | 4.320000 | 171 |
| jiange (86072) | jiange (85911) | 软) | 4.046742 | 4.320000 | 2916 |
| jiange (86090) | jiange (85911) | 软) | 4.046742 | 4.320000 | 25 |
| jiange (86108) | jiange (85911) | 现有的 (软) | 4.046742 | 4.320000 | 1946 |
| jiange (86178) | jiange (85207) | 现有的 (软) | 4.046742 | 4.320000 | 2299 |
| jiange (86195) | jiange (85029) | 现有的 (软) | 4.046742 | 4.320000 | 66 |
| jiange (86241) | jiange (85801) | 现有的 (软) | 4.046742 | 4.320000 | 2228 |
| jiange (86260) | jiange (85702) | 现有的 (软) | 4.046742 | 4.320000 | 2980 |
| jiange (86317) | jiange (85189) | 现有的 (软) | 4.046742 | 4.320000 | 216 |
| jiange (86351) | jiange (85064) | 现有的 (软) | 4.046742 | 4.320000 | 451 |
| jiange (86460) | jiange (85719) | 现有的 (软) | 4.046742 | 4.320000 | 424 |
| jiange (86494) | jiange (85396) | 现有的 (软) | 4.046742 | 4.320000 | 227 |
| jiange (86524) | jiange (85374) | 现有的 (软) | 4.046742 | 4.320000 | 536 |
| jiange (86661) | jiange (85509) | 现有的 (软) | 4.046742 | 4.320000 | 262 |
| jiange (86678) | jiange (85357) | 现有的 (软) | 4.046742 | 4.320000 | 2762 |
| jiange (86711) | jiange (85317) | 现有的 (软) | 4.046742 | 4.320000 | 2509 |
| jiange (86808) | jiange (85012) | 现有的 (软) | 4.046742 | 4.320000 | 3575 |
| jiange (86825) | jiange (85606) | 现有的 (软) | 4.046742 | 4.320000 | 3577 |
| jiange (86952) | jiange (85836) | 现有的 (软) | 4.046742 | 4.320000 | 2753 |
| jiange (86055) | jiange (85465) | 现有的 (软) | 4.046743 | 4.320000 | 169 |
| jiange (86072) | jiange (85866) | 现有的 (软) | 4.046743 | 4.320000 | 2919 |
| jiange (86090) | jiange (85883) | 现有的 (软) | 4.046743 | 4.320000 | 23 |
| jiange (86108) | jiange (85912) | 现有的 (软) | 4.046743 | 4.320000 | 1944 |
| jiange (86178) | jiange (85208) | 现有的 (软) | 4.046743 | 4.320000 | 2298 |
| jiange (86195) | jiange (85030) | 现有的 (软) | 4.046743 | 4.320000 | 65 |
| jiange (86241) | jiange (85802) | 现有的 (软) | 4.046743 | 4.320000 | 2226 |

图 8-44 动态验证运输净距示意图

计。具体方案包括移动固定支架的斜撑；采用特殊设计的支架支腿，直接跨过人孔等。移动固定支架的斜撑和特殊设计的支架支腿如图 8-45 和图 8-46 所示。

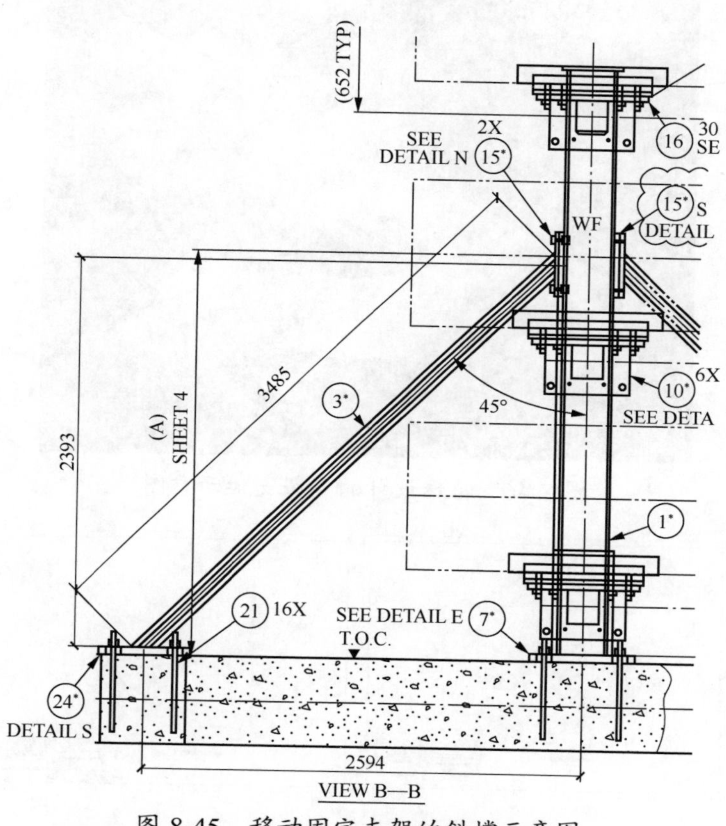


图 8-45　移动固定支架的斜撑示意图

## 三、出图及工程量统计

### （一）提高出图效率

CAD 软件三维绘图是从零开始绘制平面、断面、剖面、大样、节点等各种图纸且这些图纸之间还是相互独立的，信息和数据也是被割裂的，无法实现在一张图纸上修改，其他所有相关图纸同步修改和更新。因此，往往会出现平、立、剖面图对不上，工作效率较低等问题。

BIM 技术是基于三维模型为载体而实现的一种信息化技术，所有基于 BIM 技术所生成的二维图纸都是由三维信息化模型直接投影或剖切而得到的。相较于传统的 CAD 绘制平面图而言，这种直接由三维模型投射生成的二维图纸更为精准、出图的效率也更高。模型剖切图纸示意图如图 8-47 所示。

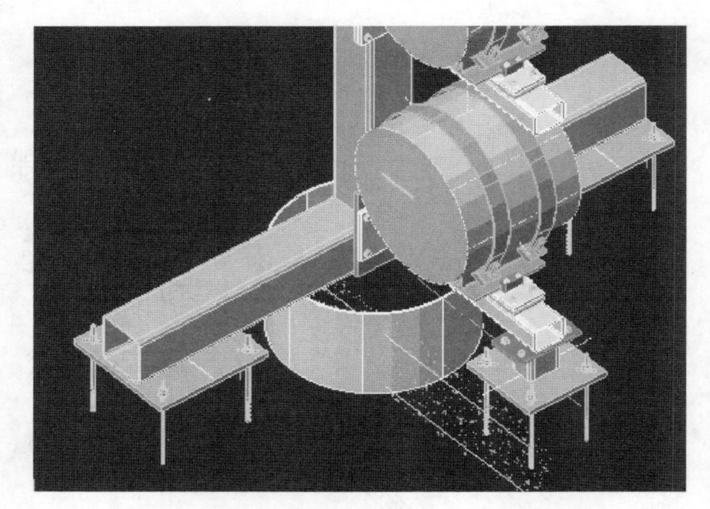

图 8-46 特殊设计的支架支腿示意图

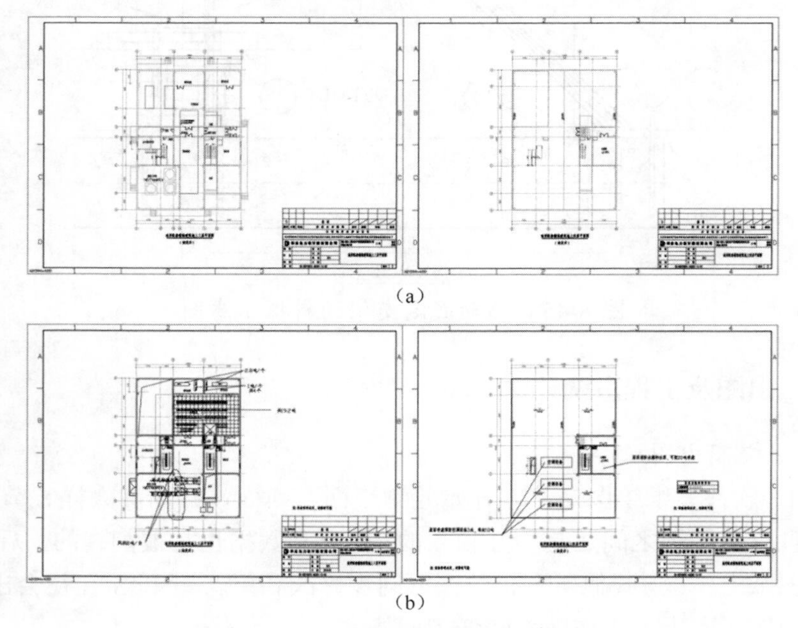

（a）

（b）

图 8-47 模型剖切图纸示意图

（a）BIM 模型剖切加工图纸；（b）二维方案图纸

## （二）精确统计工程量

利用 BIM 可以进行精确的工程量统计，在满足一般建设工程量清单计价规范的基础上，还可以根据分部分项工程合同开项的一般规则，对模型的构件进行细化，尤其是对于工程量较为敏感的工程或节点，根据相关详图予以完善，或建立单独的工程量模型，便于工程量的统计和校核。

管廊上腔支架数量统计如图 8-48 所示。

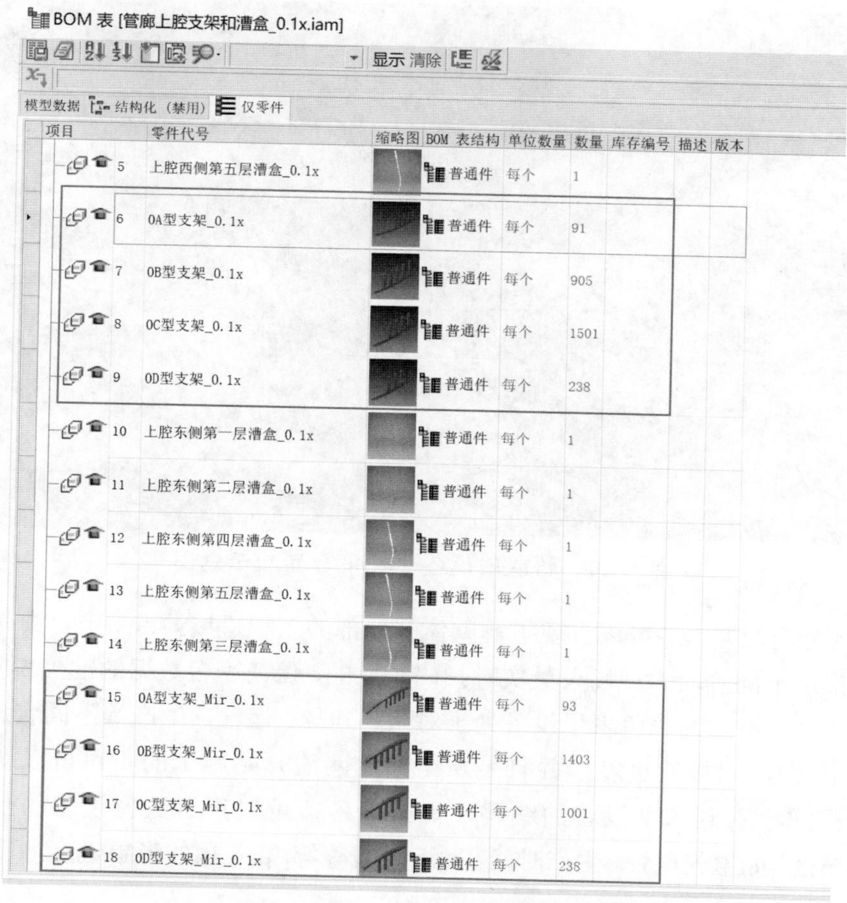


| 项目 | 零件代号 | 缩略图 | BOM 表结构 | 单位数量 | 数量 | 库存编号 | 描述 | 版本 |
|---|---|---|---|---|---|---|---|---|
| 5 | 上腔西侧第五层漕盒_0.1x | | 普通件 | 每个 | 1 | | | |
| 6 | OA型支架_0.1x | | 普通件 | 每个 | 91 | | | |
| 7 | OB型支架_0.1x | | 普通件 | 每个 | 905 | | | |
| 8 | OC型支架_0.1x | | 普通件 | 每个 | 1501 | | | |
| 9 | OD型支架_0.1x | | 普通件 | 每个 | 238 | | | |
| 10 | 上腔东侧第一层漕盒_0.1x | | 普通件 | 每个 | 1 | | | |
| 11 | 上腔东侧第二层漕盒_0.1x | | 普通件 | 每个 | 1 | | | |
| 12 | 上腔东侧第四层漕盒_0.1x | | 普通件 | 每个 | 1 | | | |
| 13 | 上腔东侧第五层漕盒_0.1x | | 普通件 | 每个 | 1 | | | |
| 14 | 上腔东侧第三层漕盒_0.1x | | 普通件 | 每个 | 1 | | | |
| 15 | OA型支架_Mir_0.1x | | 普通件 | 每个 | 93 | | | |
| 16 | OB型支架_Mir_0.1x | | 普通件 | 每个 | 1403 | | | |
| 17 | OC型支架_Mir_0.1x | | 普通件 | 每个 | 1001 | | | |
| 18 | OD型支架_Mir_0.1x | | 普通件 | 每个 | 238 | | | |

图 8-48 管廊上腔支架数量统计示意

## 四、其他深化运用

将 BIM 模型二次开发形成深化模型，并载入相关物联网设备管控平台，实现了 GIL 工程设计、现场建设、设备状态的可视、可控、可追溯。同时可在 PC 端、手机端、pad 端和 VR 端 4 部分对模型进行深化运用。

物联网设备管控平台界面如图 8-49 所示。

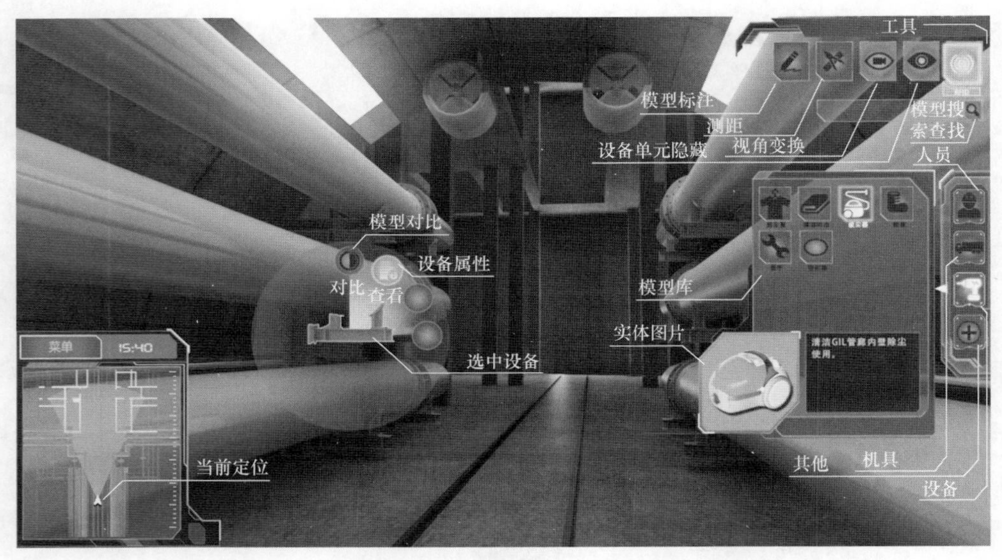


图 8-49　物联网设备管控平台界面示意图

形象进度功能，可以直观了解整体到局部的工程进度情况。平台中各阶段数据都是不同阶段的现场人员实时扫码录入的，保证平台数据的准确实时。在此功能中，不同的颜色表示设备处于对接、到货、运输、生产等不同状态，可以看出 GIL 对接的进度，并且是从中间向两边开始施工的，也可以切换到局部模式，看到每个设备的编码，点击设备，可以查看选择设备的全生命周期属性。如电气属性、生产时间、发运时间等等。pad 端的形象进度如图 8-50 所示。

设备管控局部模式如图 8-51 所示。

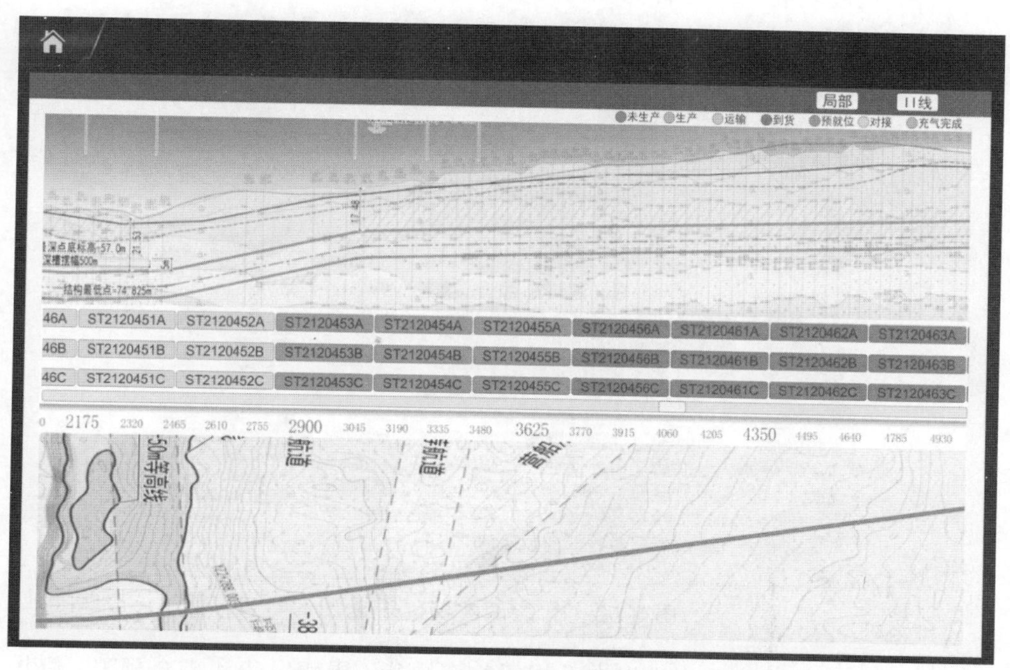


图 8-50　pad 端的形象进度示意图

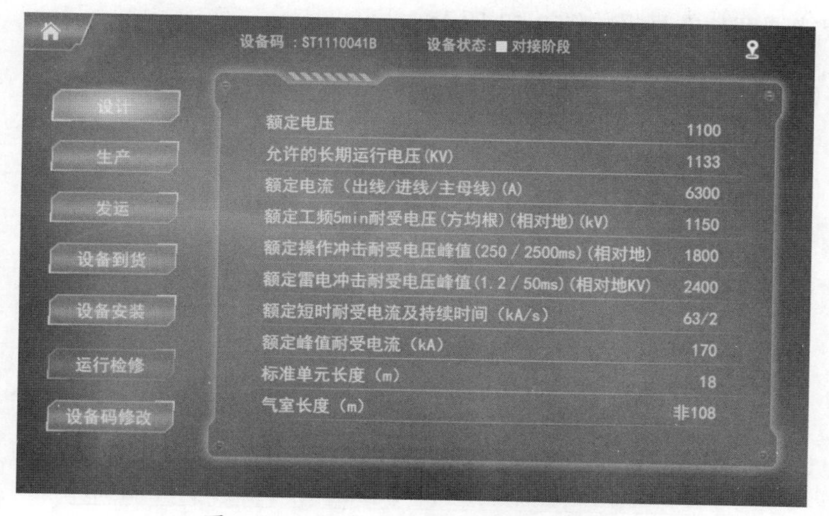


图 8-51　设备管控局部模式示意图

智能调度功能主要是管控现场物资存储，设备码表示的是存储位置，通过闪烁功能提醒下一组要运输到隧道内进行安装的设备。智能调度功能如图 8-52 所示。

南岸 北岸

山东电工电气设备存放区

|  | A | B | C | D | E |
|---|---|---|---|---|---|
| 1 | ST1110364A | ST1110242B | ST1110461B | ST1110234B | ST1110236A |
| 2 | ST1110364C | ST1110456B | ST1110451B | ST1110244A | ST1110236C |
| 3 | ST1110462B | ST1110451A | ST1110235C | ST1110232B | ST1110322C |
| 4 | ST1110463A | ST1110244C | ST1110234A | ST1110243A | ST1110242C |
| 5 | ST1110453C | ST1110452C | ST1110234C | ST1110243B | ST1110242A |
| 6 | ST1110453A | ST1110452A | ST1110233A | ST1110244B | ST1110241A |
| 7 | ST1110454B | ST1110452B | ST1110464A | ST1110233C | ST1110241B |
| 8 | ST1110453B | ST1110455A | ST1110451C | ST1110243C | ST1110235B |
| 9 | ST1110454A | ST1110462A | ST1110464C | ST1110232C | ST1110241C |
| 10 | ST1110454C | ST1110455C | ST1110464B | ST1110233B | ST1110236B |
| 11 | ST1110462C | ST1110461A | ST1110456C | ST1110232A | ST1110235A |
| 12 | ST1110463C | ST1110465B | ST1110456A | ST1110322A | ST1110316C |

| 55 | 5 | 0 |
|---|---|---|
| 已存储 | 运输 | 空置 |

下组待安装设备

南岸侧

| 组1 | 组2 |
|---|---|
| ST1110244A | ST1110243A |
| ST1110244B | ST1110243B |
| ST1110244C | ST1110243C |

北岸侧

| 组1 | 组2 |
|---|---|
| ST1110451A | ST1110452A |
| ST1110451B | ST1110452B |
| ST1110451C | ST1110452C |

缺货预警(1-5组) 缺货预警(6-10组)

缺货 缺货

满仓提醒

图 8-52 智能调度功能示意图

另外，智能调度不但可以自动提示物资缺货、提醒发货和满仓预警、停止发货，还可以分阶段、分单位、分线路、分时间进行设备统计并导出周报、月报。智能调度功能月报如图 8-53 所示。

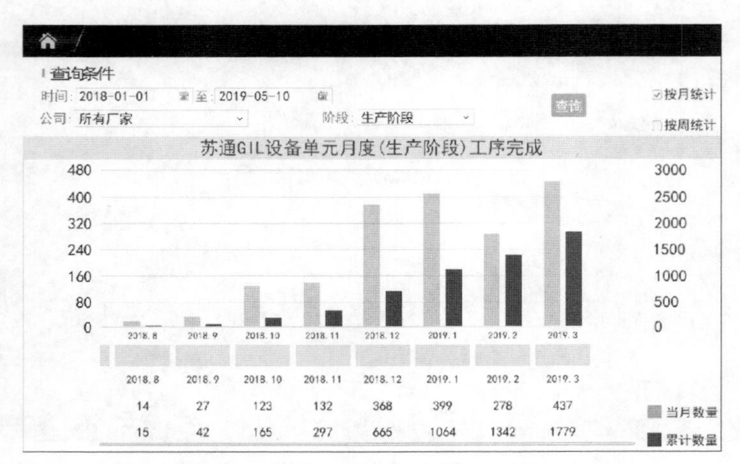


图 8-53 智能调度功能月报示意图

通过在 GIL 设备上安装 RFID 和二维码标签，可以扫码或靠近读取设备信息。RFID 和二维码标签如图 8-54 所示。

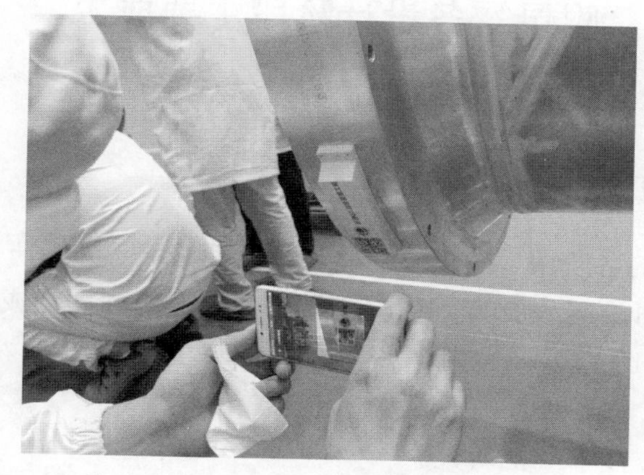

图 8-54　RFID 和二维码标签示意图

# 附录　各设计阶段主要成果

## 一、工程设计方面的研究课题

在工程设计的各阶段，在充分消化吸收科研成果、分析研究国外相关技术资料的基础上，开展了设计专题研究，为工程建设的顺利完成奠定了基础。开展工程设计专题12项。课题内容如下：

《特高压GIL管廊设计技术规程研究》

《特高压GIL技术规范研究》

《特高压GIL综合监测系统研究》

《特高压GIL隧道通风方案研究》

《特高压GIL接地研究》

《特高压GIL引接站监控系统研究》

《长距离特高压GIL三维建模技术及其工程设计研究》

《超高水压盾构隧道接缝防水关键技术研究》

《穿越长江特高压电力隧道管片结构性能及结构参数优化研》

《穿越长江特高压电力隧道抗震性能及措施研究》

《隧道结构全寿命周期智能健康监测数字化方案研究》

《苏通GIL管廊工程费用标准研究》

## 二、设计成品

可行性研究设计文件汇总表如附表1所示。

**附表1　　可行性研究设计文件汇总表**

| 序号 | 卷册号 | 卷册名称 | 完成单位 |
| --- | --- | --- | --- |
| 1 | 30-W204301K-A01 | 可行性研究总报告 | 华东院 |
| 2 | 30-W204301K-A02 | 投资估算及财务评估 | 华东院 |
| 3 | 30-W204301K-G0101 | 淮南—南京—上海 1000kV 特高压交流输变电工程苏通GIL综合管廊工程可研阶段 管廊隧道岩土工程勘察报告 | 华东院 |

续表

| 序号 | 卷册号 | 卷册名称 | 完成单位 |
| --- | --- | --- | --- |
| 4 | 30-W204301K-G0102 | 淮南—南京—上海 1000kV 特高压交流输变电工程苏通 GIL 综合管廊工程可研阶段 北引接站岩土工程勘察报告 | 华东院 |
| 5 | 30-W204301K-G0103 | 淮南—南京—上海 1000kV 特高压交流输变电工程苏通 GIL 综合管廊工程可研阶段 南引接站岩土工程勘察报告 | 华东院 |
| 6 | 30-W204301K-G02 | 淮南—南京—上海 1000kV 特高压交流输变电工程苏通 GIL 综合管廊工程场地地震安全性评价报告 | 华东院 |
| 7 | 30–W204301K–G05 | 淮南—南京—上海 1000kV 特高压交流输变电工程苏通 GIL 综合管廊工程可研阶段 土壤电阻率测试报告 | 华东院 |

初步设计文件汇总表如附表 2 所示。

**附表 2　　初步设计文件汇总表**

| 类别 | 卷册号 | 卷册名 | | 完成单位 |
| --- | --- | --- | --- | --- |
| 综合部分 | 30-B211001C-A01<br>CQ007012SC03-A01 | 第一卷 | 总论 | 华东院<br>铁四院 |
| | | 第二卷 | 初步设计说明书 | |
| | 30-B211001C-A0201 | 第 1 册 | GIL 电气及辅助系统 | 华东院 |
| | CQ007012SC03-A0201 | 第 2 册 | 隧道及工作井 | 铁四院 |
| | | 第三卷 | 初步设计图纸 | |
| | 30-B211001C-A0301 | 第 1 册 | GIL 电气及辅助系统 | 华东院 |
| | CQ007012SC03-A0301 | 第 2 册 | 隧道及工作井 | 铁四院 |
| | | 第四卷 | 设备及主要材料清册 | |
| | 30-B211001C-A0401 | 第 1 册 | GIL 电气及辅助系统 | 华东院 |
| | CQ007012SC03-A0401 | 第 2 册 | 隧道及工作井 | 铁四院 |
| | | 第五卷 | 专题报告 | |
| | 30-B211001C-A0501 | 第 1 册 | 综合监控专题报告 | 华东院 |
| | 30-B211001C-A0502 | 第 2 册 | 通风专题报告 | 华东院 |
| | CQ007012SC03-A0501 | 第 3 册 | 线位方案专题报告 | 铁四院 |
| | CQ007012SC03-A0502 | 第 4 册 | 抗震设防专项论证报告 | 铁四院 |

续表

| 类别 | 卷册号 | 卷册名 | | 完成单位 |
|---|---|---|---|---|
| 勘测部分 | | 第一卷 | 工程勘察报告 | |
| | 30-B211001C-G0101 | 第 1 册 | 隧道段岩土工程勘察报告 | 华东院 |
| | 30-B211001C-G0102 | 第 2 册 | 北引接站岩土工程勘察报告 | 华东院 |
| | 30-B211001C-G0103 | 第 3 册 | 南引接站岩土工程勘察报告 | 华东院 |
| | | 第二卷 | 检测报告 | |
| | 30-B211001C-G0201 | 第 1 册 | 波速测试报告 | 华东院 |
| | 30-B211001C-G0202 | 第 2 册 | 物探成果报告 | 华东院 |
| | 30-B211001C-W03 | 第三卷 | 水文气象报告 | 华东院 |
| 技经部分 | | 第一卷 | 概算书 | |
| | 30-B211001C-E0101 | 第 1 册 | GIL 电气及辅助系统（注：含总表） | 华东院 |
| | CQ007012SC03-E0101 | 第 2 册 | 隧道及工作井 | 铁四院 |
| | | 第二卷 | 批准概算书 | |
| | 30-B211001C-E0201 | 第 1 册 | GIL 电气及辅助系统（注：含总表） | 华东院 |
| | CQ007012SC03-E0201 | 第 2 册 | 隧道及工作井 | 铁四院 |
| 光通信部分 | 30-T217401C-U01 | 第一卷 | 初步设计说明书及主要设备材料清册 | 华东院 |
| | 30-T217401C-E01 | 第二卷 | 概算书 | 华东院 |
| | 30-T217401C-E02 | 第三卷 | 批准概算书 | 华东院 |

施工图卷册目录如附表 3 所示。

**附表 3　　　　施工图卷册目录**

| 序号 | 卷册编号 | 卷册名称 | 完成单位 |
|---|---|---|---|
| 一 | 综合部分 | | |
| 1 | 30-B211001S-A01 | 设计总说明 | 华东院 |
| 2 | 30-B211001S-A02 | 设备及主要材料清册 | 华东院 |
| 3 | 30-B211001S-A03 | 环水保专项设计 | 华东院 |
| 二 | 土建部分 | | |
| 1 | 30-B211001S-T0001 | 南岸（苏州）引接站进站道路 | 华东院 |

续表

| 序号 | 卷册编号 | 卷册名称 | 完成单位 |
| --- | --- | --- | --- |
| 2 | 30-B211001S-T0101 | 南岸（苏州）引接站站址征地图 | 华东院 |
| 3 | 30-B211001S-T0102 | 南岸（苏州）引接站总平面布置及设计说明 | 华东院 |
| 4 | 30-B211001S-T0103 | 南岸（苏州）引接站场地初平图 | 华东院 |
| 5 | 30-B211001S-T0104 | 南岸（苏州）引接站站区围墙及大门 | 华东院 |
| 6 | 30-B211001S-T0105 | 南岸（苏州）引接站站内道路 | 华东院 |
| 7 | 30-B211001S-T0106 | 南岸（苏州）引接站电缆沟布置及详图 | 华东院 |
| 8 | 30-B211001S-T0201 | 南岸（苏州）配套辅助建筑 | 华东院 |
| 9 | 30-B211001S-T0202 | 南岸（苏州）引接站消防泵房建筑 | 华东院 |
| 10 | 30-B211001S-T0203 | 南岸（苏州）引接站消防泵房结构 | 华东院 |
| 11 | 30-B211001S-T0204 | 南岸（苏州）引接站警卫室建筑 | 华东院 |
| 12 | 30-B211001S-T0205 | 南岸（苏州）引接站警卫室结构 | 华东院 |
| 13 | 30-B211001S-T0301 | 南岸（苏州）引接站构架 | 华东院 |
| 14 | 30-B211001S-T0302 | 南岸（苏州）引接站构架基础 | 华东院 |
| 15 | 30-B211001S-T0303 | 南岸（苏州）引接站设备支架 | 华东院 |
| 16 | 30-B211001S-T0304 | 南岸（苏州）引接站设备支架基础 | 华东院 |
| 17 | 30-B211001S-T0401 | 南岸（苏州）引接站 GIL 管线基础 | 华东院 |
| 18 | 30-B211001S-T0501 | 南岸（苏州）引接站雨水泵站 | 华东院 |
| 19 | 30-B211001S-T0502 | 南岸（苏州）引接站废水收集池 | 华东院 |
| 20 | 30-B211001S-T0601 | 南岸（苏州）引接站构架桩位布置图 | 华东院 |
| 21 | 30-B211001S-T0602 | 南岸（苏州）引接站设备支架桩位布置图 | 华东院 |
| 22 | 30-B211001S-T0603 | 南岸（苏州）引接站 GIL 管线基础桩位布置图 | 华东院 |
| 23 | 30-B211001S-T0604 | 南岸（苏州）引接站消防泵房桩位布置图 | 华东院 |
| 24 | 30-B211001S-T0605 | 南岸（苏州）引接站警卫室桩位布置图 | 华东院 |
| 25 | 30-B211001S-T0701 | 北岸（南通）引接站进站道路 | 华东院 |
| 26 | 30-B211001S-T0801 | 北岸（南通）引接站站址征地图 | 华东院 |
| 27 | 30-B211001S-T0802 | 北岸（南通）引接站总平面布置及设计说明 | 华东院 |

续表

| 序号 | 卷册编号 | 卷册名称 | 完成单位 |
|---|---|---|---|
| 28 | 30-B211001S-T0803 | 北岸（南通）引接站场地初平图 | 华东院 |
| 29 | 30-B211001S-T0804 | 北岸（南通）引接站站区围墙及大门 | 华东院 |
| 30 | 30-B211001S-T0805 | 北岸（南通）引接站站内道路 | 华东院 |
| 31 | 30-B211001S-T0806 | 北岸（南通）引接站电缆沟布置及详图 | 华东院 |
| 32 | 30-B211001S-T0901 | 北岸（南通）配套辅助建筑 | 华东院 |
| 33 | 30-B211001S-T0902 | 北岸（南通）引接站消防泵房建筑 | 华东院 |
| 34 | 30-B211001S-T0903 | 北岸（南通）引接站消防泵房结构 | 华东院 |
| 35 | 30-B211001S-T0904 | 北岸（南通）引接站警卫室建筑 | 华东院 |
| 36 | 30-B211001S-T0905 | 北岸（南通）引接站警卫室结构 | 华东院 |
| 37 | 30-B211001S-T1001 | 北岸（南通）引接站构架 | 华东院 |
| 38 | 30-B211001S-T1002 | 北岸（南通）引接站构架基础 | 华东院 |
| 39 | 30-B211001S-T1003 | 北岸（南通）引接站设备支架 | 华东院 |
| 40 | 30-B211001S-T1004 | 北岸（南通）引接站设备支架基础 | 华东院 |
| 41 | 30-B211001S-T1101 | 北岸（南通）引接站 GIL 管线基础 | 华东院 |
| 42 | 30-B211001S-T1201 | 北岸（南通）引接站雨水泵站 | 华东院 |
| 43 | 30-B211001S-T1202 | 北岸（南通）引接站废水收集池 | 华东院 |
| 44 | 30-B211001S-T1301 | 北岸（南通）引接站构架桩位布置图 | 华东院 |
| 45 | 30-B211001S-T1302 | 北岸（南通）引接站设备支架桩位布置图 | 华东院 |
| 46 | 30-B211001S-T1303 | 北岸（南通）引接站 GIL 管线基础桩位布置图 | 华东院 |
| 47 | 30-B211001S-T1304 | 北岸（南通）引接站消防泵房桩位布置图 | 华东院 |
| 48 | 30-B211001S-T1305 | 北岸（南通）引接站警卫室桩位布置图 | 华东院 |
| 49 | 30-B211001S-T1401 | 南岸电气安装阶段临时轨道图 | 华东院 |
| 50 | 30-B211001S-T1501 | 管廊内配套建筑图 | 华东院 |
| 51 | 30-B211001S-T1502 | 南岸辅助建筑室内装修 | 华东院 |
| 52 | 30-B211001S-T1503 | 北岸辅助建筑室内装修 | 华东院 |

续表

| 序号 | 卷册编号 | 卷册名称 | 完成单位 |
| --- | --- | --- | --- |
| 三 | 水工部分 | | |
| 1 | 30-B211001S-S0101 | 水工总说明书及卷册目录 | 华东院 |
| 2 | 30-B211001S-S0102 | 水工主要设备及材料清册 | 华东院 |
| 3 | 30-B211001S-S0201 | 南岸（苏州）引接站室外生活给水管布置图 | 华东院 |
| 4 | 30-B211001S-S0202 | 南岸（苏州）引接站室外生活排水管布置图 | 华东院 |
| 5 | 30-B211001S-S0203 | 南岸（苏州）配套辅助建筑室内生活给、排水管布置图 | 华东院 |
| 6 | 30-B211001S-S0204 | 南岸（苏州）配套辅助建筑底部排水泵站布置图 | 华东院 |
| 7 | 30-B211001S-S0301 | 南岸（苏州）引接站室外雨水排水管布置图 | 华东院 |
| 8 | 30-B211001S-S0302 | 南岸（苏州）引接站雨水泵站布置图 | 华东院 |
| 9 | 30-B211001S-S0303 | 南岸（苏州）引接站站外雨水排水管布置图 | 华东院 |
| 10 | 30-B211001S-S0401 | 南岸（苏州）引接站室外消防给水管布置图 | 华东院 |
| 11 | 30-B211001S-S0402 | 南岸（苏州）引接站消防泵房及消防水池布置图 | 华东院 |
| 12 | 30-B211001S-S0403 | 南岸（苏州）配套辅助建筑室内消防给水管及消火栓布置图 | 华东院 |
| 13 | 30-B211001S-S0404 | 南岸（苏州）配套辅助建筑屋顶消防水箱间布置图 | 华东院 |
| 14 | 30-B211001S-S0405 | 南岸（苏州）引接站移动式灭火器布置图 | 华东院 |
| 15 | 30-B211001S-S0501 | 北岸（南通）引接站室外生活给水管布置图 | 华东院 |
| 16 | 30-B211001S-S0502 | 北岸（南通）引接站室外生活排水管布置图 | 华东院 |
| 17 | 30-B211001S-S0503 | 北岸（南通）配套辅助建筑室内生活给、排水管布置图 | 华东院 |
| 18 | 30-B211001S-S0504 | 北岸（南通）配套辅助建筑底部排水泵站布置图 | 华东院 |
| 19 | 30-B211001S-S0601 | 北岸（南通）引接站室外雨水排水管布置图 | 华东院 |
| 20 | 30-B211001S-S0602 | 北岸（南通）引接站雨水泵站布置图 | 华东院 |
| 21 | 30-B211001S-S0603 | 北岸（南通）引接站站外雨水排水管布置图 | 华东院 |
| 22 | 30-B211001S-S0701 | 北岸（南通）引接站室外消防给水管布置图 | 华东院 |
| 23 | 30-B211001S-S0702 | 北岸（南通）引接站消防泵房及消防水池布置图 | 华东院 |

续表

| 序号 | 卷册编号 | 卷册名称 | 完成单位 |
| --- | --- | --- | --- |
| 24 | 30-B211001S-S0703 | 北岸（南通）配套辅助建筑室内消防给水管及消火栓布置图 | 华东院 |
| 25 | 30-B211001S-S0704 | 北岸（南通）配套辅助建筑屋顶消防水箱间布置图 | 华东院 |
| 26 | 30-B211001S-S0705 | 北岸（南通）引接站移动式灭火器布置图 | 华东院 |
| 27 | 30-B211001S-S0801 | GIL 管廊排水泵站布置图 | 华东院 |
| 28 | 30-B211001S-S0802 | GIL 管廊排水管布置图 | 华东院 |
| 29 | 30-B211001S-S0901 | GIL 管廊悬挂式超细干粉自动灭火装置布置图 | 华东院 |
| 30 | 30-B211001S-S0902 | GIL 管廊移动式灭火器布置图 | 华东院 |
| 31 | 30-B211001S-S1001 | 南岸（苏州）警卫室室内生活给、排水管布置图 | 华东院 |
| 32 | 30-B211001S-S1002 | 北岸（南通）警卫室室内生活给、排水管布置图 | 华东院 |
| 四 | 暖通部分 | | |
| 1 | 30-B211001S-N0101 | GIL 管廊通风南岸布置图 | 华东院 |
| 2 | 30-B211001S-N0102 | 南岸（苏州）配套辅助建筑通风空调 | 华东院 |
| 3 | 30-B211001S-N0103 | 南岸（苏州）警卫室通风空调 | 华东院 |
| 4 | 30-B211001S-N0201 | GIL 管廊通风北岸布置图 | 华东院 |
| 5 | 30-B211001S-N0202 | 北岸（南通）配套辅助建筑通风空调 | 华东院 |
| 6 | 30-B211001S-N0203 | 北岸（南通）警卫室通风空调 | 华东院 |
| 7 | 30-B211001S-N0301 | GIL 管廊通风布置图 | 华东院 |
| 8 | 30-B211001S-N0302 | GIL 管廊通风系统设计说明 | 华东院 |
| 五 | 电气一次部分 | | |
| 1 | 30-B211001S-D0101 | 电气主接线图及电气总平面布置图 | 华东院 |
| 2 | 30-B211001S-D0102 | 南岸（苏州）引接站 1000kV 配电装置 | 华东院 |
| 3 | 30-B211001S-D0103 | 北岸（南通）引接站 1000kV 配电装置 | 华东院 |
| 4 | 30-B211001S-D0201 | 南岸（苏州）引接站 1000kV 设备安装 | 华东院 |
| 5 | 30-B211001S-D0202 | 北岸（南通）引接站 1000kV 设备安装 | 华东院 |
| 6 | 30-B211001S-D0203 | 1100kV GIL 安装 | 华东院 |

续表

| 序号 | 卷册编号 | 卷册名称 | 完成单位 |
|---|---|---|---|
| 7 | 30-B211001S-D0204 | 南岸（苏州）引接站 35kV 站用电系统及设备安装 | 华东院 |
| 8 | 30-B211001S-D0205 | 北岸（南通）引接站 20kV 站用电系统及设备安装 | 华东院 |
| 9 | 30-B211001S-D0206 | 北岸（南通）引接站 10kV 站用电系统及设备安装 | 华东院 |
| 10 | 30-B211001S-D0207 | 1000kV 绝缘子串组装图 | 华东院 |
| 11 | 30-B211001S-D0301 | 南岸（苏州）引接站防雷和主接地网 | 华东院 |
| 12 | 30-B211001S-D0302 | 北岸（南通）引接站防雷和主接地网 | 华东院 |
| 13 | 30-B211001S-D0303 | GIL 管廊内主接地网 | 华东院 |
| 14 | 30-B211001S-D0304 | 南岸（苏州）引接站 380V 站用电系统及设备安装 | 华东院 |
| 15 | 30-B211001S-D0305 | 北岸（南通）引接站 380V 站用电系统及设备安装 | 华东院 |
| 16 | 30-B211001S-D0306 | 南岸（苏州）引接站户外照明 | 华东院 |
| 17 | 30-B211001S-D0307 | 北岸（南通）引接站户外照明 | 华东院 |
| 18 | 30-B211001S-D0308 | 电缆敷设 | 华东院 |
| 19 | 30-B211001S-D0309 | 电缆封堵 | 华东院 |
| 20 | 30-B211001S-D0401 | 南岸（苏州）配套辅助建筑物建筑电气图 | 华东院 |
| 21 | 30-B211001S-D0402 | 北岸（南通）配套辅助建筑物建筑电气图 | 华东院 |
| 22 | 30-B211001S-D0403 | GIL 管廊建筑电气图 | 华东院 |
| 23 | 30-B211001S-D0404 | 南岸（苏州）引接站消防泵房建筑电气图 | 华东院 |
| 24 | 30-B211001S-D0405 | 北岸（南通）引接站消防泵房建筑电气图 | 华东院 |
| 25 | 30-B211001S-D0406 | 南岸（苏州）引接站雨水泵站建筑电气图 | 华东院 |
| 26 | 30-B211001S-D0407 | 北岸（南通）引接站雨水泵站建筑电气图 | 华东院 |
| 27 | 30-B211001S-D0408 | 南岸（苏州）警卫室建筑电气图 | 华东院 |
| 28 | 30-B211001S-D0409 | 北岸（南通）警卫室建筑电气图 | 华东院 |
| 29 | 30-B211001S-D0501 | 1000kV 主设备厂家图纸 | 华东院 |

续表

| 序号 | 卷册编号 | 卷册名称 | 完成单位 |
|---|---|---|---|
| 30 | 30-B211001S-D0502 | 1000kV 金具厂家图纸 | 华东院 |
| 六 | 电气二次部分 | | |
| 1 | 30-B211001S-D0601 | 变电二次设计说明 | 华东院 |
| 2 | 30-B211001S-D0602 | 火灾报警系统—南岸（苏州）引接站 | 华东院 |
| 3 | 30-B211001S-D0603 | 火灾报警系统—北岸（南通）引接站 | 华东院 |
| 4 | 30-B211001S-D0604 | 火灾报警系统—GIL 综合管廊 | 华东院 |
| 5 | 30-B211001S-D0605 | 直流电源系统 | 华东院 |
| 6 | 30-B211001S-D0606 | 交流电源系统 | 华东院 |
| 7 | 30-B211001S-D0607 | 电缆及通信线缆清册 | 华东院 |
| 8 | 30-B211001S-D0608 | 管廊内二次等电位接地系统 | 华东院 |
| 9 | 30-B211001S-D0609 | GIL 放电故障定位系统 | 华东院 |
| 10 | 30-B211001S-D0610 | GIL 综合管廊巡检机器人系统 | 华东院 |
| 11 | 30-B211001S-D0611 | 综合监测系统设备编号及布置 | 华东院 |
| 12 | 30-B211001S-D0612 | 综合监测系统原理及接线图—GIL 综合管廊 | 华东院 |
| 13 | 30-B211001S-D0613 | 综合监测系统原理及接线图—南岸（苏州）引接站 | 华东院 |
| 14 | 30-B211001S-D0614 | 综合监测系统原理及接线图—北岸（南通）引接站 | 华东院 |
| 15 | 30-B211001S-D0701 | 南岸（苏州）引接站设备接线编号及二次设备室布置 | 华东院 |
| 16 | 30-B211001S-D0702 | 南岸（苏州）引接站二次等电位接地系统 | 华东院 |
| 17 | 30-B211001S-D0703 | 南岸（苏州）引接站计算机监控系统 | 华东院 |
| 18 | 30-B211001S-D0704 | 南岸（苏州）引接站时间同步系统 | 华东院 |
| 19 | 30-B211001S-D0705 | 南岸（苏州）引接站 1000kV 设备二次线 | 华东院 |
| 20 | 30-B211001S-D0706 | 南岸（苏州）引接站 1000kV 线路保护 | 华东院 |
| 21 | 30-B211001S-D0707 | 南岸（苏州）引接站 1000kV 故障录波 | 华东院 |
| 22 | 30-B211001S-D0708 | 南岸（苏州）引接站 1000kV 故障测距 | 华东院 |

续表

| 序号 | 卷册编号 | 卷册名称 | 完成单位 |
| --- | --- | --- | --- |
| 23 | 30-B211001S-D0709 | 南岸（苏州）引接站 35kV 保护及二次线 | 华东院 |
| 24 | 30-B211001S-D0710 | 南岸（苏州）引接站电能计量装置 | 华东院 |
| 25 | 30-B211001S-D0801 | 北岸（南通）引接站设备接线编号及二次设备室布置 | 华东院 |
| 26 | 30-B211001S-D0802 | 北岸（南通）引接站二次等电位接地系统 | 华东院 |
| 27 | 30-B211001S-D0803 | 北岸（南通）引接站计算机监控系统 | 华东院 |
| 28 | 30-B211001S-D0804 | 北岸（南通）引接站时间同步系统 | 华东院 |
| 29 | 30-B211001S-D0805 | 北岸（南通）引接站 1000kV 设备二次线 | 华东院 |
| 30 | 30-B211001S-D0806 | 北岸（南通）引接站 1000kV 线路保护 | 华东院 |
| 31 | 30-B211001S-D0807 | 北岸（南通）引接站 1000kV 故障录波 | 华东院 |
| 32 | 30-B211001S-D0808 | 北岸（南通）引接站 1000kV 故障测距 | 华东院 |
| 33 | 30-B211001S-D0809 | 北岸（南通）引接站 10kV/20kV 保护及二次线 | 华东院 |
| 34 | 30-B211001S-D0810 | 北岸（南通）引接站电能计量装置 | 华东院 |
| 35 | 30-B211001S-D0901 | GIL 系统专用控制设备—泰州变电站部分 | 华东院 |
| 36 | 30-B211001S-D0902 | GIL 系统专用保护设备—泰州变电站部分 | 华东院 |
| 37 | 30-B211001S-D0903 | 泰州变电站 1000kV 故障测距（泰州站—GIL 北岸引接站） | 华东院 |
| 38 | 30-B211001S-D1001 | GIL 系统专用控制设备—苏州变电站部分 | 华东院 |
| 39 | 30-B211001S-D1002 | GIL 系统专用保护设备—苏州变电站部分 | 华东院 |
| 40 | 30-B211001S-D1003 | 苏州变电站 1000kV 故障测距（苏州站—GIL 南岸引接站） | 华东院 |
| 41 | 30-B211001S-D1004 | 苏州变电站新增火灾报警装置（GIL 综合管廊） | 华东院 |
| 七 | 通信部分 | | |
| 1 | 30-B211001S-U0101 | 南岸（苏州）引接站通信－48V 高频开关电源系统图 | 华东院 |
| 2 | 30-B211001S-U0102 | 南岸（苏州）引接站通信－48V 直流蓄电池组系统图 | 华东院 |
| 3 | 30-B211001S-U0103 | 北岸（南通）引接站通信－48V 高频开关电源系统图 | 华东院 |

续表

| 序号 | 卷册编号 | 卷册名称 | 完成单位 |
| --- | --- | --- | --- |
| 4 | 30-B211001S-U0104 | 北岸（南通）引接站通信－48V 直流蓄电池组系统图 | 华东院 |
| 5 | 30-B211001S-U0201 | 南岸（苏州）引接站综合布线系统图 | 华东院 |
| 6 | 30-B211001S-U0202 | 北岸（南通）引接站综合布线系统图 | 华东院 |
| 7 | 30-B211001S-U0203 | GIL 管廊内综合布线系统图 | 华东院 |
| 8 | 30-B211001S-U0301 | 南岸（苏州）引接站调度交换系统图 | 华东院 |
| 9 | 30-B211001S-U0302 | 南岸（苏州）引接站行政交换系统图 | 华东院 |
| 10 | 30-B211001S-U0303 | 北岸（南通）引接站调度交换系统图 | 华东院 |
| 11 | 30-B211001S-U0304 | 北岸（南通）引接站行政交换系统图 | 华东院 |
| 12 | 30-B211001S-U0401 | 南岸（苏州）引接站综合数据网接入系统图 | 华东院 |
| 13 | 30-B211001S-U0402 | 北岸（南通）引接站综合数据网接入系统图 | 华东院 |
| 14 | 30-B211001S-U0501 | 综合无线通信系统图 | 华东院 |
| 15 | 30-B211001S-U0502 | 南岸（苏州）引接站综合无线通信设备安装图 | 华东院 |
| 16 | 30-B211001S-U0503 | 北岸（南通）引接站综合无线通信设备安装图 | 华东院 |
| 17 | 30-B211001S-U0504 | GIL 管廊内综合无线通信设备安装图 | 华东院 |
| 18 | 30-B211001S-U0601 | 南引接站保护通信接口系统图 | 华东院 |
| 19 | 30-B211001S-U0602 | 北引接站保护通信接口系统图 | 华东院 |
| 20 | 30-B211001S-U0701 | 电视电话会议系统图 | 华东院 |
| 八 | 隧道综合部分 | | |
| 1 | GDST-ZS-ZH-01 | 总说明 | 铁四院 |
| 九 | 隧道土建部分 | | |
| 1 | GDST-ZS-ZT | 第一篇　总体设计　第一册　总体设计 | 铁四院 |
| 2 | GDST-ZS-JC | 第二篇　隧道健康监测设计　第一册　隧道健康监测设计 | 铁四院 |
| 3 | GDST-ZS-GJ-01 | 第三篇　隧道结构　第一册　工作井结构及防水设计　第一分册　南岸工作井围护结构设计图 | 铁四院 |
| 4 | GDST-ZS-GJ-02 | 第三篇　隧道结构　第一册　工作井结构及防水设计　第二分册　南岸施工通道围护结构设计图 | 铁四院 |

续表

| 序号 | 卷册编号 | 卷册名称 | 完成单位 |
| --- | --- | --- | --- |
| 5 | GDST-ZS-GJ-03 | 第三篇　隧道结构　第一册　工作井结构及防水设计　第三分册　南岸工作井及施工通道主体结构设计图 | 铁四院 |
| 6 | GDST-ZS-GJ-04 | 第三篇　隧道结构　第一册　工作井结构及防水设计　第四分册　北岸工作井围护结构设计图 | 铁四院 |
| 7 | GDST-ZS-GJ-05 | 第三篇　隧道结构　第一册　工作井结构及防水设计　第五分册　北岸工作井主体结构设计图 | 铁四院 |
| 8 | GDST-ZS-GJ-06 | 第三篇　隧道结构　第一册　工作井结构及防水设计　第六分册　明挖段防水设计图 | 铁四院 |
| 9 | GDST-ZS-DG-01 | 第三篇　隧道结构　第二册　盾构段结构及防水设计　第一分册　盾构段衬砌环布置与监测图 | 铁四院 |
| 10 | GDST-ZS-DG-02 | 第三篇　隧道结构　第二册　盾构段结构及防水设计　第二分册　施工辅助措施设计图 | 铁四院 |
| 11 | GDST-ZS-DG-03 | 第三篇　隧道结构　第二册　盾构段结构及防水设计　第三分册　管片结构图 | 铁四院 |
| 12 | GDST-ZS-DG-04 | 第三篇　隧道结构　第二册　盾构段结构及防水设计　第四分册　管片配筋图 | 铁四院 |
| 13 | GDST-ZS-DG-05 | 第三篇　隧道结构　第二册　盾构段结构及防水设计　第五分册　内部结构设计图 | 铁四院 |
| 14 | GDST-ZS-DG-06 | 第三篇　隧道结构　第二册　盾构段结构及防水设计　第六分册　洞门及接口设计图 | 铁四院 |
| 15 | GDST-ZS-DG-07 | 第三篇　隧道结构　第二册　盾构段结构及防水设计　第七分册　管片防水设计图 | 铁四院 |
| 16 | GDST-ZS-DG-08 | 第三篇　隧道结构　第二册　盾构段结构及防水设计　第八分册　轨道设计图 | 铁四院 |
| 17 | GDST-ZS-FS-NJ-JG | 第四篇　隧道附属　第一册　南岸生产综合楼第二分册　结构设计图 | 铁四院 |
| 18 | GDST-ZS-FS-BJ-JG | 第四篇　隧道附属　第二册　北岸生产综合楼第二分册　结构设计图 | 铁四院 |
| 十 | 工程测量技术报告 | | |
| 1 | 30-B211001S-L01 | 淮南—南京—上海 1000kV 特高压交流输变电工程苏通 GIL 综合管廊工程高精度控制网测量技术报告 | 华东院 |

续表

| 序号 | 卷册编号 | 卷册名称 | 完成单位 |
|---|---|---|---|
| 2 | 30-B211001S-L13 | 淮南—南京—上海1000kV特高压交流输变电工程苏通 GIL 综合管廊工程高精度控制网复测（第一次）技术报告 | 华东院 |
| 3 | 30-B211001S-L15 | 淮南—南京—上海1000kV特高压交流输变电工程苏通 GIL 综合管廊工程高精度控制网复测（第二次）技术报告 | 华东院 |
| 4 | 30-B211001S-L16 | 淮南—南京—上海1000kV特高压交流输变电工程苏通 GIL 综合管廊工程高精度控制网复测（第三次）技术报告 | 华东院 |
| 5 | 30-B211001S-L19 | 淮南—南京—上海1000kV特高压交流输变电工程苏通 GIL 综合管廊工程隧道监测报告（第一次） | 华东院 |
| 6 | 30-B211001S-L20 | 淮南—南京—上海1000kV特高压交流输变电工程苏通 GIL 综合管廊工程隧道监测报告（第二次） | 华东院 |
| 十一 | 岩土勘察报告 | | |
| 1 | 30-B211001S-G0101 | 淮南—南京—上海1000kV特高压交流输变电工程苏通 GIL 综合管廊工程施工图阶段 勘测部分 第1卷 第1册 南岸（苏州）引接站岩土工程勘察报告 | 华东院 |
| 2 | 30-B211001S-G0102 | 淮南—南京—上海1000kV特高压交流输变电工程苏通 GIL 综合管廊工程施工图阶段 勘测部分 第1卷 第2册 隧道段岩土工程勘察报告（始发井至常熟港专用航道区段 DK0+650-DK0+650） | 华东院 |
| 3 | 30-B211001S-G0103 | 淮南—南京—上海1000kV特高压交流输变电工程苏通 GIL 综合管廊工程施工图阶段 勘测部分 第1卷 第3册 隧道段岩土工程勘察报告（常熟港专用航道至长江深槽南缘区段 DK0+650-DK1+780） | 华东院 |
| 4 | 30-B211001S-G0104 | 淮南—南京—上海1000kV特高压交流输变电工程苏通 GIL 综合管廊工程施工图阶段 勘测部分 第1卷 第4册 隧道段岩土工程勘察报告（主航道区段 DK1+780-DK3+150） | 华东院 |
| 5 | 30-B211001S-G0105 | 淮南—南京—上海1000kV特高压交流输变电工程苏通 GIL 综合管廊工程施工图阶段 勘测部分 第1卷 第5册 隧道段岩土工程勘察报告（主航道北缘至接收井区段 DK3+150-DK5+466） | 华东院 |
| 6 | 30-B211001S-G0106 | 淮南—南京—上海1000kV特高压交流输变电工程苏通 GIL 综合管廊工程施工图阶段 勘测部分 第1卷 第6册 北岸（南通）引接站岩土工程勘察报告 | 华东院 |

续表

| 序号 | 卷册编号 | 卷册名称 | 完成单位 |
| --- | --- | --- | --- |
| 7 | 30-B211001S-G0107 | 淮南—南京—上海1000kV特高压交流输变电工程苏通GIL综合管廊工程施工图阶段　勘测部分第1卷　第7册　南岸（苏州）引接站施工通道岩土工程补充勘察报告 | 华东院 |
| 8 | 30-B211001S-G0108 | 淮南—南京—上海1000kV特高压交流输变电工程苏通GIL综合管廊工程施工图阶段　勘测部分第1卷　第8册　有害气体补充勘察报告 | 华东院 |
| 9 | 30-B211001S-G0109 | 淮南—南京—上海1000kV特高压交流输变电工程苏通GIL综合管廊工程施工图阶段　勘测部分第1卷　第9册　主航道勘察方案调整专题报告 | 华东院 |
| 10 | 30-B211001S-G0201 | 淮南—南京—上海1000kV特高压交流输变电工程苏通GIL综合管廊工程施工图阶段　勘测部分第2卷　第1册波速测试报告 | 华东院 |
| 11 | 30-B211001S-G0202 | 淮南—南京—上海1000kV特高压交流输变电工程苏通GIL综合管廊工程施工图阶段　勘测部分第2卷　第2册　物探测试报告 | 华东院 |
| 12 | 30-B211001S-B0201 | 淮南—南京—上海1000kV特高压交流输变电工程苏通GIL综合管廊工程施工图阶段　南岸（苏州）引接站水文地质勘察报告 | 华东院 |
| 13 | 30-B211001S-B0202 | 淮南—南京—上海1000kV特高压交流输变电工程苏通GIL综合管廊工程施工图阶段　北岸（南通）引接站水文地质勘察报告 | 华东院 |
| 十二 | 水文气象勘察报告 | | |
| 1 | 30-B211001C-W01 | 淮南—南京—上海1000kV特高压交流输变电工程苏通GIL综合管廊工程初步设计　水文气象报告 | 华东院 |
| 2 | 30-B211001E4S-W0201 | 苏通GIL综合管廊工程涉水涉堤专项监测与防渗处理　第二册　2018年3月第一次监测 | 华东院 |
| 3 | 30-B211001E4S-W0202 | 苏通GIL综合管廊工程涉水涉堤专项监测与防渗处理河势及河床监测分析报告　第二册　2017年11月第二次监测 | 华东院 |
| 4 | 30-B211001E4S-W0203 | 苏通GIL综合管廊工程涉水涉堤专项监测与防渗处理　河势及河床监测分析报告　第二册　第三次监测（2018年3月） | 华东院 |
| 5 | 30-B211001E4S-W0204 | 苏通GIL综合管廊工程涉水涉堤专项监测与防渗处理河势及河床监测分析报告　第二册　第四次监测（2018年7月） | 华东院 |

续表

| 序号 | 卷册编号 | 卷册名称 | 完成单位 |
|---|---|---|---|
| 6 | 30-B211001E4S-W0205 | 苏通 GIL 综合管廊工程涉水涉堤专项监测与防渗处理河势及河床监测分析报告　第二册　第五次监测（2018 年 10 月） | 华东院 |
| 7 | 30-B211001E4S-W0206 | 苏通 GIL 综合管廊工程涉水涉堤专项监测与防渗处理河势及河床监测分析报告　第二册　第六次监测（2019 年 3 月） | 华东院 |
| 十三 | 工程检测与监测报告 | | |
| 1 | 30-B211001S-G0301 | 南岸（苏州）引接站与连接通道基坑监测报告 | 华东院 |
| 2 | 30-B211001S-G0302 | 北岸（南通）引接站基坑监测报告 | 华东院 |
| 3 | 30-B211001S-G0401 | 南岸（苏州）引接站始发井围护结构检测报告（成槽质量、成孔质量） | 华东院 |
| 4 | 30-B211001S-G0402 | 南岸施工通道围护结构检测报告（成槽质量、成孔质量、轻型动力触探） | 华东院 |
| 5 | 30-B211001S-G0403 | 南岸（苏州）始发工作围护结构检测报告（声波透射法、钻芯法） | 华东院 |
| 6 | 30-B211001S-G0404 | 南岸施工通道围护结构检测报告（声波透射法、钻芯法） | 华东院 |
| 7 | 30-B211001S-G0501 | 南岸（苏州）引接站基桩检测报告 | 华东院 |
| 8 | 30-B211001S-G0601 | 北岸工作井围护结构地下连续墙试成槽检测检测报告 | 华东院 |
| 9 | 30-B211001S-G0602 | 北岸工作井围护结构地下连续墙成槽检测检测报告 | 华东院 |
| 10 | 30-B211001S-G0603 | 北岸工作井围护结构钻孔灌注桩成孔质量检测报告 | 华东院 |
| 11 | 30-B211001S-G0604 | 北岸工作井围护结构地下连续墙声波透射法检测报告 | 华东院 |
| 12 | 30-B211001S-G0605 | 北岸工作井围护结构地下连续墙钻芯法检测报告 | 华东院 |
| 13 | 30-B211001S-G0606 | 北岸工作井围护结构水泥土搅拌桩钻芯法检测报告 | 华东院 |
| 14 | 30-B211001S-G0607 | 北岸工作井围护结构旋喷桩钻芯法检测报告 | 华东院 |
| 15 | 30-B211001S-G0608 | 北岸工作井围护结构水泥土搅拌桩钻芯法检测报告 | 华东院 |

续表

| 序号 | 卷册编号 | 卷册名称 | 完成单位 |
| --- | --- | --- | --- |
| 16 | 30-B211001S-G0609 | 盾构段端头加固高压旋喷桩钻芯法检测报告 | 华东院 |
| 17 | 30-B211001S-G0610 | 北岸工作井围护结构钻孔灌注桩声波透射法检测报告 | 华东院 |
| 18 | 30-B211001S-G0701 | 北岸（南通）引接站基桩检测报告 | 华东院 |

# 参　考　文　献


［1］ 阮全荣，谢小平. 气体绝缘金属封闭输电线路工程设计研究与实践［M］. 北京：中国水利水电出版社，2011.

［2］ 刘兆林. 500kV 气体绝缘金属封闭输电线路在华东电网的应用［J］. 华东电力，2005，33（12）：81-83.

［3］ Kunze D，Knierim V，王学刚. 用于发电中心大规模电力输送的气体绝缘输电线路［J］. 中国电力，2007，40（9）：87-90.

［4］ 高凯，李莉华. 气体绝缘输电线路技术及其应用［J］. 中国电力，2007，40（1）：84-88.

［5］ 张东霞，潘峰. 城市综合管廊综合监控平台功能设计［J］. 智能建筑与智慧城市，2017，10：44-47.

［6］ 陈朝环. 浅谈电力电缆隧道监控系统的配置［J］. 浙江电力，2010，11：25-27，38.

［7］ 黄慧珍，唐保根，杨文达，等. 长江三角洲沉积地质学［M］. 北京：地质出版社，1996：202-204.

［8］ 张凤祥，朱合华，傅德明. 盾构隧道［M］. 北京：人民交通出版社，2004.

［9］《工程地质手册》编委会. 工程地质手册［M］. 4 版. 北京：中国建筑工业出版社，2007：209.

［10］ 唐益群，刘冰洋，赵书凯，等. 高压沼气对浅部砂质粉土工程性质的影响［J］. 同济大学学报（自然科学版），2004，32（10）：1316-1319.

［11］ 郭爱国，孔令伟，陈建斌，等. 孔压静力触探用于含浅层生物气砂土工程特性的试验研究［J］. 岩土力学，2007，28（8）：1539-1543.

［12］ 李文凯，吴玉新，黄志民，等. 粉体测试与表征综述激光粒度分析和筛分法测粒径分布的比较［J］. 中国粉体技术，2007，13（5）：10-13.

［13］ 郭强. 某电力盾构隧道下穿地铁区间施工引起的轨道结构变形及动力特性研究［D］. 北京交通大学，2010.

［14］ 裴书锋，李倩倩，郭朝，等. 电力盾构隧道端头加固范围计算及始发模拟［J］. 隧道建设，2012，32（6）：832-837.

［15］ 裴书锋. 下穿河流电力盾构隧道端头加固机理及施工参数优化［D］. 北京交通大学，2012.

［16］ 吴彦伟，郭广才. 中型电力盾构隧道电缆支架设计及应用技术［J］. 广东建材，2013，

29（11）：57-60.

[17] 蔺亚虎. 电力盾构隧道管片设计影响因素分析［J］. 中国科技博览（27）：269-270.

[18] 张小颖. 北京地区电力盾构隧道设计与施工关键技术研究［D］. 清华大学.

[19] 庄敏. 电厂取排水工程采用盾构法隧道的设计要点［J］. 福建建设科技，2014（6）：79-81.

[20] 石湛. 大直径水下盾构电力隧道管片结构设计[J]. 科学技术创新，2019（5）：115-116.

[21] 丁登伟，韩先才，张鹏飞，等. 基于暂态电压监测的特高压 GIL 故障定位方法及工程应用［J］. 高电压技术，2021，47（3）：1092-1099.